科学出版社“十四五”普通高等教育本科规划教材

能源大数据与人工智能

主　编　刘艳丽
副主编　赵俊华
参　编　王旭东　陈艳波　秦超

科学出版社
北　京

内 容 简 介

智能电网是实现“双碳”目标的重大战略需求，其关键在于引入人工智能、大数据、物联网等先进信息技术实现数智化转型，以消纳大规模分布式资源。本书前两章阐释智能电网应对气候变化的重大意义，给出电力系统的基本概念，并介绍了智能电网的基本理念，包括智能电网的主要特征、总体设想、分层分群体系结构和关键技术体系。第 3 章给出了电力能源大数据的构成与特点、价值的多维视角以及数据分析方法分类。第 4 章给出了人工智能技术的发展历程与典型方法。第 5、6 章给出了大数据与人工智能技术在智能电网源荷侧、系统侧的典型应用。

本书可作为高等学校电力、能源等专业的高年级本科生和研究生教材，也可供相关专业的工程科技人员以及其他感兴趣的读者阅读和参考。

图书在版编目（CIP）数据

能源大数据与人工智能 / 刘艳丽主编. -- 北京 : 科学出版社, 2024. 12. --（科学出版社“十四五”普通高等教育本科规划教材）. -- ISBN 978-7-03-080719-9

Ⅰ. TK01

中国国家版本馆 CIP 数据核字第 2024FQ3153 号

责任编辑：余　江 / 责任校对：王　瑞

责任印制：师艳茹 / 封面设计：迷底书装

科 学 出 版 社 出版

北京东黄城根北街 16 号

邮政编码：100717

http://www. sciencep. com

北京中科印刷有限公司印刷

科学出版社发行　各地新华书店经销

*

2024 年 12 月第　一　版　开本：787×1092　1/16

2024 年 12 月第一次印刷　印张：12 1/2

字数：304 000

定价：59.00 元

（如有印装质量问题，我社负责调换）

序　一

当今世界，能源革命与数字革命交汇融合，正深刻重构全球能源体系的未来图景。能源大数据与人工智能技术的突破性应用，已成为破解能源系统复杂性、提升能源利用效率的关键路径。在这一背景下，《能源大数据与人工智能》一书的问世，既是对前沿技术的系统性总结，也为行业未来发展提供了前瞻性指引。

该书立足智能电网发展需求，系统构建了“理论-方法-应用”三层逻辑体系：在理论层面，深入剖析能源大数据的结构与特征，厘清数据价值挖掘的技术路径；在方法层面，结合人工智能技术演进趋势阐释经典算法原理，并探索其与新型电力系统需求的适配性；在应用层面，基于多个示范工程的实践经验，采用从实践中提炼科学问题、以理论反哺工程实践的写作思路，形成“问题建模-算法适配-工程验证“的内容体系。

能源系统的智能化转型，本质是一场多学科交叉的技术革新。该书的独特价值在于它打破了传统学科壁垒，构建了“方法论-工具箱-案例库”三位一体的知识体系。这种体系化、场景化的内容设计，既可为高校师生提供跨学科研究的思维框架，也能为工程师破解“数据爆炸与知识匮乏并存”的行业困境提供技术指南。

当前，我国正加速推进“双碳”目标与新型能源体系建设，智能电网作为核心枢纽，亟需更多兼具理论深度与实践温度的前沿著作。该书列入新兴领域“十四五”高等教育教材体系建设中，正是对其学术价值与社会效益的双重认可。期待该书能激发更多青年学者投身能源智能化变革的浪潮，在解决关键技术难题中贡献智慧与力量。

谨以此序，与行业同仁共勉。

中国工程院院士、天津大学教授

王成山

2024 年 11 月

序　二

随着大数据、云计算、物联网、人工智能等技术的迅猛发展，能源领域正迎来一场深刻的智能化革命。这场革命不仅改变了能源的生产、传输和消费方式，也为能源系统的优化、管理和决策提供了全新的思路和工具。在此背景下，《能源大数据与人工智能》一书的出版，恰逢其时，为这一新兴领域的理论研究与实践应用提供了重要的参考。

该书作者长期致力于能源与人工智能交叉领域的研究与教学，积累了丰富的理论知识和实践经验。该书精练地阐述了智能电网的基本理念与关键技术，剖析了能源大数据的结构、特点及其价值的多维视角，回顾了人工智能技术的发展历程及其典型方法，并结合丰富的学术成果与工程案例，重点探讨了大数据与人工智能在智能电网源荷侧和系统侧的典型应用。

该书的特色在于理论与实践的高度结合。在应用部分，作者不仅对工程问题进行了清晰的数学描述，还详细阐述了人工智能典型方法的应用流程，并通过实际案例深入分析。这种理论与实践相结合的方式，使得该书既适合作为高等学校电力、能源等相关专业的高年级本科生和研究生的教材，又可供相关领域的工程科技人员参考，还能为对能源与人工智能交叉领域感兴趣的普通读者提供启发。

当前，我国正处于能源结构转型和智能化升级的关键时期，能源大数据与人工智能的结合将为我国能源系统的安全、高效、绿色发展提供强有力的技术支撑。该书的出版对于推动我国能源与人工智能交叉学科的发展具有重要意义，不仅填补了该领域教材的空白，也为高校相关专业的教学和科研提供了重要的参考资源。

值得一提的是，该书列入新兴领域“十四五”高等教育教材体系建设中，充分体现了其在学术价值和实践意义上的双重重要性。该书的出版将有助于培养更多具备跨学科视野和创新能力的复合型人才，为我国能源与人工智能领域的发展注入新的活力。

感谢该书的作者为这一领域所作的卓越贡献。也希望广大读者能够从书中汲取智慧，为推动我国能源与人工智能的深度融合贡献自己的力量。

教育部高等学校电气类专业教学指导委员会主任委员、南京师范大学教授

胡敏强

2024 年 11 月

前　言

生态文明和社会可持续发展要求人类社会关注并实施清洁替代和电能替代，以应对气候变化和环境保护的需要，有效缓解化石能源资源紧缺和能源需求日益增长的矛盾。未来的能源构成将由现在的以化石能源为主、可再生能源为辅转变为以可再生能源为主、化石能源为辅，即未来必然是发展高比例可再生能源发电。现代交通在能源消费结构中占比很高，仅次于电力，对其实现电能替代和电能高效利用也是必然的发展趋势。

供电侧与需求侧的不确定性共同构成了未来电网运行所面临的最大挑战。大量分布式可再生能源和用户侧能量管理系统的接入提高了电力系统终端(如配电网、微网、工厂、建筑和家庭)的供需不确定性。“如何处理数以百万计的广泛分布的分布式电源及应对可再生风能和太阳能发电的间歇性、多变性与不确定性，同时确保电网的安全性、可靠性和人身与设备安全，并激励市场”就成了未来电网需要解决的问题。这一任务将由智能电网来完成。

智能电网最本质的特点是电力和信息的双向流动性，并由此建立起一个高度自动化和广泛分布的能量交换网络；把分布式计算和通信的优势引入电网，使信息实时交换和设备层次上达到近乎瞬时的供需平衡。一个称作“智能”的电网，在配电网中使用的信息技术会和在输电网运行时使用的信息技术一样多。实质上，任何智能电网的命脉都是用以驱动应用的数据和信息，而这些应用又反过来促使开发新的和改进的运营策略成为可能。新一代人工智能与大数据技术的迅猛发展加速了电网的数智化转型，是能源领域最具代表性的全球工程前沿。本书以关键问题为导向，立足工程研究基础，给出了典型人工智能方法应用流程与案例。

本书由天津大学刘艳丽教授主编，香港中文大学（深圳）赵俊华教授撰写了第 4 章和第 5 章部分内容，华北电力大学陈艳波教授参与了第 6 章部分编写工作，天津大学秦超副教授参与了第 3 章部分编写工作，王旭东等多名优秀企业工程师大力支持了工程案例内容，课题组多名研究生也为本书做出了贡献。

作者期望为读者提供一本关于大数据与人工智能技术在智能电网中典型应用的教材，但限于作者学识，并且随着智能电网与人工智能技术的迅猛发展，其理念和技术都在不断升华，书中难免存在不足之处，希望广大读者批评指正。

作　者

2024 年 6 月

目　录

第 1 章　绪论……1

第 2 章　智能电网基本理念与关键技术……3

2.1　电力系统基本概念……3

2.2　智能电网基本理念……4

2.2.1　智能电网的主要特征……4

2.2.2　智能电网与目前电网功能的比较……5

2.3　电网分层分群体系结构……6

2.3.1　互联(输电)系统的体系结构……6

2.3.2　电网分层分群体系结构概述……8

2.3.3　电网分层分群体系结构的数学基础……9

2.3.4　建设像互联网一样智能的电网……11

2.4　智能电网关键技术体系……15

2.4.1　智能电网的运行技术……15

2.4.2　智能电网组成要素的分层描述……19

2.4.3　与智能电网相关的技术内涵……21

第 3 章　能源大数据……23

3.1　能源系统数据的构成与特点……23

3.1.1　能源系统数据的构成……23

3.1.2　电力大数据的来源……23

3.1.3　电力大数据的特点……25

3.2　电力大数据的多维价值……26

3.2.1　能源大数据的价值……26

3.2.2　电力大数据价值的多维视角……28

3.3　能源大数据的数据分析方法……29

3.3.1　数据分析方法的定义……29

3.3.2　电力大数据分析……30

3.3.3　电力大数据分析方法的分类……31

3.3.4　AMI 数据分析方法……32

第 4 章　人工智能技术……34

4.1　人工智能的定义与发展历史……34

4.1.1　人工智能的定义……34

4.1.2　人工智能的发展历史……35

4.2　卷积神经网络……40

4.2.1　卷积神经网络原理……40

4.2.2 应用流程及算例分析 …… 43
4.3 循环神经网络 …… 45
4.3.1 经典循环神经网络原理及架构 …… 46
4.3.2 长短期记忆网络原理及架构 …… 47
4.3.3 应用流程及算例分析 …… 49
4.4 Transformer …… 51
4.4.1 Transformer 架构介绍 …… 52
4.4.2 位置嵌入 …… 53
4.4.3 自注意力机制 …… 54
4.4.4 示例与应用 …… 55
4.5 大语言模型及其微调技术 …… 57
4.5.1 大语言模型的发展历史 …… 57
4.5.2 大语言模型微调 …… 58
4.5.3 基于 Swift 库的微调示例 …… 62
第 5 章 源荷侧的典型应用 …… 64
5.1 风光出力预测中的应用 …… 64
5.1.1 基于高频数据生成的风电预测 …… 64
5.1.2 基于贝叶斯优化的光伏预测 …… 70
5.1.3 基于时空特征增强的光伏预测 …… 73
5.1.4 基于强化学习的极端场景风电概率预测 …… 78
5.2 用户用能画像中的应用 …… 87
5.2.1 用户负荷画像修复 …… 87
5.2.2 用户负荷超分辨率感知 …… 90
5.2.3 非侵入式负荷监测 …… 96
5.3 电动汽车特性分析中的应用 …… 105
5.4 储能状态估计中的应用 …… 109
5.4.1 基于组合模型的锂离子电池荷电状态估计 …… 110
5.4.2 基于 GRU 的锂离子电池健康状态估计 …… 114
5.4.3 基于 TCN 的锂离子电池剩余寿命预测 …… 117
第 6 章 系统侧的典型应用 …… 121
6.1 系统态势感知中的应用 …… 121
6.1.1 基于数据模型混合驱动的拓扑辨识与线路参数联合估计 …… 121
6.1.2 基于模型指导的深度极限学习机潮流计算方法 …… 129
6.1.3 基于生成对抗网络的大电网安全边界生成方法 …… 135
6.2 系统运行控制中的应用 …… 146
6.2.1 问题描述 …… 147
6.2.2 方法分类 …… 147
6.2.3 应用流程 …… 148

6.2.4　算例分析……149
6.3　能源交易市场中的应用……157
参考文献……170
附录　相关代码……172

第 1 章　绪　　论

绪论

20 世纪和 21 世纪，随着世界经济的发展、不可再生的化石能源的大量消耗，全球气温上升，气候变化异常，局部环境污染加剧，给人类社会可持续发展带来了严峻挑战。

过去 35 万年间，自然的温度波动和温室效应一直是塑造地球气候的主要力量，两者的共同作用使得大气 CO_2 含量长期处于稳定状态。然而，近 150 年来的人类活动，尤其是化石燃料的广泛燃烧，已经显著增加了大气中的 CO_2 排放，稳定状态也随之被打破，大气中的 CO_2 浓度是至少 200 万年以来的最高纪录[1]。大气 CO_2 排放的增加导致了全球平均气温的升高，目前，全球平均气温上升了 1.1℃，比工业化前水平高出 1℃[2]。

全球变暖导致的最大问题之一是极端天气事件的增加。地球表面的不同温度在驱动大气和海洋环流方面起着至关重要的作用。大气和海洋环流反过来又产生了人们熟悉的长期反复出现的天气模式，如热浪和降水。此外，热带气旋(飓风、台风)等短期现象也受到这些环流模式的影响。然而，变暖，尤其是不均匀地变暖，破坏了这种微妙的平衡，导致了更多极端天气状况。而这些极端天气事件每年造成数千亿美元的损失，对欠发达国家和地区的贫困和弱势群体影响更大。据世界银行估计，到 2030 年，气候变化有可能使超过 1.2 亿人陷入贫困[3]。

《巴黎协定》指出，各方将加强对气候变化威胁的全球应对，把全球平均气温升幅控制在工业化前水平以上低于 2℃之内，并努力将气温升幅限制在工业化前水平以上 1.5℃之内。尽管 2.0℃与 1.5℃仅相差 0.5℃，但这一微小的差异可能导致环境风险显著增加。联合国政府间气候变化专门委员会发布报告强调，全球气温若上升 2.0℃，相较于 1.5℃，将导致干旱程度显著加剧，可能使 2 亿～3 亿人面临水资源短缺的危机。同时，气温每增加 1℃，极端降雨事件的强度将增加 7%[3]。在农业生产方面，气温的升高、水资源的短缺以及因暖冬而增多的害虫等因素，都可能对作物产量产生负面影响，导致减产。此外，气候变暖还为登革热和疟疾等传染病的传播提供了更有利的条件[4]。因此，我们必须要立即采取行动，为我们的后代保留足够的资源。

为了量化全球温室气体排放的安全上限并指导国际减排的开展，引入了碳预算的概念，即在特定的全球温升目标下，大气中还可以吸收多少 CO_2 而不超过该目标。2023 年，联合国政府间气候变化专门委员会指出，要将全球变暖控制在 1.5℃以内，仅存约 420 亿吨二氧化碳当量的碳预算。然而，目前全球的年均温室气体排放量已超过 40 亿吨二氧化碳当量，且这一趋势仍在上升，我们必须加快行动[4]。

日本专家 Yoichi Kaya 给出了一种量化 CO_2 排放及其影响因素的方法[1]，如式(1-1)所示：

$$C=P\times G\times E\times I \tag{1-1}$$

式中，C 表示 CO_2 排放量；P 表示人口；G 表示人均 GDP；E 表示 GDP 能源强度，反映了单位 GDP 的能耗；I 表示单位能源碳排放，反映单位能源产生的 CO_2。其中，人口增长是一个自然发生的过程，经济发展是社会发展的必然趋势。除了这两个不可避免的自然趋势和社会需求之外，其余两个与能源密切相关的要素在 CO_2 排放方面发挥着决定性作用，并且是可以通过人为努力进行优化的。为此，亟须实施清洁替代和电能替代，即能源生产侧进一步提高可再生能源占比，能源消费侧进一步提高电气化比例，同步推进个体低碳行为转变和低碳技术的研发实施。

电力系统作为能源生产和能源消费的关键重大基础设施，在应对气候变化加速低碳化中将发挥重要作用。功能合理的电力系统将有能力对能源脱碳、转化与利用过程的效率提高和清洁运输系统做出巨大贡献。

(1)能源脱碳：未来能源资源将从化石燃料逐渐转换为可再生能源，如风能、太阳能，未来电力系统必须在这种方式下运行——更大限度地接纳和利用间歇、多变和不确定的可再生能源。

(2)提高效率：电力有助于将能源的使用同 GDP 与人口增长脱钩，有助于降低碳密度(单位 GDP 的碳排放量)。未来利用高级计算机、通信以及互联网技术的智能电网将可以在发电、输配电以及用电的各个环节显著提高效率。末端能量管理通过更加智能化使得能源的利用更加有效。

(3)清洁运输系统：目前交通运输约占全球碳排放的 1/4。基于未来的低碳电网，电动汽车(electric vehicle, EV)将有助于社会进入清洁和可持续的交通运输阶段。

第 2 章　智能电网基本理念与关键技术

2.1　电力系统基本概念

电力系统基本概念

电能是现代社会赖以生存的主要二次能源，已广泛应用于人类生产和生活的方方面面。由于目前缺乏安全、经济、高效的大容量电能储存技术，电能不便大量储存，电能的生产、输送、消费是同步完成的。

电力系统是由生产（电源）、输送分配（电网）、消耗（负荷）电能的所有电气设备组成的统一整体。电力系统的主要设备是生产电能的发电机、输送和分配电能的变压器与电力线路、消耗电能的各种用电设备，习惯上称其为一次系统；还包括继电保护装置、通信设备和调度自动化等辅助系统，一般称为二次系统。图 2-1 给出了一个简单电力系统（一次系统）

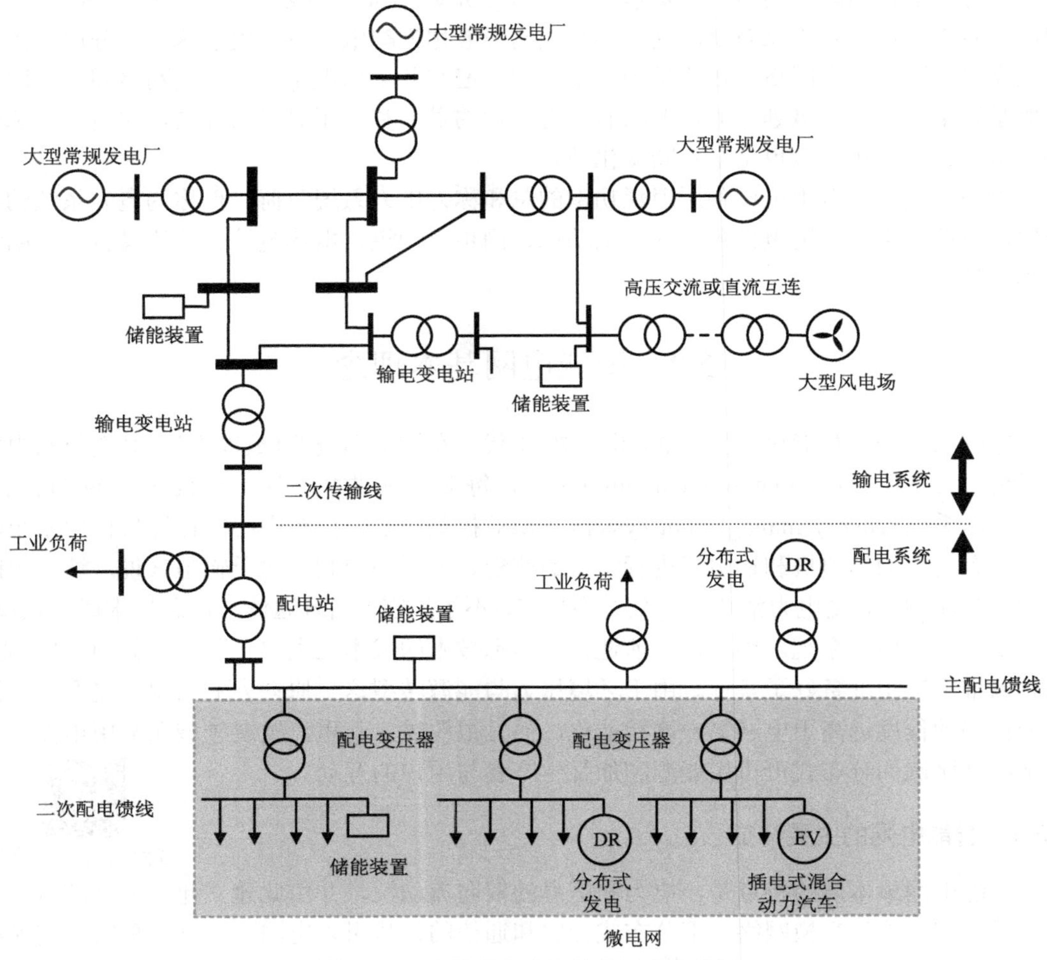

图 2-1　一个简单电力系统的示意接线图

的示意接线图。电力系统运行需要满足四个基本要求，即保证安全可靠持续供电、保证电能质量、要有良好的经济性和要符合环境保护标准。

电力系统中的电源主要为发电厂或发电站(简称电厂或电站)，是将一次能源转换为电能(二次能源)的工厂。按利用能源的类别不同，发电厂可分为火力、水力、核能等传统发电厂以及风力、太阳能等新能源发电类型。大多数发电厂生产过程的共同特点是由原动机将各种形式的一次能源转换为机械能，再驱动发电机发电，而太阳能光伏发电是直接将一次能源转换为电能。

电力网络含有各种电压等级，分为输电网络和配电网络。输电网络的作用是将各个发电机所发出的电能送到负荷中心，由于距离远，功率大，为了减少电能损耗，往往采用较高电压等级(如 220kV、330kV、500kV、750kV 以至 1000kV)，不同电压等级的线路是不能直接相连的，它们必须通过变压器进行连接，因而输电网络是由连接发电厂和各个负荷中心的变压器和较高电压等级的电力线路所组成的网络。

电力系统中的用户所使用的电器设备种类繁多，它们的电压等级从 380V(相电压为 220V)到 110kV，甚至更高。为了满足用户的用电需要，电力部门必须把输电网送过来的电能进行分配，用较低的电压等级(如 110kV、35kV、10kV、6kV、3kV 以及 380V)送到相应的企事业单位及千家万户。这一部分电网一般称为配电网络，由于这一部分用户既分散又众多，因而配电网络的接线是十分复杂的，遍布各个用电角落。输电网络和配电网络一般是以某个电压等级划分的，但随着电力工业的发展和电压等级的提高，输电网络和配电网络划分的电压等级也是在不断变化的。

电力系统中所有用电设备所消耗功率的总和称为电力系统负荷，也称为电力系统的综合用电负荷。主要的用电设备有异步电动机、同步电动机、电热电炉、整流设备、照明设备和空调等。

2.2　智能电网基本理念

电网的第一次智能化发生在 20 世纪 70 年代，在输电系统的(数以千计的)变电站中安装了远程终端单元(remote terminal unit, RTU)，每 2～10s 收集一次实时数据，并把它送到能量管理系统(energy management system, EMS)控制中心，控制中心的计算机使用复杂的软件对系统中的发电机和输电线进行实时的监视、分析和控制。对于输电来说，这个电网是相当智能的，只是电力消费者完全看不见它，不了解它。当时通信与信息技术成本较高，难以推广到配用电系统。然而，目前通信与信息技术的成本已大幅下降，为其向配电和用电领域推广应用准备好了条件。由于环境压力与能源转型这一原动力的出现，电网第二次智能化强劲程度远高于电网第一次智能化，而且很明显，其重点发展领域在配用电侧，借以集成高比例的分布式可再生能源和加强生产者与用户的互动。

2.2.1　智能电网的主要特征

智能电网主要特征

智能电网最本质的特点是，电力和信息的双向流动性，并由此建立起一个高度自动化和广泛分布的能量交换网络；把分布式计算和通信的优势引入电网，达到信息实时交换和设备层次上近乎瞬时的供需平衡[5]。设想中的智能电网需要具有如下特征。

智能化：具有可预测和遥感系统运行状态越限的能力与网络自动重构，即“自愈”(self-healing)的能力，以防止或减少潜在的停电；在系统需要作出人为无法实现的快速反应时，能根据电力公司、消费者和监管的要求，自主地工作。

高效：少增加乃至不增加基础设施就能满足日益增长的消费需求，并且降低网损。

包容：能够容易和透明地接收任何种类的能量，包括太阳能和风能；能够集成各种各样已经得到市场证明和可以接入电网的优良技术，如体积小、重量轻、成本低、功率大、可靠性高和寿命长的储能技术(其中，对体积小和重量轻这两条要求不像电气车辆的要求那样高)。

激励：使消费者与电力公司之间能够实时沟通，从而消费者可以根据个人喜好(如出于电价或环境考虑)定制其电能消费。

机遇：具有随时随地利用即插即用创新的能力，从而创造新的机遇和市场。

重视质量：能够提供数字化经济所需要的可靠性和电能质量(如极小化电压的凹陷、尖峰、谐波、干扰和电力中断)。

韧性(resilience)：自愈、更为分散并采用了安全协议，使系统具有承受蓄意的攻击、偶然事故或自然发生的威胁或所造成条件的能力，以及从中恢复的能力。

环保：减少污染气体的排放和减缓全球气候变化，提供可大幅度改善环境的切实有效的途径。

2.2.2　智能电网与目前电网功能的比较

智能电网和目前电网功能的比较如表 2-1 所示。

表 2-1　智能电网和目前电网功能的比较

特征	目前电网	智能电网
使用户能够积极参与电网优化运行	用户无信息，不能参与系统的运行优化	消费者拥有信息，并可介入和积极参与系统的运行优化——需求响应和分布式能源
容纳全部发电和储能选择	中央发电占优，对分布式发电接入电网有许多障碍	有高渗透率的、“即插即用”的分布式可再生能源(发电和储能)
使新产品、新服务和新市场成为可能	有限的趸售市场，未很好地集成——用户只有有限的机会	建立成熟的、很好集成的趸售电力市场，为消费者扩大新的电力市场
为数字经济提供电能质量	关注停运，但对电能质量问题响应很慢	保证电能质量，有各种各样的质量/价格方案可供选择——问题可快速解决
优化资产利用和高效运行	很少把运行数据同资产管理结合起来——竖井式的业务进程	极大地扩展了电网参数的采集——重视防止和最小化对消费者的影响
预测并对系统干扰做出响应(自愈)	为防止设备损毁而做出响应，扰动发生时只关注保护资产	自动检测所存在的问题并做出响应——聚焦于防止和最小化对消费者的影响
袭击和自然灾害发生后迅速恢复运行	面对恐怖的恶意行为和自然灾害时很脆弱	对攻击和自然灾害能复原，具有快速恢复能力(即可再生能力)

从如上所述的总体构想可知，智能电网将从一个集中式的、生产者控制的网络，转变成有高渗透率的分布式可再生能源的和与更多的消费者互动的网络。

2.3　电网分层分群体系结构

电网体系结构(grid architecture)可为电网现代化规划和设计提供有价值的新视野，以及面向未来的技术投资和降低集成成本的方法，这是电网(公用事业)的监管者和高管都同样关注的两个问题。适当的结构可以创建固有的电网特征，从而增强其韧性和能力，并限制电网改变中的不利影响以保护投资。精心设计的电网结构可简化下游决策，释放从事单个组件或系统的架构师和工程人员的创造力，并确保不会产生障碍甚至使工作无效的意外后果。由于这些原因，在进行电网现代化的其他方面工作之前，考虑电网体系结构的问题至关重要。它是整个电网的最高级别的描述(最顶层的模型)。

本节从互联系统(interconnected systems)平衡区范式的拓展、层流结构的数学基础和学习互联网的智能三个角度评述“电网分层分群体系结构”的合理性和重要意义。

2.3.1　互联(输电)系统的体系结构

互联(输电)系统的体系结构

1. 平衡区的概念——互联电力系统的核心理念

电力系统早期采用了统一电力系统的发展模式。建立结构合理的大型电力系统不仅便于电能生产与消费的集中管理、统一调度和分配，减少总装机容量，节省动力设施投资，提高系统运行的安全性和稳定性，而且有利于地区能源资源的合理开发利用，更大限度地满足地区国民经济日益增长的用电需求。

然而，传统的集中控制模式处理数百甚至数千个监测点和控制点的信息尚可，当独立系统的规模进一步扩大时，集中控制模式就难以适应，于是 20 世纪 20～50 年代互联系统模式应运而生。互联系统是若干独立电力系统(称为控制区[6]，后来改称平衡区 BA)通过联络线或其他设备连接起来的系统，并建立了互联的“标准”[6,7]。平衡区的运行规范可概括为[8]：每个平衡区有义务维持其对外的和事先约定的交易日的计划(on schedule)功率，同时其内部发电的调节需要随时吸收它自己负荷的变化，即使在该区域内有大的扰动时，也需达到此标准，平衡区如何运作以完成该目标是其自己的事。历史上的统一电力系统实际上是单 BA 系统。

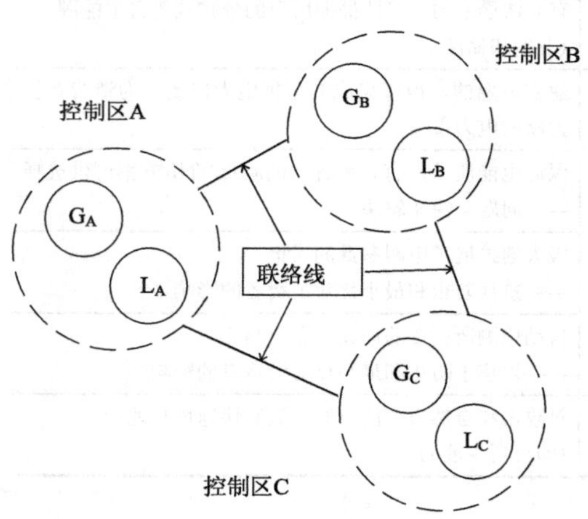

图 2-2　由 3 个平衡区构成的互联电力系统示意图

图 2-2 给出了由 3 个平衡区构成的互联电力系统[9]示意图，各平衡区中均存在发电设备，分别记为 G_A、G_B 和 G_C，各平衡区中的负荷分别记为 L_A、L_B 和 L_C。对于任一平衡区，运行过程中需要随时满足如下的功率平衡约束：

$$P_T = P_{AG} - P_{AL} \tag{2-1}$$

式中，P_{AG} 表示平衡区内部的总发电功率；P_{AL} 表示平衡区内部的总负荷功率；P_T 表示该平衡区与其他平衡区联络线上的计划功率代数和，以功率流出为正，流入为负。在互联系统运行期间，当某平衡区内的 P_{AL} 变化时，该平衡区内 P_{AG} 要通过内部调度(dispatch)跟随 P_{AL} 的变化，从而实现 P_T 保持之前计划功率(power on schedule)不变，以分担维持互联系统瞬时功率平衡的责任。此外，联络线上的计划功率 P_T 不允许频繁变化，在一天内需要平稳在为数不多的几个水平上(以保证平衡区能够实现其安全优化运行——包括机组启停的约束)，以确保互联电力系统的安全性。

多个平衡区互联的主要目的有两个：①保证供电的连续性；②实现电力生产的经济性。在正常运行期间，互联的多个平衡区共享发电，通过利用区域负荷之间的不同时性和可用的低成本容量，优化比邻平衡区之间的功率交换，能够降低互联系统的整体运行成本和推迟新增发电容量的投资；在某个平衡区内因大修而需要机组计划停运时，可通过计划功率的调整实现调峰。不过，每个平衡区在分享互联运行好处的同时，也被期望分担同等的责任，以达到平滑的、睦邻的和互惠的运行，这涉及按照上述互联规范所建立的系统管制内的所有合作参与者。

2. 互联系统(由若干互联的平衡区组成的)群集运行规范

在正常情况下，多平衡区互联系统的发电控制可通过如下 3 个步骤实现。

(1) 满足全系统功率平衡，即要达到全系统的发电功率实时地同全系统负荷需求相匹配。是否实现总供需平衡的判断准则是，系统频率保持在额定频率(在可接受的波动水平内)不变。

(2) 互联系统内各平衡区合理分摊全系统的发电(分配到各平衡区)，其目标是把发生在互联系统范围内的负荷变化划分给各个平衡区。合理的分摊准则是，一个平衡区的总发电跟随该区域的总负荷变化(即每个区域吸收它自己的负荷变化)。平衡区内部的发电与负荷可能不相等，但对于这个区域与系统的其余部分之间占主流的交换模式(计划安排)而言，只差一个固定值。

(3) 对于每个平衡区内可供选择的电源，从经济自优化(selfish optimization)的角度或以市场竞价的方式，安排它们的发电功率。

在紧急情况下，互联系统的所有旋转备用容量共享，从而为所有平衡区的连续供电作出贡献。据统计，北美电网中约有 70 个平衡区，一个平衡区在地理区域上是唯一的运行实体。各平衡区的调度中心装有先进成熟的监控系统(如能量管理系统)，并实行全年 24h 值班。为了协调更大区域内的电网运行，由国家调度和大区调度(可靠性协调组织)负责进行大区内的电网安全性分析，并且实施一个或多个平衡区在紧急情况下的运行协调[10]。就我国目前的电力系统调控方式而言，每个省网可以看成是一个平衡区。

3. 微网——平衡区理念在含高比例多变的分布式电源(VDER)局部配电网中的应用

如图 2-3 所示，微网是指带有明显定义了电气边界的互联的负荷与分布式发电群(cluster)，相对于电力公司，它是单个可控的实体。为了使它能够以联网或孤岛这两种模式运行，微网可以通过开关设备与电网连接和断开。

本质上，它是把互联输电系统中平衡区的理念下放到配电系统，每个微网类似一个平衡区(对大电网，它是一个“好市民”)，区内装有能量管理系统和能够做出响应的控制系统[5]。

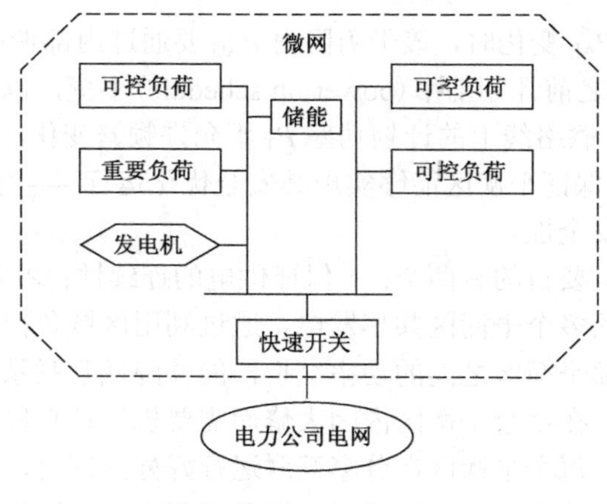

图 2-3　微网示意图

2.3.2　电网分层分群体系结构概述

电网分层分群体系结构

1. 电网体系结构改变的原动力

电网的变化已经日益偏离 20 世纪电网发展所依据的基本原理和假设。如果不指出这些，会对电网的可靠性和功能造成严重的不良后果。发展的新原动力，主要是演变中的用户期望、新技术的涌现以及从大规模的中央经济到网络经济的改变。后者是由连接到配电网、边际渗透率日益增长的 VDER 和无处不在的通信联系所驱动的。此外，原动力中还包括韧性不足和赛博攻击(cyber-attack)威胁的不断增加。

2. 带有智能外围的智能电网(GRIP[7])的构想——互联系统群集模式由输电向外围的拓展

置于高压输电系统内的 EMS 覆盖了数百个发电机和变电站，数十年来在管理和控制电力系统以确保其经济可靠地运行方面取得了巨大的成功。将这个系统及其底层的集中式操作范式扩展到配电系统，并扩展到未来网络中成千上万的生产型消费者(prosumers)，将导致效率低下，是不明智和站不住脚的。

已有学者提出了如下的设想[7]：未来的配电网、微网、建筑单元(大楼、工厂和住宅等)与输电系统的差异将逐步消失，具有本地发电和双向电力潮流的特点，都将配有 EMS 并按照“群集”理念实现各自近实时的净功率平衡。

互联输电系统是若干个平衡区(即区域性输电网)互联起来的群集(clusters)，每个平衡区是一个集群(cluster)；每个区域性输电网是若干个配电网互联起来的群集，每个配电网是若干个微网、建筑单元组成的群集，每个微网又可以是由若干个建筑单元互联起来的群集。形成了如图 2-4 所示的多层的群集层次结构。如果这个图扁平化，则形成群集嵌套。

和平衡区相似，每个群都有发电和/或负荷以及智能控制(EMS)和通信。群的基本功能包括如下三个：①进行发电/负荷调度(dispatch)，以维持净功率平衡和自身优化(selfish optimization)；②当地的反馈控制，用于平滑波动；③通过削减发电/负荷来缓解故障。

分层分群的概念看似与当今的电力系统并无太大不同[11]，在许多方面差异不大。但是一个关键的不同是，潮流不再只是从大型系统到用户单向流动。首先，配电系统或大电网上的大多数节点乃至终端用户的电表都可以注入和吸收功率，并且可以在这两个模式之间平稳地切换。进而，这些特点，再加上多种规模的经济高效的储能的到来，改变了一切，至少需要对配电系统及其运行进行变革。从大系统和批发市场运营商的角度来看，他们希望每个输电和配电(T&D)接口都可以在充当负荷节点和供应节点之间切换运行方式。

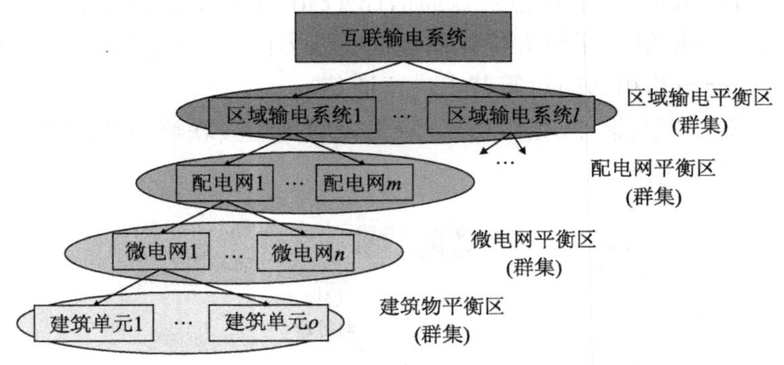

图 2-4　电网分层分群(群集嵌套)体系结构示意图

3. GRIP 的群集运行规范

(1)资源发现与管理：采用主动报告策略，每个集群周期性地向其他集群报告自身资源现状，同时更新其相邻集群的相应信息，系统中每个集群能够知晓彼此的存在。

(2)连通性与责任分摊：集群可灵活接入 / 断开，接入后集群具有自治性，群集共同分担责任(每个集群向整个电网贡献自己的能力，不仅是能源消费者，也是能源提供者)。

(3)高效的集群间数据共享和交换协议：集群之间通过直接交换信息来实现资源共享(而非集中调度)，交换协议定义了通信时信息必须采用的格式和这些格式的意义。

(4)协作实现机制：通过分布式协同工具，对电网组件（装置、系统或组织）进行任务分工与合作，共同解决系统级优化问题。

为使电网体系结构的规范或开发具有严谨性，尽可能地使用数学的方法和新的(如互联网和物联网的)方法学。

2.3.3　电网分层分群体系结构的数学基础

1. 数学基础

分层优化分解(layering as optimization decomposition)提供了一种从上而下的方法，用于根据第一原理(最基本的命题和假设)设计分层协议栈[12]。其所产生的概念上的简单性与不断增加的通信网络的复杂性形成了鲜明对比。该框架的严格性和相关性的两块基石是“网络作为优化器”和“分层分解”。它们在一起提供了一个有前景的角度，不仅可以理解当前分层协议栈中什么“起作用”，而且还可以理解其为何起作用，什么可能不起作用，以及网络设计师有哪些替代方案。

美国太平洋西北国家实验室[13]通过分层优化分解研究了 NUM 技术，并把这种技术称为层流协调框架(laminar coordination framework)，把由它导出的特定的协调结构称为层流网络(laminar network)。用这个框架，能够：①识别各种各样(同电网的控制结构和基础设施相匹配)规模的协调结构(网络)；②对含有特别高比例 VDER 的输电和配电系统进行协调的众多方法进行比较分析。

2. 层流网络及其运行规范

基于数学基础，已有专家学者提出了协调节点网络(图 2-5)[13]，其中：

(1)所有参与优化的节点(或域)递归分层，每层都具有中心辐射型层间通信(hub-and-spoke inter-layer communication)和点对点通信(peer to peer communication)。

(2)每个节点(或域)解决了较大优化问题的某些方面，并在逻辑上与其上方和下方的节点进行通信，并可能与其相邻的对等节点进行通信。

(3)协调是以整个节点集(或域集)的分解优化问题的关联解为基础的，从而能为每个控制元素提供必要的协调信号。

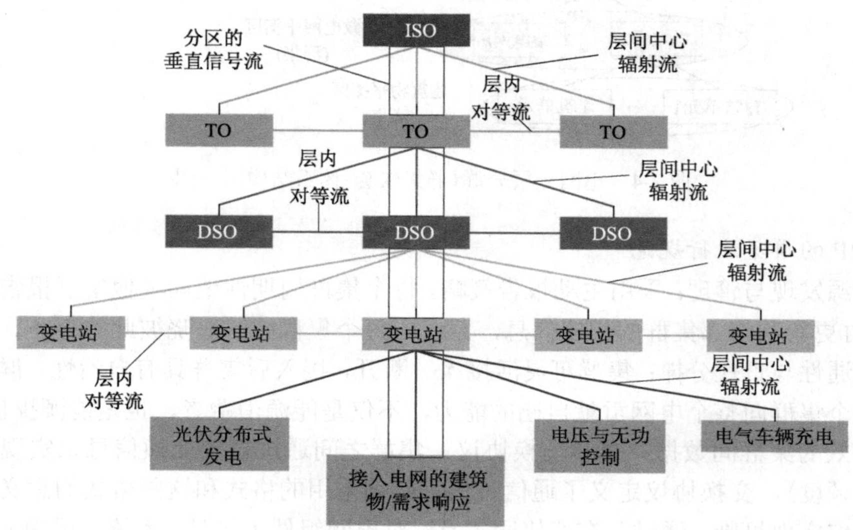

图 2-5　层流协调网络实体-关系(E-R)图以及用于协调和对等交互的关键数据流

依据文献[13]，能满足边界约束、控制联合与分解以及可扩展性等属性的主要原则是全局协调内部的局部优化。

注意，协调不是控制，尽管如果需要，可以使用目标分解协调机制来解决控制问题。

本质上，所有节点协作解决一个常见的优化问题，定会产生必要的协调信号。在局部，每个过程都可以使用协调框架内的本地目标和约束来执行优化。为明确基本数学含义，以 NUM 问题中最基本的直接原始解耦(direct primal decomposition)为例进行介绍。

3. NUM 问题举例

考虑以下关于 $\boldsymbol{y}$，$\{\boldsymbol{x}_i\}$ 的 NUM 问题：

$$\max_{\boldsymbol{y},\{\boldsymbol{x}_i\}} \sum_i f_i(\boldsymbol{x}_i)$$

$$\text{subject to} \begin{cases} \boldsymbol{x}_i \in \boldsymbol{\chi}_i, & \forall i \\ \boldsymbol{A}_i \boldsymbol{x}_i \leqslant \boldsymbol{y}, & \forall i \\ \boldsymbol{y} \in \boldsymbol{\psi} \end{cases} \tag{2-2}$$

对于一个具有耦合变量的 NUM 问题，如果固定其中某个变量，优化问题就可解耦为几个子问题，此时采用原始解耦是适当的。例如，把变量 $\boldsymbol{y}$ 固定，则问题将解耦。这就可以将式(2-2)中的优化分为两层。在较低的层次上，当 $\boldsymbol{y}$ 固定时，式(2-2)解耦为若干个子问题，每个子问题中只包含一个 $\boldsymbol{x}_i$。

$$\begin{aligned}&\max_{\{\boldsymbol{x}_i\}} f_i(\boldsymbol{x}_i)\\&\text{subject to}\begin{cases}\boldsymbol{x}_i\in\boldsymbol{\chi}_i, & \forall i\\ \boldsymbol{A}_i\boldsymbol{x}_i\leqslant \boldsymbol{y}\end{cases}\end{aligned}\tag{2-3}$$

在较高层次上，有一个主问题，通过求解式(2-4)负责更新耦合变量 $\boldsymbol{y}$。

$$\begin{aligned}&\max\sum_i f_i^*(\boldsymbol{y})\\&\text{subject to}\ \ \boldsymbol{y}\in\boldsymbol{\psi}\end{aligned}\tag{2-4}$$

式中，$f_i^*(\boldsymbol{y})$ 是给定 $\boldsymbol{y}$ 时问题(2-3)的最优目标值。如果原来的优化问题(2-2)是凸的，则全部子问题和主问题都是凸的。

如果函数 $\sum_i f_i^*(\boldsymbol{y})$ 是可微的，则主问题(2-4)可用梯度法求解。如果目标函数不是可微的，则可采用子梯度法。而式(2-3)中的子问题可以通过 $\boldsymbol{y}$ 的知识局部地独立解决。很显然，式(2-3)中的约束变量形式是使问题可以如此简练地处理的基础。优化问题分解如图 2-6 所示。

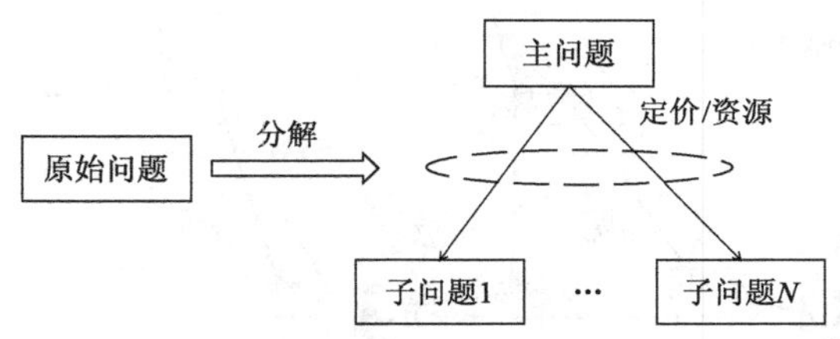

图 2-6　优化问题分解的示意图

事实上，①电网中有很大一类问题其目标函数具有式(2-2)所示目标函数的形式，如输配电网协同优化潮流、安全成本优化(最优安全控制)、紧急控制和安全约束机组启停优化等；②借助于文献[14]中所介绍的注入功率空间上安全域边界的近似超平面表达式，可以使优化约束具有式(2-3)的形式，把分层分群电网体系结构中很大一类电网最优化问题归纳为如式(2-2)～式(2-4)所示的形式，从而变成可以使用原始直接法求解的 NUM 问题。这样，不仅可以避免在子系统自优化过程中大量嵌入的潮流计算、特征值分析与时域仿真，而且可以快速确定协调变量 $\boldsymbol{y}\in\boldsymbol{\Psi}$，从而显著提升计算效率。

2.3.4　建设像互联网一样智能的电网

建设像互联网一样智能的电网

电网被认为是 20 世纪最伟大的发明，而互联网是 21 世纪最伟大的创新。互联网是智能的，可以轻松地适应接连不断的具有颠覆性的信息革命的快速变化的情景。在新的电力时代，人们希望电网能像互联网一样智能[15]。

1. 互联网的分层、分布式(分群)范式

互联网具有子网层次结构，它是由多层(子)网络组成的网络，如图 2-7 (a)所示，顶部是全球互联网(NAP 为网络接入点)，其后的几层，包括 NSP(网络服务提供商)骨干网、ISP(本地互联网服务提供商)骨干网等，最后是 LAN(局域网)或用户。

互联网协议栈的分层结构如图 2-7(b)所示，称为 TCP/IP 堆栈。简要地说，具有如下四层功能。

(1)应用层：用户与应用层交互。互联网的应用包括简单邮件传送协议(SMTP)、超文本传输协议(HTTP)和文件传输协议(FTP)等。应用程序将消息传递到传输层进行传输。

(2)传输层：通常将消息分为较小的数据包，并将数据包与目标地址一起单独发送。传输层确保数据包按顺序且准确无误地到达。

(3)网络层：处理主机之间的通信。数据包封装在数据报中。路由算法用于确定数据报应直接传递还是应发送到路由器。

(4)物理层：负责将包含文本信息的数据包转换为电信号并通过通信通道进行传输。

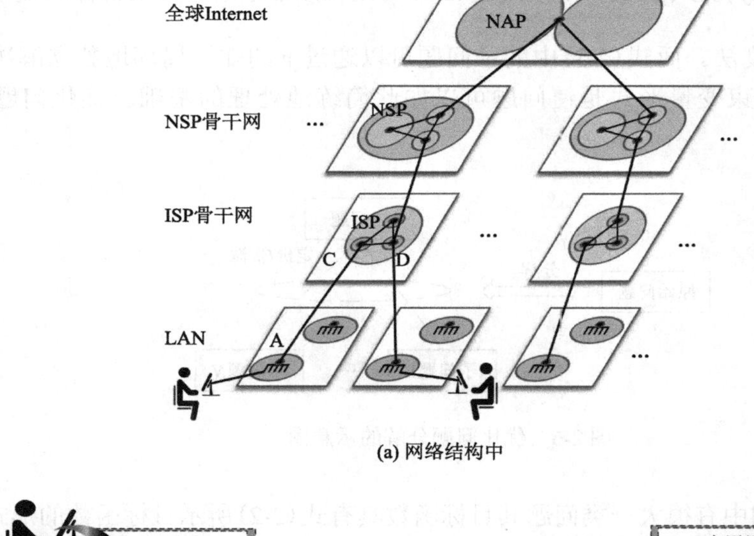

(a) 网络结构中

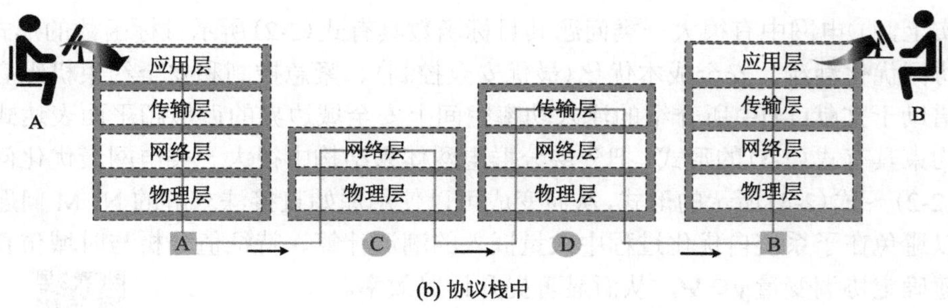

(b) 协议栈中

图 2-7 数据流路径示意

协议栈的上一层利用下一层中可用的功能，并指示下一层执行任务。将上一层的指令编码为标头添加到消息的前端，每一层都在向下传递过程中添加一个标头。接收端的处理流程与发送端的流程正好相反，每一层从消息的标头中读取并翻译指令，并从消息中删掉用于指示本层的标头之后向上传递消息。图 2-7(b)展示了电子邮件在具有两个中间路由器的协议栈中上下传递的路径。作为说明由群集的不同层执行的各种功能的示例，这里假设路由器 D 是 ISP 的主服务器，并执行存储转发功能。

互联网之所以智能，是因为分层体系结构明确了分工，而分布式(分群)控制则使责任分担成为可能。路径上的许多路由器都承担了从 A 到 B 发送消息的责任。每个路由器的智能在于完成简单且具体的任务，即正确地将消息转发给下一个接收方。分层体系结构中的功能分解使通过利用和配置现有的较低层功能来添加新的应用程序或功能成为可能，使创新变得更容易实现。分布式控制和分层体系结构还使互联网能够抵御干扰并适应技术进步。

2. GRIP 所基于的分层、分布式(分群)范式

现实电网运行模式是将系统运行的基本责任落在了一个集中的决策者——电网运营商身上，即保持整个电网瞬时功率平衡且没有过载和异常情况。GRIP 不需舍弃成功的 EMS 或运行良好的输电系统网络运行的做法，仅是使其变得更简单(对外围设备不承担任何责任)。

1) 基于 GRIP 构想的电网结构——群集的自然层次结构

图 2-8(a)是基于 GRIP 构想的电网结构的部分电网示意图。虽然电功率无法像 Internet 中的数据流，可以从一个节点引导到另一节点。但是从逻辑上可以通过子网追踪从发电到负荷的电力流。可以这样做的理论依据是，当且仅当电网的全部子电网(他们的并集铺盖全网，且它们没有交集)都达到净功率平衡(即发电与负荷之差不变)且没有过载和异常时，电网的任何地方功率平衡(输入与输出差值不变)且没有过载和异常。而这恰好对应于 GRIP 构想中关于集群的定义，即把具有管理和控制其净功率平衡能力的一群智能发电、负荷和生产性消费者(他们的并集铺盖全网，且它们没有交集)所组成的电网的一个连通子网称为集群。

2) GRIP 集群功能的分层结构

GRIP 集群功能具有如图 2-8(b)所示的分层结构，由市场层、计划层和平衡层三层组成。用户(即发电、负荷和生产型消费者)与电力市场交互以共享或交易电力。交易必须通过电网的计划和调度实现，并且每个集群的净功率必须始终维持平衡。

(1) 市场层(market layer)：市场中的各种电力交易必须能在调度层中实现，可以通过离线分析将集群运行约束转换为集群可接受的交易约束。

(2) 计划层(scheduling layer)：生产型消费者可以通过参与日前市场、小时前市场和实时市场中的一个或多个市场实现自身利益的最大化。必须提前完成计划的准备工作，以首先确保集群在执行交易时具有维持净功率平衡的能力。

(3) 平衡层(balancing layer)：能确保集群在调度的时间步长(几秒或者更短的时间)内维持净功率平衡(包括需求响应和负荷控制)。

作为说明由集群的不同层执行的各种功能的示例，在图 2-8(b)中假定需要配电网集群 D 进行发电/负荷的再调度。

3) GRIP 运行规范

(1) 在 GRIP 的网络中，维护电力平衡的责任由所有集群共同承担。

每个集群必须维护其净功率平衡，并承担计划、调度、平衡和安全性的所有职责。

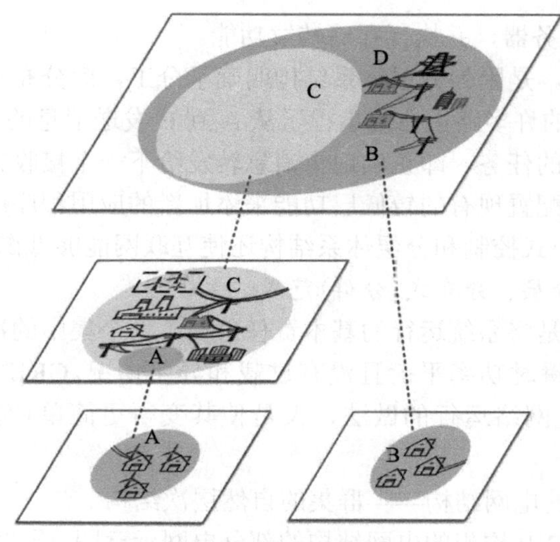

(a) 电网的群集嵌套(分层分群)示意

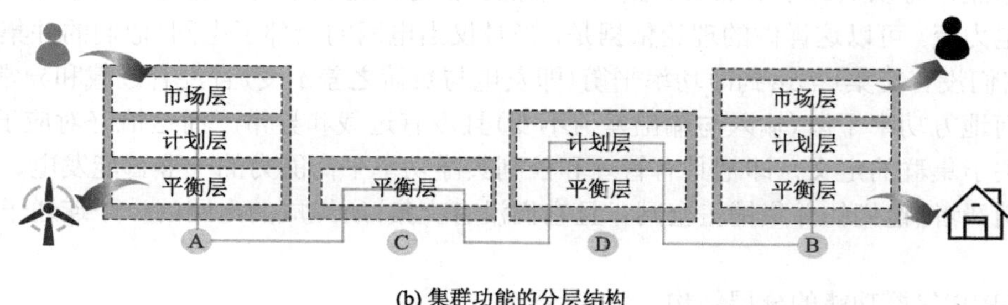

(b) 集群功能的分层结构

图 2-8　GRIP 的分层体系结构中由 A 到 B 输送功率

每个集群必须作为一个自治单元运行；即使在发生任何干扰(如集群中的发电故障)的情况下，也要严格遵守其已承诺的计划(schedules)。每个集群都必须能够防止计划外的潮流，并从集群内部或上一层获得必要的储备(reserve)。上方集群的储备将能够维持该集群的净功率平衡，并防止扰动进一步传播的影响。

(2) 在集群内部的分层体系结构中，下层执行上层指示的任务，并且必须明确定义接口。市场层期望计划层(scheduling layer)执行计划层认为可接受的任何交易。构成可接受交易的内容必须明确定义。计划层准确地知道平衡层在平滑波动方面的能力水平。各层之间没有反复协商。

3. GRIP 像 Internet 一样智能

(1) 更好地利用多变的分布式电源(VDER)：分布式运营模式将最大限度地利用多变的可再生能源，因为 VDER 的运营将掌握在当地利益相关者的手中，他们对资源的预测、计划(schedule)和控制有更好的了解。

(2) 为生产型消费者赋权：生产型消费者可以完全控制自己的发电和负荷的运行，并获得安装和运行更高效的设备的激励机制，如太阳能光伏、电池储能系统、电动汽车充电系统以及 ICT 硬件和软件等。

(3) 与外围设备的责任分担：在新的数字化时代，外围设备的智能和能力与电网运营商在管理其子电网方面相似，因为硬件变得越来越便宜，软件变得越来越智能。

(4) 纳米、迷你和微电网的无缝集成：新范式的责任分担特征与当今的纳米、迷你和微电网的自治或半自治理念兼容，有助于它们的无缝集成。此外，允许群集的半自治运行将防止生产型消费者“背叛电网”[16]。

(5) 快速适应技术创新：GRIP 的分层体系结构使整合创新技术变得容易。

2.4　智能电网关键技术体系

2.4.1　智能电网的运行技术

目前设想中的智能电网主要运行技术包括高级量测体系(advanced metering infrastructure，AMI)、高级配电运行(ADO)、高级输电运行(ATO)和高级资产管理(AAM)等四大部分。各部分的技术组成示于图 2-9，用不同的灰度来区分，其中，AMI 的主要功能是授权用户，使系统同负荷建立起联系，使用户能够支持电网的运行；ADO 可以使电网实现自愈功能；ATO 强调阻塞管理，并降低大规模停运的风险；AAM 与 AMI、ADO 和 ATO 的集成将大大改进电网的运行和资产使用效率。下面对这几部分的内容简要叙述。

1. 高级量测体系(AMI)

AMI 是用来量测、收集、储存、分析和运用消费者用电信息的完整的系统，是一种以开放式的标准集成消费者信息的方法。生态文明要求寻求新的途径来鼓励用户高效地用电和在峰荷期间降低电能消耗，而 AMI 为用户创造了较好的理解和管理用电的机会，使那些有合作愿望的用户变成需求响应的积极提供者。

AMI 是许多技术和应用集成在一起的解决方案，如图 2-9 所示，其技术组成和功能主要包括：

(1) 智能电表(smart meter)。可以定时或即时取得用户带有时标的分时段的(如 15min、1h 等)或实时(或准实时)的多种计量值，如用电量、用电功率、电压、电流和其他信息；事实上已成为电网的传感器。

(2) 通信网络。采取固定的双向通信网络，能把表计信息(包括故障报警和装置干扰报警)近于实时地从电表传到数据中心，是全部高级应用的基础。

(3) 量测数据管理系统(MDMS)。这是一个带有分析工具的数据库，通过与 AMI 自动数据收集系统的配合使用，处理和储存电表的计量值。

(4) 用户户内网(HAN)。通过网关或用户门户把智能电表和用户户内可控的电器或装置(如可编程的温控器)连接起来，使得用户能根据电力公司的需要，积极参与需求响应或电力市场。

(5) 提供用户服务(如分时或实时电价等)。

(6) 远程接通或断开。

AMI 的实施将为电网铺设最后一段双向通信线路，从而建立起一个可实现未来智能电网的遍及系统的通信网络和信息系统体系。基于该体系，AMI 可为电力公司提供系统范围

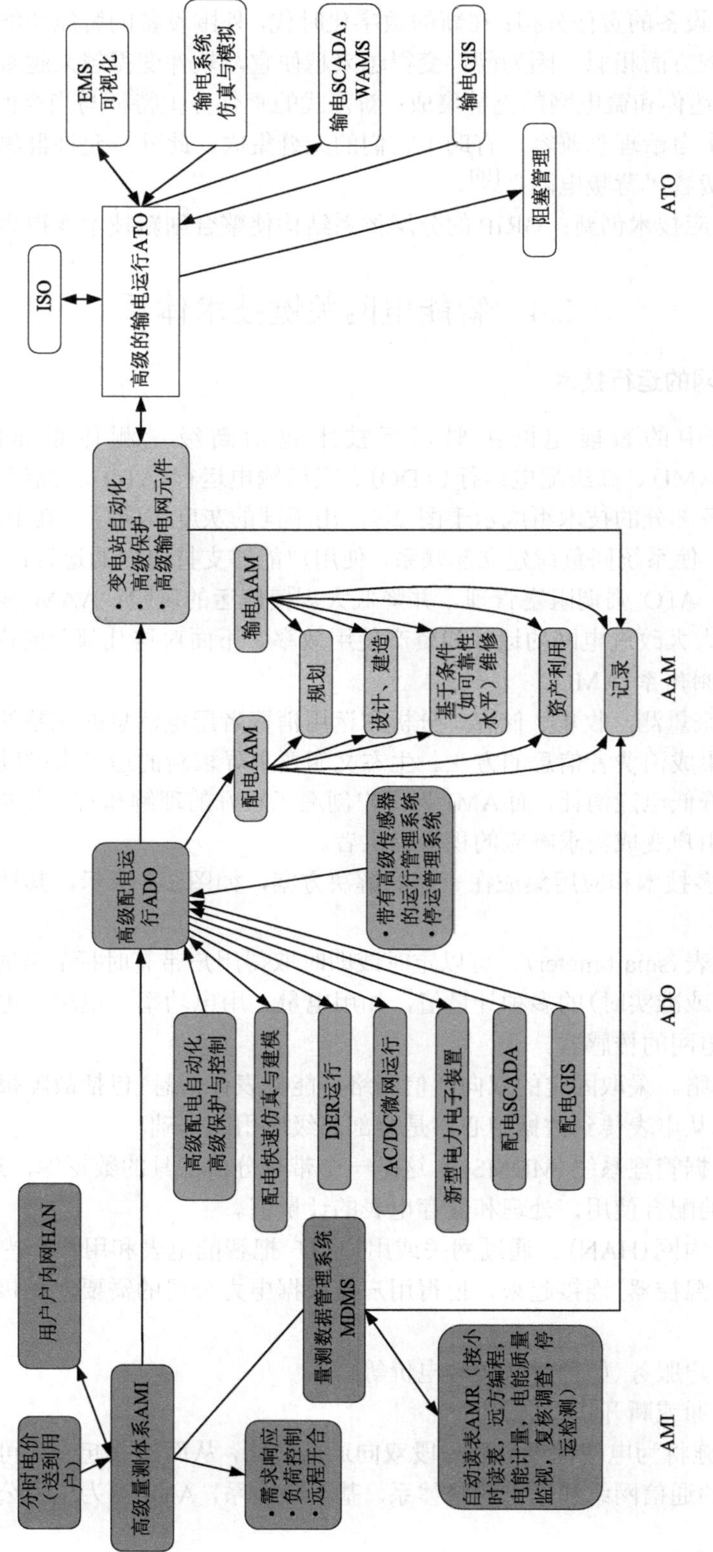

图 2-9 智能电网的运行技术组成

的量测和可观性，并进一步支持高级配电运行、高级输电运行和高级资产管理。同时，通过双向通信，AMI 将电力公司和用户紧密相连，这既可以使用户直接参与实时电力市场，又促进了电力公司与用户的配合互动。若辅以灵活的定价策略，则可以激励用户主动地根据电力市场情况参与需求响应。电表的双向计量功能也能够使用户拥有的分布式电源比较容易地与电网相连，同时也为系统的运行和资产管理提供可靠的依据和支持。图 2-10 给出了 AMI 可支持的一些功能，应该注意开发以获取最大的效益。为了充分挖掘 AMI 的价值，需要开放电力零售市场或制定灵活的定价计费机制。

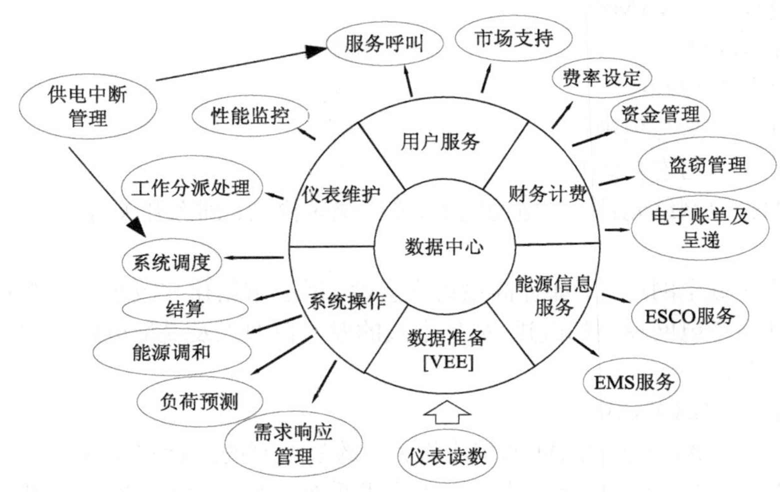

图 2-10　通过 AMI 数据可以支持的功能

2. 高级配电运行(ADO)

如图 2-8 所示，ADO 的工程组成主要包括：

(1) 高级配电自动化(ADA)；

(2) 高级保护与控制；

(3) 配电快速仿真与建模；

(4) 新型电力电子装置；

(5) DER 运行；

(6) AC/DC 微网运行；

(7) 配电数据采集与监控系统(supervisory control and data acquisition，SCADA)；

(8) 配电地理信息系统(geographic information system，GIS)；

(9) (带有高级传感器的)运行管理系统；

(10) 停运管理系统。

ADO 主要的功能是使系统可自愈。为了实现自愈，电网应具有灵活的可重构的配电网络拓扑和实时监视、分析系统目前状态的能力。后者既包括识别故障早期征兆的预测能力，也包括对已经发生的扰动做出响应的能力。而在系统中安放大量的监视传感器并把它们连接到一个安全的通信网上，是做出快速预测和响应的关键。

3. 高级输电运行(ATO)

ATO 强调阻塞管理和降低大规模停运的风险，ATO 同 AMI、ADO 和 AAM 的密切配合可实现输电系统的(运行和资产管理)优化。输电网是电网的骨干，ATO 在智能电网中的重要性毋庸置疑，其技术组成和功能如下：

(1)变电站自动化；

(2)输电地理信息系统；

(3)相量测量单元(phasor measurement unit，PMU)/广域量测系统(wide area measurement system，WAMS)；

(4)高速信息处理；

(5)高级保护与控制；

(6)输电快速仿真与建模；

(7)可视化工具与态势感知；

(8)高级的输电网络元件，如电力电子(灵活交流输电、固态开关等)、先进的导体和超导装置；

(9)先进的区域电网运行，如提高系统安全性、适应市场化和改善电力规划和设计的规范与标准(特别注意电网模型的改进，如集中式的发电模型以及受配电网络和有源电力用户影响的负荷模型)。

4. 高级资产管理(AAM)

AMI、ADO 和 ATO 同 AAM 的集成将大大改进电网的运行和效率。

实现 AAM 需要在系统中装设大量可以提供系统参数和设备(资产)“健康”状况的高级传感器，并把所收集到的实时信息同如下过程集成：

(1)优化资产使用的运行；

(2)输、配电网规划；

(3)基于条件(如可靠性水平)的维修；

(4)工程设计与建造；

(5)顾客服务；

(6)工作与资源管理；

(7)建模与仿真。

5. 智能电网实施顺序是有价值的

如前所述，智能电网的 4 个部分之间是密切相关的，表现在：

(1)AMI 同用户建立通信联系，使用户能够访问电力市场和提供带时标的系统信息，使系统实现广泛的可视化；

(2)ADO 使用 AMI 的通信收集配电信息，改善配电运行；

(3)ATO 使用 ADO 信息改善输电系统运行和管理输电阻塞，基于 AMI 使用户能够访问市场；

(4)AAM 使用 AMI、ADO 和 ATO 的信息与控制，改善运行效率和资产使用。

可见，顺序是有价值的，如图 2-11 和图 2-12 所示。先实施 AMI 可带来最好的效益，而且技术难度不大，因此，北美把 AMI 视为是实现智能电网的第一步。在图 2-12 中，效益/成本最高段发生在高级配电运行和高级资产管理(ADO/AAM)实施的阶段，但 AMI 的实施是其前提。经验表明，投资通常可在 5～10 年内回收。

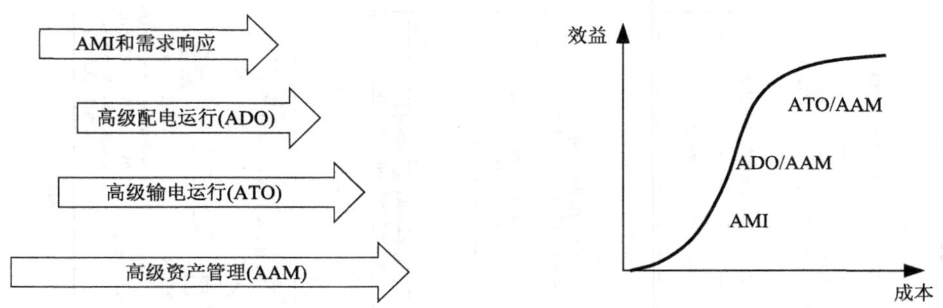

图 2-11　智能电网实现的顺序

图 2-12　实现智能电网的效益成本曲线(来源：美国 NETL)

值得一提的是，由于 AMI 可在负荷响应和节能减排方面取得巨大效益，美国许多政府机构已颁布立法条例来推动 AMI 技术的实施。

2.4.2　智能电网组成要素的分层描述

如图 2-13 所示，智能电网由物理电力层(输电和配电)、数据传输与控制层(通信和控制)和应用层(应用和服务)组成。

图 2-13 的横坐标显示的是所处场所，如从左至右为电力公司、基础设施(输电网、配电网)和用户。输电、配电和用电是电网的传统分级。在本节的智能电网组成要素描述中，它们具有相同的分层。该图在这些分层中描述智能电网的各种要素。

1) 物理电力层

图 2-13 最下层是物理电力层，又称功率层。该层包括集中式发电、输电、变电、配电和用户，图中在这几项下，分别列出了各种电力资产和一些应重点关注的技术。由于分布式发电、储能设备与电动汽车等的接入，配电网上的潮流也有可能是双向的。“资产安全性的监视与保护”属于这一层的任务。

2) 数据传输与控制层(通信和控制)

图 2-13 的中间是通信层，包括电力公司和集中式发电企业的局域网(LAN)、广域网(WAN)、现场通信网(FAN)/高级量测体系(AMI)，以及户内网(HAN)。在这几种网络下，分别列出了一些可能的通信媒介和所涉及的通信与控制设备，其中包括智能传感器和一些执行机构(如继电器)。FAN/AMI 即通常习惯说的“最后一公里”通信，是当前需要大力开发的，补充了这一缺失之后，电网才可具有自上而下贯通的通信链路，这是电网智能化的基础。

通信层里传输着的双向数据流，是来自传感器的和发送给控制机构的。“集成的赛博安全”(包括数据的安全性和隐私性)必须得到保证。

3) 应用层

图 2-13 中上层列出的 AMI、需求响应、电网优化与自愈、分布式电源与储能的集成、插电式混合动力汽车(PHEV)和电动汽车入网技术(V2G)的智能充电等运行(包括监视与控

集成的企业高级控制系统　　　　用户能量管理系统

	电力公司	基础设施		用户
应用和未来服务	如能量交易系统、零售商/监管者	如实时能量市场		如为买/卖功率而提供/询问市场数据的需要
商业和客户服务	将先进的和原有的系统整合到商业过程中	源于/进入终端用户能量管理系统的应用数据流		基于家庭/建筑网络的"门户"：网络付费/预付，历史电能数据、电能供用比较、分时电价信息、碳排放数据
PHEV和V2G的智能充电	为PHEV应用电力公司的有效控制及负载监视	PHEV的应用数据流		为PHEV和V2G智能充电的终端用户界面
分布式电源与储能的集成	分布资产的可视化及控制系统	监视及断开分布式资产		分布式发电资产简单集成
电网优化与自愈	能量管理系统/配电管理系统/运行管理系统/地理信息系统	自愈输电网：态势感知、故障预测、断电管理、远程开合、阻塞最小化、电压动态控制、天气数据整合、集中电容器串的控制	自愈配电网：态势感知、配电和变电自动化、资产保护、先进的传感器、电能质量管理、自动馈线重构	用户侧电压读数点
需求响应	负荷管理及控制/供求的自优化	高级需求维护及需求响应、负荷预测及平移		精确、自适应的控制（电器能量使用的详细数据及可视化）
高级量测基础设施	高级量测体系、量测数据管理、用户信息系统，断电检测，开具账单	远程读表、远程开合、干扰及盗电监测、短时内部读数、客户预付、流动班组管理		用户实时查看测量电表数据；电表能够在故障或断电前发出最终时刻的信号

通信层

集成的赛博安全

LAN			WAN					FAN/AMI					HAN				
企业网络			FAN和电力公司间的骨干网络					在端到端网络缺失的链路；现在在大规模开发中					网络将负荷和电器连接起来用于电力公司和用户控制管理				
100Mbit/s~10Gbit/s以太网	网络存储	服务基础设施	移动通信（4G）	私人无线	卫星	BPL	WiMax	RF Mesh	RF-Point Multipoint	WiMax	光纤	BLP/PLC	Wi-Fi	ZigBee	HomePlug	6LowPAN	Z-Wave

路由器、楼塔、重复器、有线骨干网络

继电器、调制解调器、桥梁、接入点、路由器

电网感知设备/网络：接入点，智能恒温器&设备、能源入口、家庭网络基础设施

功率层

资产安全性的监视与保护

发电厂：集中发电厂：煤、天然气、核能、逐渐增加的可再生能源（CHP、大风场）

输电：超导电缆，灵活交流输电，柔性直流输电，广域量测系统（WAMS）/相量测量单元(PMU)

变电所：自动校正：电压、频率、功率因数问题、集成的电压/无功；动态热定额

配电：灵活交流配电，直流配电，相量测量单元（PMU）/光传感器；动态电压骤降削减；智能电子装置（IED）的集成

双向电能

家庭/建筑：智能仪表；家庭/楼宇系统自动化；智能家电

分布式发电及储能：采用双向电功率流：太阳能PV，小型风机、燃料电池、分布式储能、PHEV和V2G的充电桩；直流微网

电力公司　　　　基础设施　　　　用户

图 2-13　智能电网组成要素的分层描述

制的执行)，以及商业和客户服务(如数据服务)、应用和未来服务(如实时电力市场)等项目属于应用层，主要功能是利用数据传输与控制层提供的服务来实现各级智能电网所要求的功能。

2.4.3　与智能电网相关的技术内涵

智能电网将把工业界最好的技术和理念应用于电网，以加速智能电网的实现，如开放式的体系结构、互联网协议、即插即用、共同的技术标准、非专用化和互操作性等。事实上，其中有些已经在电网中应用。但是仅当辅以体现智能电网的双向数字通信和即插即用能力的时候，其潜能才会喷发出来。智能电网的相关技术将催生新的技术和商业模式，实现产业革命。

事实上，与智能电网相关的技术非常之广，可以分为 3 类，即智能电网技术、智能电网可带动的技术和为智能电网创建平台的技术。

1. 智能电网技术

关于智能电网技术内容构想，在不同文献中多少会有些不同，但它们是互补的。例如，广域量测系统(WAMS)，信息和通信技术(ICT)的集成，可再生的和分布式的发电的集成，输电的扩展应用(如灵活交直流输电技术)，高级配电网管理，高级量测体系(AMI)，电动车辆充电基础设施和用户侧系统等。

智能电网将加强电力交换系统的方方面面，包括发电、输电、配电和消费等。它将：

(1)提供大范围的态势感知，该项工作有助于缓解电网的阻塞和瓶颈，缩小乃至防止大停电。

(2)为电网运行人员提供更好“粒度”的系统可观性，使他们能够优化潮流控制和资产管理，并使电网具有自愈和事故后快速恢复的能力。

(3)大量集成和使用分布式发电，特别是可再生清洁能源发电。

(4)使电力公司可通过双向的可见性，倡导、鼓励和支持消费者参与电力市场和提供需求响应。

(5)为消费者提供机会，使他们能以前所未有的程度积极参与能源选择。

2. 智能电网可带动的技术

需要澄清的是，风力发电机组、插电式的电动汽车和光伏发电等设备不是智能电网技术的组成部分。智能电网技术所包含的是能够集成、与之接口和智能控制这些设备的技术。智能电网的最终成功取决于这些设备和技术是否能够有效地吸引和激励广大的消费者。

智能电网作为一个平台，可推动和促进创新，使许多新技术可行，为它们的发展提供机会，并形成产业规模。举例来说，智能电网可使人们广泛地使用插电式电动汽车，实现大规模能量存储，一天 24h 使用太阳能，无缝地集成像风能这样的可再生能源，能够选择自己的电源和用电模式，促进节能楼宇的开发。

但这些技术本身不属于智能电网的范畴，而是智能电网可带动和促进的技术。

3. 为智能电网创建平台的技术

美国能源部所列出的将推动智能电网的五个基础性技术是：

(1)集成的通信。基于安全和开放式的通信体系结构，为系统中每一节点都提供可靠的双向通信，以便实现对电网中每一个成员的实时信息交换和控制，并确保网络安全和信息的保密性、完整性和可用性。

(2) 传感和测量技术。用以支持系统优化运行、资产管理和更快速、更准确的系统响应，如远程监测、分时电价和需求侧管理等。

(3) 高级的组件。储能技术、电力电子技术、应用超导技术和诊断技术等方面的最新研究成果。

(4) 先进的控制方法。它使快速诊断和各种事件的精确解决成为可能。

(5) 完善的接口和决策支持。用以增强人类决策，使电网运行和管理人员对系统的内在问题有清晰的了解。

第 3 章　能源大数据

3.1　能源系统数据的构成与特点

3.1.1　能源系统数据的构成

能源系统数据是能源系统高效运行和管理的基础，其构成复杂且多样，涵盖了从能源生产到消费的各个环节。主要包括以下几个方面。

(1) 生产数据：涵盖能源资源的开采、发电、热能生产等环节的数据。这些数据通常包括开采量、发电量、设备运行状态、燃料消耗量、温度、压力等参数，反映了能源生产的效率和稳定性。

(2) 传输和配送数据：涉及能源在传输和配送过程中的各种参数，如输电网、输气管道的流量、压力、损耗情况，以及能源传输网络的拓扑结构、故障记录等。这些数据对于确保能源稳定供应和优化传输网络至关重要。

(3) 存储数据：包括能源存储设备的容量、储存量、进出库情况等信息。这部分数据帮助管理者了解能源储备情况，并在需求高峰期合理调度资源。

(4) 消费数据：涵盖最终用户的能源消耗情况，包括工业、商业、住宅等不同领域的用能数据，如电力、燃气、热能的使用量、用能模式和时间分布等。通过分析这些数据，可以更好地理解用户需求，进行精准供能。

(5) 环境和气象数据：包括温度、湿度、风速、太阳辐射等气象数据，以及环境污染物排放量、空气质量指数等环境数据。这些数据对可再生能源的利用、能源生产对环境的影响等有重要指导作用。

电力大数据的来源和特点

3.1.2　电力大数据的来源

在以往的电网规划、建设、运行与维护过程中，借助能量管理系统、在线运行监控系统、电力客服系统等，发电集团、电力公司、电力监管机构等组织积累了数量巨大的数据。随着智能电网的实施和智能传感设备的大量安装使用，如 PMU/WAMS 装置、AMI 等，电力公司获取了史无前例的超大数量的数据，从而构成了智能电网背景下的电力大数据。

电力大数据来源于电能的生产、传输、分配、消费、调度、营销等各个环节，如图 3-1 所示，通常可分为四类：一是电网运行和设备的检测和/或监测数据，如高级量测体系(AMI)、数据采集与监控系统(SCADA)、广域量测系统(WAMS)和能量管理系统的量测数据等；二是电力企业营销数据，如交易电价、售电量、用电客户等方面的数据；三是电力企业管理数据；四是与分布式资源息息相关的气象数据，来自数值天气预报(numerical weather prediction, NWP)、地理信息系统(GIS)等。

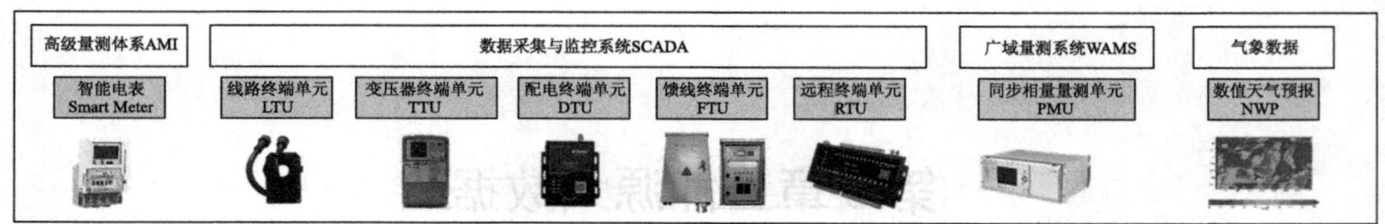

图 3-1　电力大数据来源

AMI 是用于实时采集、管理和传输电能使用数据的系统，通常由智能电表、通信设备和数据管理系统组成，主要用于能源计量和用电数据管理，旨在提供对用户用能情况的监测、定量和计费，帮助用户和能源供应商更有效地管理能源的使用。

电力 SCADA 系统辅助运营人员实现对电力系统的监控、控制、数据采集与报警。通过传感器、仪表和远程终端单元(RTU)等设备来实时监测电力系统的状态和运行情况，采集各种数据，如电力设备的状态、电流、电压、频率等信息；基于实时监测数据，远程控制电力系统的操作，如开关设备、调整参数、执行指令等；当系统出现异常或超出预设阈值时，SCADA 可以生成警报并向操作人员发送通知，使其能够及时采取行动来处理问题。

广域量测系统(WAMS)是一种广域范围内的电力系统监测系统。它使用相量测量单元(PMU)或其他高级测量设备，以高频率、高精度地监测电力系统的状态，并提供对广域电网的实时监测和分析，提供故障诊断、预警和系统稳定性评估等功能。

综合来看，AMI 侧重于用户用能数据采集与管理；SCADA 专注于电力系统的监控与控制；而 WAMS 则用于电力系统的实时广域监测与分析。它们在功能和应用场景上有所不同，但在一些情况下，这些系统可能会集成或相互配合，以提供更全面、更综合的能源管理和电力系统监控解决方案。

除此之外，由于分布式发电与光照、风速等气候因素紧密相关，以数值天气预报 NWP 为代表的气象数据近年来广泛应用于光伏发电、风机出力等预测问题。NWP 是一种使用数学模型来模拟和预测大气、海洋和地球表面的天气和气候变化的方法。NWP 方法基于物理方程和观测数据，使用计算机模拟大气和海洋等系统的运行，是现代天气预报的基础，通过结合物理方程、观测数据和计算机模拟技术，能够提供越来越精准和可靠的天气预报和气象信息，对人们的日常生活、农业、交通运输、灾害防范等方面有着重要的影响。

以一个实施高级计量基础设施(AMI)的电力公司为例，我们可以看到，电力用户数据的量级发生了显著变化。原本，每个用户每年的数据量仅限于 12 个月每月一次的用电度数记录，即每年仅有 12 个数据点。然而，在实施 AMI 后，假设数据采集时间间隔缩短至每小时一次，每个用户每年的数据量将激增至约 8760 个数据点，增长了 729 倍。但这仅仅是数据增长的起点。

实际上，电力公司在实施 AMI 时，其目标远不止于简单的电度计量。除了用于计费的基本量测数据外，还收集了大量的其他数据，以支持公司的多种应用服务。以加拿大 BC Hydro 公司为例，一个普通居民用户的智能电表每天产生的数据量超过 3KB，每月累计约 100KB。这些数据包括预设的每小时采集的量测值、即时瞬间值、事件及状态数据等。当智能电表数量达到 160 万块时，公司数据库每天新增的数据量约为 11GB，全年累计数据量达到 4015GB。

相比之下，美国的一些电力公司为了支持基于电力市场的电力结算，每 15min 采集一次数据，产生的数据量更加庞大。在我国，智能电表的安装与应用已经广泛推广，截至 2022 年 12 月底，智能电表保有量已超过 6.5 亿只。这一规模的应用无疑使得我国电力公司面临着处理海量量测数据的新挑战。

对于电力公司而言，智能电表并不是行业大量数据的唯一来源。GIS 中的远程终端单元、数以千计的监测设备、开关、断路器、线控设备，以及 DMS 中的事件信息等均会产生大量的数据。例如，电力公司的 GIS 有多达 200 个主题层，用于整合内外部信息；以美国俄克拉何马州天然气和电力公司为例，其 DMS 每天会产生 200 万个事件信息，包括电表告警和通知等。另外，PMU、HAN 等也会产生大量的数据。以上这些均是电力大数据的一部分。

图 3-2 为 EPRI 预测的一个拥有 100 万用户的电力公司的数据量随智能电网实施深入的增长趋势。如图 3-2 所示，电力公司的数据源包括高级配电自动化、现场工作人员管理系统、变电站自动化、移动数据、具备通信功能的可编程温控系统(PCT)等，其中较传统数据源最主要的变化体现在 AMI 的引入，其在数据量的增长上也是最显著的。这里没有直接列出来自电力公司外部的数据，如周边温度数据、国民经济统计数据、城市规划方案等。可以看出，随着业务的增长，电力公司的数据量大体是呈指数增长的。

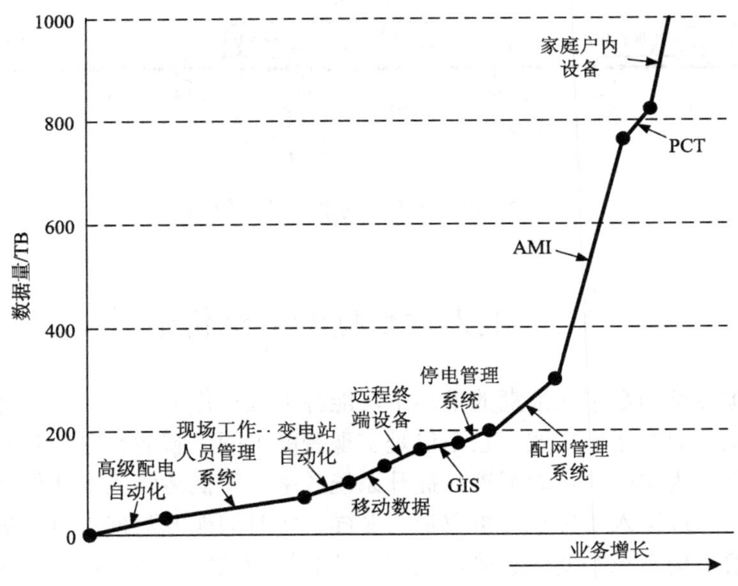

图 3-2　电力公司数据量增长

3.1.3　电力大数据的特点

电力大数据具备大数据一般的 3V 特征[17]，具体如下。

1. 体量大(volume)

(1) 来源多：包括用电信息采集系统、客户服务中心系统、营销系统、能量管理系统、广域监控系统、设备运行监测系统等。

(2) 数据量巨大：每秒钟产生的数据量非常大，尤其在智能电网环境下，实时数据的采集频率高，数据量呈指数级增长。数据量从吉字节、太字节级上升到拍字节、艾字节甚至泽字节级。

2. 类型多 (variety)

(1) 结构化：(存储在关系数据库中的) 半结构化和非结构化 (不方便用数据库二维逻辑表来表现的) 数据并存。

(2) 关联数据：行业内外的能源数据、天气数据等。

3. 速度快 (velocity)

电力系统需要实时监控和调度，因此对数据的时效性要求极高，必须能够快速采集、传输、处理和分析数据。例如，电力系统中的运行控制、电力市场和用户服务等对实时性要求很高。

此外，与电力行业的特点相关，电力大数据还具备一些独特的特性。电力大数据一个显著的特点是对于不同用途的应用或设备，其数据时间跨度或数据频度差别非常大，如图 3-3 所示。例如，以发电和输电规划为目的的数据分析以年为单位度量，而设备故障数据需要以毫秒为单位进行分析和响应。

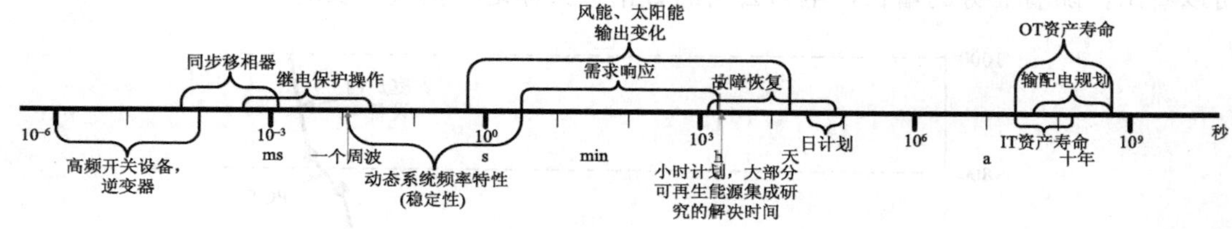

图 3-3　电力大数据的多时间尺度特性

3.2　电力大数据的多维价值

在全球能源转型和数字化浪潮的推动下，能源大数据作为一种新兴战略资源，正逐渐改变着传统能源行业的运作方式。它不仅是实现智能电网、智能发电和智慧能源管理的关键技术支撑，更是优化能源资源配置、提升系统效率、降低运营成本和促进可再生能源利用的重要手段。通过深入挖掘和分析海量、多样、实时的能源数据，可以揭示能源系统的运行规律，洞察市场需求的变化趋势，预判设备的故障风险，并制定更加科学的能源政策和战略。本节将详细探讨能源大数据在经济、技术、环境、社会和政策等多个维度上的巨大价值，展示其在推动能源行业数字化转型和可持续发展中的重要作用。

3.2.1　能源大数据的价值

1. 经济视角

通过大数据分析，可以优化能源生产、传输和消费的各个环节，降低运行成本。例如，通过对发电设备的实时监控和维护，可以减少故障率和停机时间，节省维护成本。同时，大数据技术能够精准预测能源市场的供需变化，帮助企业制定更有效的生产和销售策略，从而提高市场竞争力和盈利能力。此外，大数据分析还可以为能源项目的投资决策提供科学依据，评估项目的可行性和风险，优化投资组合。综上所述，大数据在能源领域的应用不仅能够提高效率和降低成本，还能增强企业的市场竞争力，为能源行业的可持续发展提供有力支持。

2. 技术视角

通过大数据分析，能源系统实现了智能运维，包括预测性维护、故障诊断和运行优化，这些措施显著提升了系统的可靠性和效率。同时，大数据技术促进了能源领域的技术创新，例如，智能电网、分布式能源系统和能源互联网的发展，这些创新不仅推动了新技术和新应用的快速落地，也为能源行业带来了新的发展机遇。此外，大数据技术还实现了数据融合，将不同类型、来源的能源数据进行整合，形成了综合的分析视角，这进一步提升了能源系统的整体优化能力。综上所述，大数据在能源领域的应用不仅提升了运维效率和系统可靠性，还推动了技术创新和数据融合，为能源行业的可持续发展提供了强有力的技术支持。

3. 环境视角

大数据分析在能源领域的作用是多方面的，它不仅有助于节能减排，还能优化可再生能源的使用，并支持环境监测。通过大数据分析，可以识别出能源系统中高能耗和高排放的关键环节，从而提供针对性的节能措施和优化方案，促进能源的清洁利用和减少碳排放。此外，大数据技术还能通过对气象、地理和历史数据的综合分析，优化风电、光伏等可再生能源的发电预测和调度，提高这些能源的利用率，进一步推动可再生能源的普及和可持续发展。同时，大数据技术还能实时监测能源生产和消费过程中的环境影响，如排放物、噪声和生态破坏等，为环境保护和治理提供数据支持，帮助制定更有效的环境政策和治理措施。综上所述，大数据在能源领域的应用，不仅有助于提高能源效率和降低环境污染，还能推动可再生能源的发展和保护环境，为实现可持续发展提供有力支持。

4. 社会视角

大数据在能源领域的应用不仅局限于技术层面的优化，还包括能源普惠、用户参与和安全保障等多个方面。首先，大数据可以帮助政府和企业识别能源贫困地区和人群，制定精准的能源普惠政策，从而提升能源服务的公平性和可及性。其次，通过大数据技术，可以实现用户能源消费行为的实时监测和分析，这不仅鼓励了用户参与能源管理和节能活动，还提升了用户对能源系统的参与感和满意度。最后，大数据技术在安全保障方面的应用也十分重要，它能够提升能源系统的安全性，通过实时监测和预警机制，防范能源系统的安全风险，保障社会稳定和公共安全。

5. 政策视角

大数据在能源领域的应用不仅限于技术层面的优化，还包括科学决策、政策评估和国际合作等多个方面。首先，政府和监管机构可以利用大数据分析结果，制定科学的能源政策和规划，提高政策的针对性和有效性。其次，通过大数据技术，可以实时评估能源政策实施效果，发现问题和不足，及时调整和优化政策。此外，大数据技术还可以促进国际能源数据的共享和合作，共同应对全球能源挑战，推动能源领域的国际合作和可持续发展。

3.2.2 电力大数据价值的多维视角

如图 3-4 所示，对于不同的主体，电力大数据具备不同的潜在应用价值。例如，对于电力公司而言，电力大数据的充分利用可以为其提升生产管理、加强电网的运行监控、改善规划决策的科学性等提供有力的支撑；而对于电力用户而言，电力大数据具有改善其服务质量与体验的重要价值。

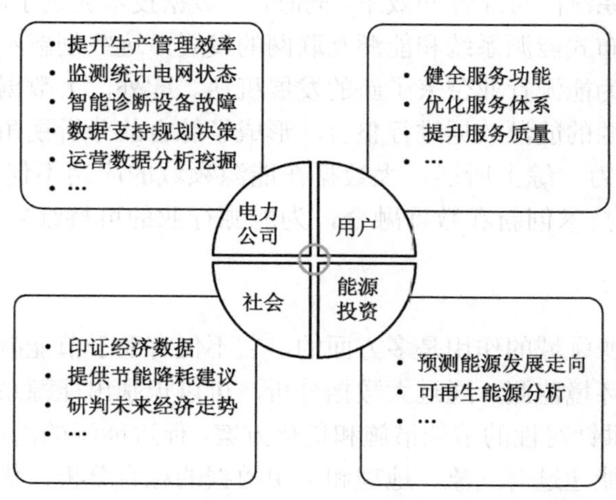

图 3-4 不同主体的电力大数据价值视角

电力大数据涵盖了电力规划与运行所需的所有支撑性数据，因此，电力大数据的分析与信息挖掘对于实现未来智能电网的科学合理规划与安全高效运行意义重大。在电力系统规划领域，电力大数据使得从全社会价值与全生命周期的视角管理智能电网的规划与投资决策变为可能，包括智能电网基础设施规划与管理、城市电网规划、智能电网成本效益分析、可再生能源并网的网源协调规划、电动汽车充电设施规划等，例如，IBM 提出的电网改造与投资分配辅助决策系统，综合利用设备台账、地理信息、运行数据、市政规划、客户信息、成本数据等多种数据，从规划前期电网薄弱环节识别、电力需求评估等，到电网升级改造方案优化与辅助投资分配决策，再到电网改造后期的效果评价，进行全周期的优化。

在电力系统运行领域，电力大数据可以为电网运行人员有效地监控电网、科学地制定运行决策、合理地采取控制措施、提供极具价值的参考，包括间歇性可再生能源调度与集成、输变电设备状态检测与管理、电网安全监视与预警、用户行为分析与负荷预测等，某些数据分析应用还会有辅助的收益。例如，当电力公司向监管部门递交预算以更换过期设备时，电力公司可以提供详细的数据分析，说明哪些设备需要更换以及在不更换的情况下其将对电网造成的危害；美国 Enphase Energy 公司每天从来自 40 个不同国家的 25 万个系统收集大约 2.5TB 的数据，并将其用来检测发电和促进远程维护、维修以确保系统无缝运行，同时该公司还利用从发电系统收集到的数据来监测、控制或调整网络中的发电和负载，在电网故障或需要升级时做出相应的反应。

同时，电力大数据对于电力公司改善其运营效率、提升用户服务水平具有重要价值。例如，位于美国佛罗里达州的海湾电力公司利用大数据分析，研究了停电恢复时间与用户满意度间的关系，以改善该公司的客户体验；莱克兰电力公司通过分析各种客户群体的电能消费模式，评估电力公司为每个特定的群体提供服务的成本，并设计供客户选择的替代费率，降低电力高峰需求，有助于减少高峰期的电力故障，提高用户的留存率。

Greentech Media Company & SAS 指出智能电网中应用大数据技术的十大推动力[18]：AMI 系统的投资回收；负荷侧管理与需求响应；资产管理；极端天气下的电网运行管理；窃电与非技术性网损；可再生能源与电动汽车接入；借助地理信息可视化展示电网运行状况；传统电网的智能模式；现有电网 IT 结构缺乏有效数据共享与交流的机制；其他。

埃森哲(Accentrue)公司就有关智能电网中大数据的价值进行了调研[19]，指出最具应用价值的主要分析领域依次为电网运行分析、资产管理分析、停电管理分析、无功电压分析、通信网络运行分析、电网规划分析、智能表计运行分析、需求响应分析、用户运行分析、用户分群及用电行为分析、窃电分析、表计安装分析、分布式电源分析等。为了实现电力大数据价值的最大化，需要克服一系列技术、政策与体制方面的困难。其中，如下两个问题需要特别关注。

1. 大数据的共享与安全

电力大数据的安全和隐私保护以及信息访问(如数据访问权利)的不确定性都会阻碍一些智能电网解决方案的采用。当前，电力公司各职能部门间的数据共享还有较大的技术与体制障碍等待破除。

为了涵盖电网外部的系统(如能源互联网、智能交通等)，智能电网中信息技术的范围必将扩大，这样在产生有益数据的同时，将造成新的安全问题。

良好的基础设施必须确保数据安全、电网安全和智能电网技术的进步。

2. 信息管理

数据量的发生已经呈指数级增长，而且这一趋势还将继续。借助于各装置之间的通信和即将配置的数十亿台先进传感器，电力相关企业与组织将会获得巨量数据，这就产生了数据挖掘、分析、存储和管理方面的新挑战。在数据库的中央分享、数据使用信息和数据适用性逐年增加的同时，数据集的兼容性始终是一个值得关注的问题。

为了解决这些问题，需要电力、信息、数学、管理、计算机等多个学科间的密切交流与合作。

3.3　能源大数据的数据分析方法

3.3.1　数据分析方法的定义

Data analytics 常被译成数据分析或数据分析学，也有人译为数据分析器，本书更倾向于根据不同的场合，分别将它称为数据分析方法或数据分析元。它是指为提高决策水平(如生产的产出和商业利益)而使用的定性和定量的数据分析技巧与流程，是为挖掘数据深层价值而分析数据的科学。根据使用者的不同需求，它对数据进行提取和分类以识别与分析其行为及模式。它在数据分析的范畴、宗旨及侧重点方面有别于通常的数据挖掘。数据挖掘是用复杂的软件分析海量数据以发现未知的模式和隐含的关系；而数据分析方法侧重于推理，是根据研究者已有的知识用数据及逻辑导出结论。

在不同的场合下，data analytics 可用不同的名字来解释。当 data analytics 是一个通用的或泛指的总括性的术语，用于描述将非结构化或结构化的数据转化成有用知识的工具时，可称为数据分析方法；而当它是针对某一个问题的一个具体算法或分析流程时，可称为数据分析元。

3.3.2 电力大数据分析

电力公司正大力投资智能电网基础设施，电力公司获取的数据量显著增加，电力大数据分析方法已经成为备受关注的重要领域。对于电力公司而言，数据分析方法必定会将大数据问题转化为收益，或者是在提升运行与规划的科学性、降低风险和提高对用户的可视化展示等方面的竞争优势。

数据分析方法并不是新的事物。电力公司多年前已经将数据分析方法用于多个领域，如用户分群和负荷预测等。但是随着电力大数据的引入，这些工具的潜在规模、复杂度和应用场景均发生了变化。有时候，它反映在方法和技术的改进上，如对于负荷预测来说，这代表着更高的分辨率和精度。而在其他方面，数据分析方法是新应用的基础，如智能电动汽车收费管理系统。新的数据分析元或分析工具也更可能利用通用的工程计算方法，使用预先设定的数学方法进行数据运算和分析。

与传统的数据分析相比，大数据分析具有如下三点区别。首先，传统数据分析模式多通过采样方式获得部分数据用于分析，大数据分析可以对收集到的海量数据进行分析，分析用的数据源由采样数据扩展至全部数据。在电力行业，这种数据源由采样数据扩展至全部数据，是指用于分析的数据从传统的并不全面的数据，扩展至全系统全观测的数据，这主要是因为 AMI 的广泛使用，使得传统电网中无法观测的数据可通过 AMI 设备获得，进而用于分析。其次，分析用的数据源从传统单一领域的数据扩展到跨领域的数据，大数据分析可以将不同领域的数据组合后进行分析。对于电力领域与其他领域的数据融合，最简单的例子是将负荷历史数据与气象数据融合，进行负荷预测等数据分析。最后，传统数据分析更关心数据源与分析结果间的因果关系，大数据分析不仅重视数据源与分析结果间的因果关系，而且可基于有相关关系的数据源分析预测出有价值的结果。用户的用电行为分析即可归为这一类，用户间的负荷数据不存在因果关系，但是其间必定存在关联，这时就可用大数据分析的方法得出关心的结果。

过去，单一的数据或少量数据的组合能够说明一些问题，但是这远远不能揭示大数据背景下数据集合所蕴含的信息。如图 3-5 所示，单一的电力输配数据的价值随时间推移而减少，但对于不同时间范围的数据进行综合分析能够产生原本单一数据不具备或无法反映的信息，其价值随时间推移而显著提高，这是大数据产生效益的基本原理之一。电力公司应根据需要，充分发挥数据在其生命周期内的价值。

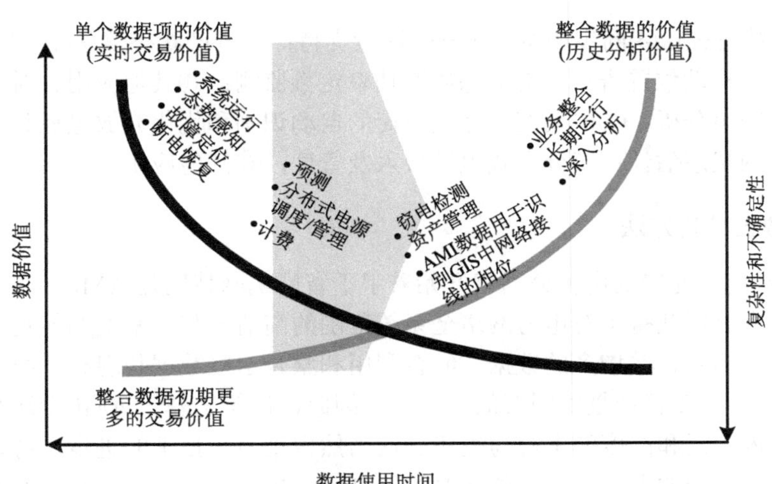

图 3-5　输配电数据在生命周期内价值的变化

3.3.3　电力大数据分析方法的分类

按照类型不同，目前电力大数据分析方法可分为以下三类。

(1) 描述性分析 (descriptive analytics) 方法：指使用者分析历史数据、资产数据或电网数据进行模式识别，并分析、解释和还原系统或设备过去的状态或场景。

(2) 预测性分析 (predictive analytics) 方法：提供前瞻性的分析，让使用者可以参与投资、资产维护或电网运行规划。

(3) 规范性分析 (prescriptive analytics) 方法：为使用者提供关于最优运行策略、电网配置和在既定约束下路径选择的优化方案。

大部分已实施的数据分析方法是描述性的，例如，利用模式识别处理电表历史数据进行窃电检测，但是更加复杂的预测性分析和规范性分析受到越来越多的关注。在电网运行方面，预测性分析方法的一个例子为基于大量的历史数据和量测数据，对台区或变压器进行监测，以实现故障预警与资产寿命概率预测。在用户方面，预测性分析方法包括预测尖峰电价政策对负荷的影响，以及预测用户需求响应计划的执行效果等。这些分析需要利用用户行为的历史数据，而不是简单地利用传统的用户分类策略。规范性分析方法可用于实时主动网络管理及间歇性分布式发电资产的优化整合等方面。

电力数据分析方法也可根据面向的对象不同而分类。目前常见的数据分析方法可分为：用户数据分析方法，包括电表数据分析、需求响应管理、用户分类等；资产优化数据分析方法，包括台区管理、变压器管理等；电网优化数据分析方法，包括电能质量管理、高级配电管理、停电管理、高级输电管理等。值得一提的是，此种分类在行业中并没有统一的规范，已出现众多不同的名字，但大多从名字就可明白其作用，如故障数据分析方法、分布式能源数据分析方法等。

由于大数据分析方法的引入，在输配电领域产生了许多新的支持电网运行管理的数据分析方法和应用。这些方法包括数据采集、数据管理、数据可视化、数据分析、数据集成和平台体系结构等。对于输电系统，这些应用体现在：①自适应输电线路保护；②同步相量测量——态势感知；③同步相量测量——决策支持；④资产状态信息/管理；⑤动态模型开发与验证；⑥扰动位置辨识；⑦动态线路功率定额监测；⑧其他应用。对于配电系统，应用包括：①窃电分析；②电动汽车充电负荷的自动识别和优化充放电控制；③系统故障预测；④配电网状态估计；⑤分布式电源接入及管理；⑥其他应用。

3.3.4 AMI 数据分析方法

从 2008 年起，北美的电力公司就开始着手于智能电网特别是 AMI 项目的实施。AMI 的实施使得电力公司获得了对电力网络全系统范围的高清晰和高密度的能观性，也获得了前所未有的大量的且日益增多的数据。综合利用和整合这些数据与现有系统的数据，是大部分电力公司 AMI 项目计划中固有的一部分。因此，近年来基于 AMI 量测数据的数据分析得到了行业内广泛和高度的重视与投资。这当然也受益于技术的进步，特别是更精确的统计分析与数学模型的发展和高性能计算机的进步。最重要的是，大数据学科的崛起使数据分析方法市场得以蓬勃发展，成为一个崛起的新兴学科分支。在电力行业里，这些分析方法都包括智能电表的数据分析，因此下面重点介绍 AMI 数据分析方法，相应的具体数据分析应用称为 AMI 数据分析元。

由于电力行业对数据处理的速度和可靠性具有严格要求，以及行业公司在相关方面的人力、技术资源的匮乏，电力公司在大数据平台方面高度地依赖于供应商，如 IBM、EMC、Oracle 等。但在建于大数据平台上的数据分析方法或数据分析元方面，电力公司大多选择根据业务需要自己开发，或委托第三方但自己主导开发，因为电力公司最清楚自己的实际需求，对电力行业的数据及应用需求有最深刻的理解。

因此，目前电力公司部署的数据分析系统基本上是在供应商提供的大数据软硬件平台基础上，开发所需要的数据分析方法与应用，再辅以可视化的展示，从而为运行人员或管理人员提供有效的信息支撑和决策依据。图 3-6 给出了一个已部署的数据分析系统方案示意图。

电力公司对 AMI 数据分析元的开发和使用是最近几年的事情，各公司基本上是根据业务需求和已有的数据情况，部署最直接、简单和有实效的 AMI 数据分析元，随着时间的推移，预计将把工作推进至更深入的层次。目前，电力公司已采用或正在开发的 AMI 数据分析元主要包括以下几个方面。

(1) 窃电分析及网损精确分布分析。

(2) 配电网络拓扑校验，验证用户与台区的对应关系，正确判定各资产和用户的相位及其在 GIS 中的位置。

(3) 配电网特别是二次配电网络的建模，包括精确估计线路及设备参数。

(4) 变压器及线路载荷分析，识别或预警过负荷的资产，对设备的健康情形进行风险分析，推荐最优设备维护及更换策略。

(5) 可靠性评估及展示，并结合精细的空间负荷预测，对不同的场景进行预演分析和动态预警。

(6) 系统故障或热点（包括过负荷）定位及展示、原因分析、预警并推荐应对的策略等。

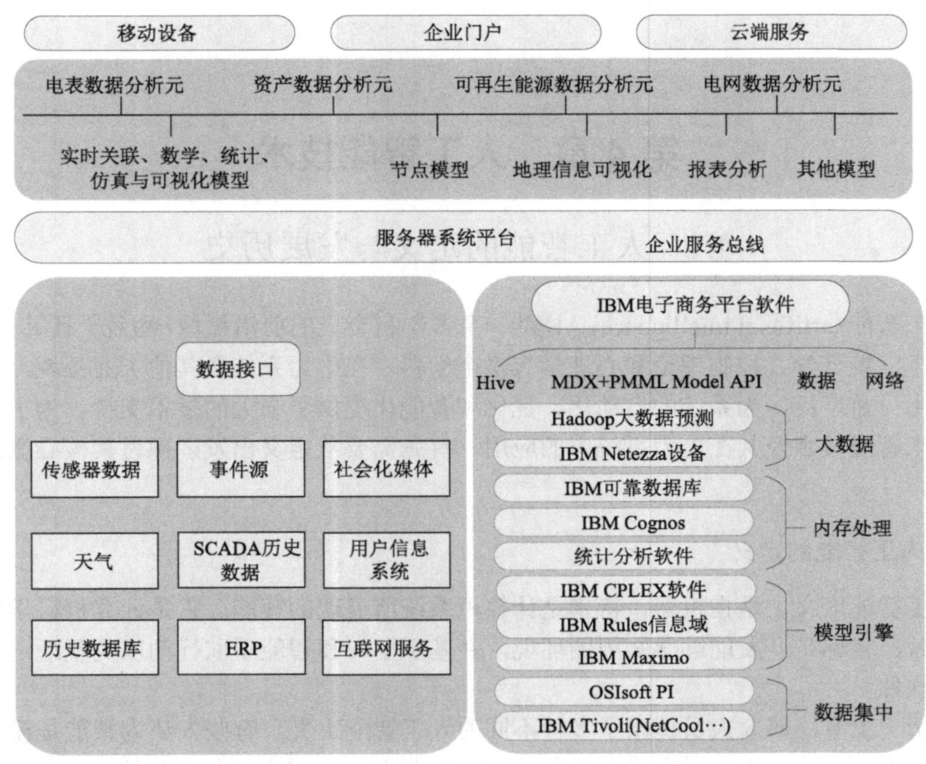

图 3-6　已部署的数据分析系统方案示意图

第 4 章　人工智能技术

4.1　人工智能的定义与发展历史

人工智能(artificial intelligence，AI)是一个多学科交叉的前沿领域，涵盖了计算机科学、神经科学、统计学、控制理论和心理学等多个学科。在电力系统及其他工业领域，人工智能的应用日益广泛，为系统的自动化、优化和智能化提供了强大的技术支持。为了更好地理解人工智能技术及其在电力系统中的应用，首先需要从定义出发，探讨其核心概念和发展历程。

4.1.1　人工智能的定义

人工智能广义上是指机器，特别是计算机系统所展现的智能。它是计算机科学的一个研究领域，目标是开发能够感知周围环境，并基于学习和智能采取行动以实现既定目标的方法和软件。

从历史上看，研究人员提出了多种不同的人工智能定义。有些人认为智能是模仿人类表现的能力，而另一些人则将其定义为“理性”，即机器做“正确的事”的能力。关于智能本身的定义也有不同看法：一些人认为智能是内部思维过程和推理的能力，另一些人则强调智能是一种外部行为的表现。

由于定义和研究理念的不同，不同的研究人员采用了不同的方法：定义人工智能为“类人智能”的研究人员依赖于与心理学相关的经验科学，通过观察和假设人类行为与思维过程来研究人工智能。而定义人工智能为“理性”的研究人员则更多依赖数学和工程的结合，广泛吸收了统计学、控制理论和经济学等学科的相关知识。不同的学派之间既有分歧也有合作。

阿兰 · 图灵在 1950 年提出了人工智能发展史上著名的“图灵测试”，成为目前学术界广为接受的判断机器是否具备人工智能的标准。如果一台计算机在回答一系列书面问题时，人类无法分辨答案是来自人类还是计算机，那么这台计算机就通过了“图灵测试”。为了通过“图灵测试”，计算机需要具备以下能力。

(1) 自然语言处理(natural language processing，NLP)：能够用人类语言进行交流。

(2) 知识表示：能够存储和理解信息。

(3) 自动推理：能够回答问题并推导出新结论。

(4) 机器学习：能够适应新环境。

图灵认为，模拟人类的物理形态并不必要。然而，其他研究人员提出了一个更全面的“图灵测试”，要求计算机在现实世界中与人和物进行互动。要通过这个测试，机器人需要具备以下能力。

(1) 计算机视觉和语音识别：能够感知和理解环境。

(2) 机器人技术：能够操控物体和移动。

这六个领域就构成了现代人工智能的主要内容。

4.1.2 人工智能的发展历史

人工智能的历史最早可以追溯到 20 世纪 40 年代。基于代表性的研究成果和技术进步，人工智能漫长的发展历史可以划分为多个不同阶段。以下是对人工智能发展历史的简略介绍。

1. *初期探索和奠基阶段*(1943～1956 年)

这一时期，人工智能的基础理论和概念开始逐步形成，为日后的发展奠定了坚实的理论基础。1943 年，沃伦·麦卡洛克(Warren McCulloch)和沃尔特·皮茨(Walter Pitts)发表了一篇开创性的论文，提出了人工神经元模型。这一模型汲取了多个学科的知识，包括脑的基本生理功能、罗素和怀特海的命题逻辑形式分析，以及图灵的计算理论。麦卡洛克和皮茨提出的模型描述了一个简单的二进制神经网络系统，在这个系统中，每个神经元可以处于“开”或“关”的状态，其状态的变化是由相邻神经元的激励水平决定的。他们的研究显示，任何可计算的函数都可以通过一个神经网络来实现，并且这些网络能够执行所有的逻辑运算(如与、或、非等)。这一理论的提出，为人工智能领域的神经网络研究奠定了重要的基础。

1949 年，唐纳德·赫布(Donald Hebb)在其著作《行为的组织》(*The Organization of Behavior*)中提出了赫布学习规则。这一规则提出了一种简单但极具影响力的学习机制：当一个神经元 A 反复且持续地激发另一个神经元 B 时，A 与 B 之间的连接将会得到加强。这一观点后来被称为“赫布学习”，它解释了神经网络中的连接权重如何随着学习和经验的积累而改变。这种基于生物学原理的学习机制，为后来的神经网络和机器学习算法提供了重要的理论支持。赫布的工作显示了人工神经网络不仅能够进行信息处理，还能够通过学习来改进其性能，这为人工智能研究的进一步发展指明了方向。

1950 年，哈佛大学的马文·明斯基(Marvin Minsky)和迪恩·爱德蒙兹(Dean Edmonds)建造了第一个神经网络计算机——SNARC。1956 年，约翰·麦卡锡(John McCarthy)组织了达特茅斯会议，这标志着人工智能作为一个独立学科的正式诞生。会上提出的逻辑理论家(logic theorist)系统是早期人工智能程序的代表。

2. *早期的发展热情*(1956～1969 年)

这一时期，人工智能研究者们对机器能够完成复杂任务充满了信心，并进行了大量开创性的工作，奠定了现代人工智能的基础。达特茅斯会议之后，艾伦·纽厄尔(Allen Newell)和赫伯特·西蒙(Herbert Simon)提出了通用问题解决器(general problem solver, GPS)，这是第一个尝试模拟人类解决问题过程的程序。GPS 的设计目标是模仿人类的思维过程，通过将复杂问题分解为子问题来逐步解决。尽管 GPS 在实际应用中遇到了诸多挑战，但它标志着人工智能研究从理论走向了实践，并为后续的研究提供了重要的框架和方法论。

与此同时，IBM 的纳撒尼尔·罗切斯特(Nathaniel Rochester)及其同事也在积极开发早期的 AI 程序。他们的工作包括赫伯特·格兰特(Herbert Gelernter)开发的几何定理证明程序，这是一个能够证明几何定理的自动化系统。格兰特的程序能够解决许多数学家认为复杂的问题，这表明机器不仅可以执行预定的指令，还可以在一定程度上进行推理和创新。

1961 年，阿瑟·塞缪尔（Arthur Samuel）开发了一款跳棋程序，这一程序展示了机器学习的巨大潜力。塞缪尔的跳棋程序不仅能够根据预设规则进行游戏，还能够通过与人类对弈不断学习和改进自己的策略。这一成果显示了机器可以通过经验进行学习和自我优化，这是机器学习领域早期重要的里程碑。

1962 年，在唐纳德·赫布工作的基础上，弗兰克·罗森布拉特（Frank Rosenblatt）在神经网络领域也取得了新的进展——提出了感知机（perceptron）。感知机收敛定理指出，通过学习算法可以调整感知机的连接权重以匹配任意输入数据。

1965 年，约翰·麦卡锡（John McCarthy）提出了 Advice Taker 概念，定义了未来智能系统的基本结构。Advice Taker 的核心思想是创建一个能够理解和执行指令的系统，这些指令可以用自然语言描述。这一概念不仅为人工智能系统提供了理论基础，还提出了一种具有远见的愿景，即未来的智能系统应该能够自主学习和适应新的环境，而不需要人为地重新编程。

总的来说，这一时期的研究成果为人工智能的进一步发展奠定了坚实的基础，从理论构建到实际应用，研究者们展现了机器智能的无限可能性，并为未来的突破性进展铺平了道路。

3. 第一次 AI 寒冬（1966～1973 年）

尽管早期充满了热情和希望，但这一时期 AI 研究面临许多严峻的挑战。早期的 AI 系统在实验室环境中表现出色，但在处理复杂的现实问题时往往力不从心。这些系统缺乏应对不确定性和复杂环境的能力，导致研究者们对其实际应用价值产生了怀疑。

1957 年，赫伯特·西蒙（Herbert Simon）大胆预测，在未来十年内，计算机将能够击败人类国际象棋冠军。然而，这一预测被证明过于乐观。虽然人工智能在某些特定任务上取得了显著进展，但在更广泛和更复杂的任务上却表现欠佳。早期的 AI 系统主要依赖于预设规则和逻辑推理，对于未知问题和变化环境的适应能力有限。

随着时间的推移，这些问题变得越来越明显。1973 年，英国政府发布了 Lighthill 报告，对人工智能研究的进展进行了严格的评估。报告中指出，大多数 AI 研究在实际应用中效果不佳，特别是在处理复杂任务时表现出严重的局限性。Lighthill 报告的发布导致对 AI 研究的资助大幅减少，许多原本投入大量资源进行 AI 研究的机构纷纷撤资或缩减预算。这一事件称为第一次 AI 寒冬。

Lighthill 报告指出，早期 AI 系统的主要问题在于“组合爆炸”——在面对大量可能的操作组合时，系统难以有效地选择最佳路径。报告还批评了 AI 研究的过度宣传，认为研究者们过于乐观地夸大了 AI 技术的潜力，而未能正视其局限性和现实挑战。

除了“组合爆炸”问题，早期 AI 系统还缺乏对知识的灵活表示和处理能力。许多系统只能处理结构化、预定义的问题，对于开放性问题和动态环境的处理力不从心。这些系统依赖于人工定义的规则和知识库，难以适应快速变化的现实世界。

第一次 AI 寒冬对整个领域产生了深远影响。许多研究项目被迫中止，研究人员转向其他领域，AI 研究一度陷入低谷。然而，这一时期的挫折也促使研究者们反思早期方法的不足，并寻求新的理论和技术突破。尽管遭遇挫折，AI 研究并未停止，部分学者开始探索更具鲁棒性的算法和更灵活的知识表示方法，这为未来 AI 的复苏奠定了基础。

4. 专家系统的兴起(1969～1986 年)

随着通用问题解决方法的失败，人工智能研究的重心逐渐转向了专家系统。专家系统是指在特定领域内具备高效解决问题能力的计算机程序，它们依赖于领域专家的知识和经验进行推理和决策。专家系统的核心在于能够在狭窄但深度的领域内提供类似于人类专家的解决方案。

DENDRAL 项目是这一时期的典型代表之一。该项目由斯坦福大学的研究团队开发，旨在利用专家知识解决化学分子结构的推断问题。DENDRAL 系统能够根据给定的质谱数据，推断出可能的分子结构。它通过编码化学家们的专业知识，模拟人类专家的推理过程，从而在化学领域展示了计算机智能的潜力。DENDRAL 的成功不仅在于其技术实现，更在于它证明了在特定领域内，计算机可以通过系统化的专家知识，提供有效的解决方案。

另一个著名的专家系统是 MYCIN。这一系统同样由斯坦福大学的研究人员开发，主要用于诊断和治疗血液感染。MYCIN 系统利用一系列规则和推理机制，根据患者的症状和实验室结果，提供诊断建议和治疗方案。在多个测试中，MYCIN 表现出与人类专家相当的诊断水平。它不仅能够准确地诊断疾病，还能提供详细的治疗建议，包括抗生素的选择和剂量的确定。MYCIN 的成功展示了专家系统在医疗领域的巨大潜力，证明了计算机在处理复杂医学信息和提供高质量医疗建议方面的能力。

专家系统的成功标志着人工智能研究的重要转变。研究者们认识到，与其试图构建能够解决所有问题的通用系统，不如专注于特定领域，深入挖掘领域知识，构建能够在特定任务中表现出色的智能系统。这一转变不仅推动了人工智能技术的发展，也为后来的知识工程和规则推理系统奠定了基础。在专家系统的推动下，人工智能逐渐从理论研究走向了实际应用，开始在各个行业中发挥重要作用。

5. 神经网络的复兴(1986 年至今)

20 世纪 80 年代中期，神经网络在经历了数十年的低谷后重新获得了广泛的关注。之前，尽管神经网络理论在 20 世纪 40 年代由沃伦·麦卡洛克(Warren McCulloch)和沃尔特·皮茨(Walter Pitts)提出，但由于早期模型(如感知机)在处理复杂问题时的局限性，这一领域一度陷入停滞。1969 年，马文·明斯基(Marvin Minsky)和西摩尔·帕普特(Seymour Papert)在《感知机》(*Perceptrons*)一书中指出，单层感知机无法解决一些简单的非线性问题，如异或问题，这导致神经网络研究的第一次低潮。

然而，随着反向传播(backpropagation)算法的发展，神经网络在 20 世纪 80 年代中期迎来了复兴。反向传播算法通过高效地计算误差的梯度，使得训练多层神经网络成为可能。这一突破克服了之前神经网络在学习复杂模式时的主要障碍，极大地提高了网络的学习能力和性能。

1986 年，*Parallel Distributed Processing* 一书的出版极大地推动了这一领域的发展。该书由戴维·鲁梅尔哈特(David Rumelhart)和詹姆斯·麦克莱伦德(James McClelland)等编写，详细阐述了分布式处理的理念，强调了神经网络在认知科学中的应用。这一理论框架不仅在人工智能领域产生了深远影响，还对心理学和神经科学研究产生了重要启示。

这一时期的代表人物还包括杰弗里·辛顿(Geoffrey Hinton)等。辛顿的工作集中在改进神经网络的结构和学习算法上，并展示了这些模型在图像识别、语音识别和自然语言处理等领域的强大能力。

6. 概率推理与机器学习(1987 年至今)

专家系统的局限性逐渐显现，特别是在面对动态、不确定性和复杂环境时，研究者们开始探索更具鲁棒性和灵活性的推理方法。传统的专家系统依赖于预定义的规则和知识库，缺乏自我学习和适应能力，因此在处理超出预定义范围的问题时显得捉襟见肘。这促使研究者们转向统计学习和概率推理等新方法，以提升系统的灵活性和应对复杂问题的能力。

1988 年，裘德亚 · 珀尔(Judea Pearl)提出的贝叶斯网络成为处理不确定性问题的重要工具。贝叶斯网络是一种图形模型，通过节点和边表示变量及其条件依赖关系，可以有效地进行概率推理和决策。珀尔的贝叶斯网络在多个领域得到了广泛应用，如医学诊断、风险评估和机器学习，显著提升了 AI 系统处理不确定性信息的能力。贝叶斯网络的引入不仅丰富了 AI 的理论基础，也推动了实际应用的发展。

同时，强化学习(reinforcement learning, RL)领域也在这一时期取得了重要进展。里奇 · 萨顿(Richard Sutton)的工作将强化学习应用于马尔可夫决策过程(MDP)，提供了一种有效的学习策略，使得 AI 系统能够通过与环境的交互，自主学习和优化行为。强化学习通过奖励和惩罚机制，使系统在不确定和动态的环境中逐步改进其决策。里奇 · 萨顿和安德鲁 · 巴托(Andrew Barto)合著的《强化学习：一个介绍》(*Reinforcement Learning: An Introduction*)成为该领域的经典教材，奠定了强化学习的基本框架和方法。

这些新方法的引入标志着 AI 研究的一个新阶段，即从基于规则的系统向基于统计和学习的方法转变。这一转变极大地提升了 AI 系统的适应性和鲁棒性，使其在处理复杂和不确定性问题时表现得更加出色。随着计算能力的提升和大规模数据的积累，贝叶斯网络和强化学习等方法在实际应用中展现出巨大的潜力，推动了 AI 技术的进一步发展。

7. 深度学习(2011 年至今)

深度学习的兴起标志着人工智能(AI)发展的新阶段，其影响力和应用范围在短短几年内迅速扩展。2012 年，ImageNet 竞赛中深度卷积神经网络(convolutional neural networks, CNN)的成功使这一技术迅速普及。由杰弗里 · 辛顿(Geoffrey Hinton)及其学生亚历克斯 · 克里泽夫斯基(Alex Krizhevsky)和伊利亚 · 苏茨克维尔(Ilya Sutskever)开发的 AlexNet 模型在比赛中取得了前所未有的成果，大幅度提高了图像分类的准确率。这一突破标志着深度学习方法在处理复杂视觉任务方面的巨大潜力，迅速引起了学术界和工业界的广泛关注。

深度学习，特别是深度卷积神经网络，具有强大的特征提取和模式识别能力，使其在多个领域超越了传统方法。在语音识别领域，深度神经网络(DNN)显著提升了语音识别系统的性能。传统的语音识别方法依赖于复杂的特征工程和手工设计的特征，而深度学习能够自动提取和学习特征，大大简化了特征工程的过程。谷歌、微软和百度等科技公司迅速将深度学习技术应用于其语音识别系统，取得了显著的效果。

在图像分类和物体识别方面，深度学习模型同样表现出色。除了在 ImageNet 竞赛中的出色表现，深度学习在医学影像分析、自动驾驶和安全监控等领域也展示了其强大的应用潜力。深度学习模型能够从大量的数据中学习复杂的特征表示，识别精度和鲁棒性远超传统算法。例如，在医学影像分析中，深度学习技术被用于检测和诊断疾病，如癌症、心脏病和眼科疾病，其准确性和可靠性逐渐接近甚至超过了人类专家。

此外，深度学习在自然语言处理(NLP)领域的应用也取得了突破性进展。深度学习模型，特别是基于循环神经网络(recurrent neural network, RNN)和长短期记忆 (long short-term memory, LSTM）网络的模型，在机器翻译、情感分析和文本生成等任务中表现优异。近年来，基于 Transformer 架构的模型(如 BERT 和 GPT)进一步提升了 NLP 系统的性能，使得机器能够更好地理解和生成自然语言。

深度学习技术的普及还得益于计算资源的提升和大数据的可获得性。GPU 和 TPU 等高性能计算硬件的广泛应用，使得训练大规模深度学习模型成为可能。同时，互联网和数字化技术的发展提供了海量的数据，为深度学习模型的训练提供了丰富的素材。这些技术和资源的结合，使得深度学习在实际应用中得以迅速推广和发展。

深度学习的成功不仅在于其技术上的突破，还在于其在各个行业中的广泛应用。无论是在互联网服务、金融、医疗、制造行业还是自动驾驶行业，深度学习都展示了巨大的潜力和实际价值。公司和研究机构纷纷投资于深度学习技术，推动了人工智能的快速发展和广泛应用。

8. 大模型(2022 年至今)

大模型时代标志着人工智能(AI)发展的又一重大进步，其核心理念是通过训练超大规模的深度学习模型来实现前所未有的性能和能力。这一时代的到来得益于计算能力的飞跃、海量数据的可获得性以及创新算法的不断涌现。大模型不仅在图像和语音处理等传统 AI 任务中表现优异，还在自然语言处理(NLP)、推荐系统和生成模型等新兴领域展示了强大的应用潜力。

大模型时代的一个重要里程碑是 OpenAI 推出的 GPT（生成式预训练变换器）系列模型。2018 年，GPT-1 的发布首次展示了基于 Transformer 架构的大规模语言模型在生成自然语言文本方面的强大能力。随后，GPT-2 和 GPT-3 进一步扩大了模型规模和训练数据量，显著提升了语言理解和生成的质量。GPT-3 拥有 1750 亿个参数，能够生成高质量的文本、回答问题、翻译语言，甚至编写代码，其广泛的应用潜力震惊了学术界和工业界。

2023 年，OpenAI 推出 GPT-4，实现了多模态能力突破，它支持文本与图像的混合输入，在复杂推理、长文本理解和逻辑一致性方面显著提升，同时大幅降低了生成错误信息的概率。同年推出的 O1 作为 OpenAI 的专用推理模型，聚焦逻辑链分析与数学问题求解，通过结构化推理框架显著提升了模型在科学计算和工程领域的实用性。国内研发的 DeepSeek-R1(深度求索)模型则以高效的小样本学习能力引发关注，其参数规模约 6710 亿，在逻辑分析和数学问题求解等领域表现出了与 OpenAI O1 不相上下的能力。这些新模型的涌现，标志着大语言模型技术从通用性向专业化、安全性和多模态应用场景的持续演进。

大模型的成功不仅体现在 NLP 领域。在计算机视觉方面，大规模的深度卷积神经网络(如 Vision Transformers(ViT))同样展示了卓越的性能。通过训练包含数十亿参数的模型，这些大模型在图像分类、目标检测和图像生成等任务中达到了新的高度。例如，OpenAI 的 DALL-E 模型通过结合 Transformer 架构和大规模图像数据，能够根据文本描述生成高质量的图像，这一能力在艺术创作、广告设计和娱乐等领域具有广泛的应用前景。

大模型的崛起还推动了多模态 AI 的发展，即结合不同类型数据(如文本、图像、音频等)进行联合学习和推理。通过整合多种模态信息，大模型可以实现更加全面和智能的感知与决策。例如，OpenAI 的 CLIP 模型能够通过联合训练文本和图像数据，实现跨模态的理解和生成，提升了 AI 系统的综合能力。

大模型时代的到来不仅依赖于模型规模的增加，还受益于计算资源和训练算法的进步。

高性能计算硬件(如 GPU 和 TPU)的广泛应用，使得训练超大规模模型成为可能。同时，分布式计算和并行处理技术的进步，也显著缩短了训练时间，提高了训练效率。创新的训练算法和优化技术(如混合精度训练、梯度累积等)进一步提升了大模型的性能和稳定性。

然而，大模型时代也带来了新的挑战和问题。训练和部署超大规模模型需要巨大的计算资源和能源消耗，如何提高模型的效率和可持续性成为亟待解决的问题。此外，大模型在生成内容时可能出现偏见和不准确性，如何确保模型输出的公平性和可靠性也是研究者们关注的焦点。

总的来说，大模型时代标志着人工智能发展的新高峰。通过超大规模模型的训练和应用，AI 系统在多个领域取得了突破性进展。随着技术的不断演进和应用场景的扩展，大模型将在未来的人工智能研究和应用中继续发挥重要作用，推动 AI 技术实现新的飞跃。

随着深度学习与大模型技术的发展成熟，关于人工智能的技术路线之争已逐渐接近尾声。学术界与工业界越来越倾向于认为，深度学习与大模型是实现通用人工智能(artificial general intelligence，AGI)的正确路径。因此，在本书的后续章节中，将重点讨论具有代表性的深度学习与大模型技术，并给出它们在能源系统中应用的具体案例。

4.2　卷积神经网络

卷积神经网络是一种深度学习模型，最常用于分析视觉图像。Yann LeCun 是卷积神经网络的先驱。他于 1988 年创建了第一个卷积神经网络 LeNet，用于读取邮政编码和数字等字符识别任务。经过几十年的发展，如今卷积神经网络成为深度学习中最经典的模型之一。社交媒体上的面部识别是如何运作的？物体检测是如何帮助实现汽车自动驾驶的？在医疗保健中如何使用视觉图像进行疾病检测？这一切都归功于卷积神经网络。

本节将从一种经典 CNN 网络的架构和原理出发，以手写体识别任务为案例，详细介绍如何把 CNN 应用于实际应用场景中。

4.2.1　卷积神经网络原理

卷积神经网络(CNN)是一种前馈神经网络，通常用于分析具有二维网格状拓扑的视觉图像数据，例如，对图像中的对象进行检测或分类。图 4-1 展示了一种经典的 CNN 网络——LeNet-5 的网络架构。

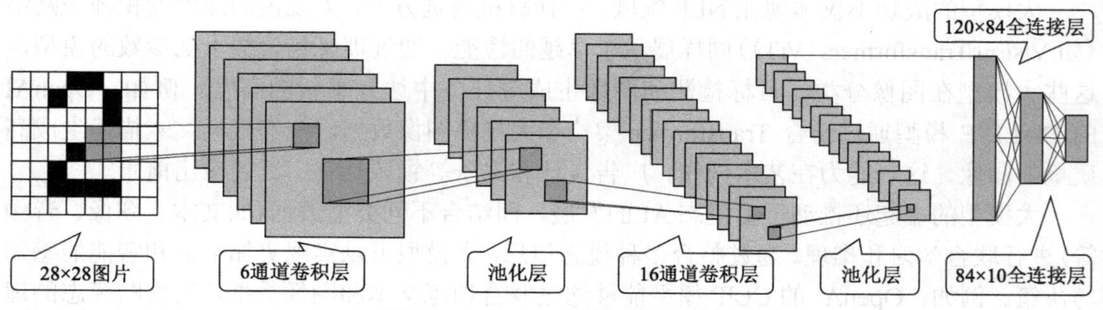

图 4-1　LeNet-5 网络架构示意图

LeNet-5 由特征提取和分类器两部分组成。其中，特征提取包含两层卷积层和两层池化层；分类器包含两层全连接层。各个神经网络层的作用如下。

1. *卷积层*

卷积层通过卷积操作，从图像中提取有价值的特征。卷积层有多个执行卷积操作的过滤器，又称为“卷积核”，它通过在图像上进行滑动的方式，对图像进行卷积运算。图 4-2 示例了卷积运算的过程，以一张 5×5 的图像为例，使用一个 3×3 的卷积核进行步长为 1 的卷积运算，便可得到一个 3×3 的特征图。

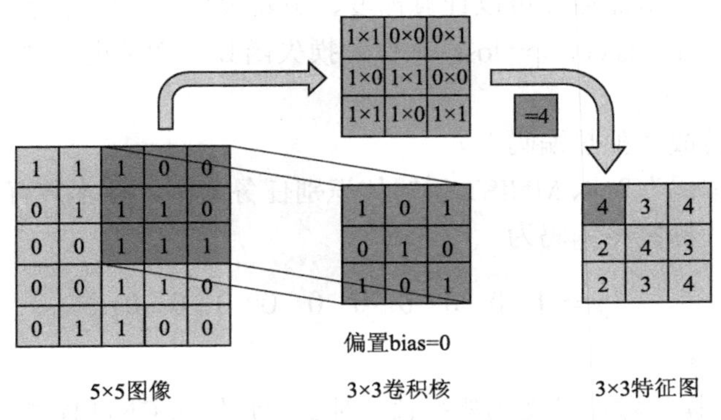

图 4-2　卷积运算示意图

2. *激活函数*

经过卷积运算得到特征图之后，使用激活函数对其进行一次运算。激活函数可以是线性的和非线性的。在 CNN 中，常用 ReLU(rectified linear unit)作为激活函数，其函数表达式如下：

$$\sigma(x)=\begin{cases}\max(0,x), & x\geqslant 0\\ 0, & x<0\end{cases} \tag{4-1}$$

3. *池化层*

经过了卷积运算后，得到的特征图的维度是比较高的。为了降低特征图维度，减小计算量，防止过拟合，增强特征的不变性，在进行了卷积操作之后，使用池化层对特征图进行下采样。常见的有两种池化操作：最大池化和平均池化。图 4-3 示例了两种操作的过程。

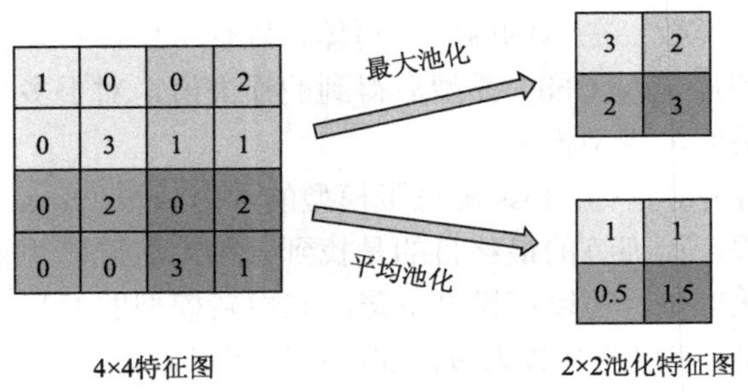

图 4-3　最大池化/平均池化示意图

4. 分类器

经过对图片进行特征提取后，把得到的特征图展平成一维向量，然后传入分类器进行最后的分类操作。分类器通常由若干层全连接神经网络组成。其输出内容是一个向量，其维度等于样本标签的总类别数。该输出向量的每个元素分别表示网络把图片预测为某一类别的得分。

5. 损失函数

最后，对分类器的输出进行一系列运算得到损失值，以便衡量模型预测的分类与真实分类标签的差异程度，从而后续可以计算梯度、更新模型。在图像分类任务中，通常采用“交叉熵损失函数”(cross entropy loss)来作为损失函数。为了更好地理解交叉熵的计算，一步步分析计算过程。

1)把图片标签转成“独热编码”

什么是“独热编码”？以 MNIST 手写体识别任务为例。样本共有 10 种不同的标签，那么，数字 0 的图片标签将编码为

$$\boldsymbol{y}=\begin{pmatrix}1 & 0 & 0 & 0 & 0 & 0 & 0 & 0 & 0 & 0\end{pmatrix} \tag{4-2}$$

2)模型输出归一化

采用 softmax 把模型输出转变为概率值。对于一张传入 CNN 模型的图片，把模型的输出向量记为

$$\text{out}=\begin{pmatrix}z_0 & z_1 & z_2 & z_3 & z_4 & z_5 & z_6 & z_7 & z_8 & z_9\end{pmatrix}, \quad z_i \in \mathbb{R} \tag{4-3}$$

对 z_i 进行如下的 softmax 运算：

$$z_i' = \text{softmax}(z_i) = \frac{\mathrm{e}^{z_i - D}}{\sum_i \mathrm{e}^{z_i - D}} \tag{4-4}$$

式中，$D=\max(z)$。经过 softmax 运算后，$z_i' \geqslant 0$，$\sum_i z_i' = 1$。

3)计算交叉熵

记经过 softmax 运算后的向量 out 为 $\boldsymbol{p}$，采用以下公式计算交叉熵(loss)：

$$\text{loss} = -\frac{1}{C}\sum_{i=1}^{C} y_i \log(p_i) \tag{4-5}$$

式中，C表示标签的种类数，在 MNIST 手写体识别任务中，$C=10$。值得注意的是，上述过程计算的是单一图片传入 CNN 模型后得到的损失值，对于多张图片，用多张图片的损失值的平均值作为最终的模型损失值。

loss 是模型训练的关键指标：loss 衡量了模型的学习效果，loss 值越小，模型对于训练样本的分类能力就越强。而训练的最终目的是找到一种方法可以用来更新模型，使得 loss 逐渐变小。根据最优化理论，可以用梯度下降法来更新模型的参数，使得模型的 loss 逐步减小。具体地，记 CNN 模型的参数为ω，那么可以用以下方式更新模型：

$$\omega^{t+1} = \omega^t - \eta \nabla L(\omega) \tag{4-6}$$

式中，η 表示学习率；$L(\omega)$ 表示损失函数。那么梯度 $\nabla L(\omega)$ 便可以在计算出损失函数值后，通过链式法则反向传播求得。至此，完成了对 CNN 模型的结构和训练过程的分析。

4.2.2 应用流程及算例分析

下面以 MNIST 手写体识别任务为例，详细介绍如何训练一个 CNN 模型，使其具备识别手写体数字的能力。图 4-4 展示了一个完整的流程。

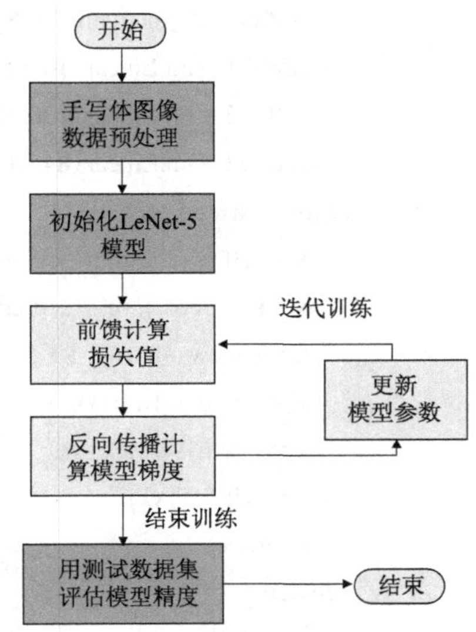

图 4-4　基于 LeNet-5 的手写体识别流程

首先，导入 MNIST 手写体识别的数据集。官方提供的数据集已经对训练集和测试集进行了划分，其中训练集和测试集分别包含 50000 张和 10000 张手写数字图片。值得注意的是，传入神经网络的数据必须经过标准化。代码如下：

```
import torch
import torch.nn as nn
import torch.nn.functional as F
import torch.optim as optim
import torchvision
import torchvision.transforms as transforms
transform = transforms.Compose([transforms.Resize((32, 32)), transforms. ToTensor()])
trainset=torchvision.datasets.MNIST(root='./data',train=True,download=True,transform=transform)
trainloader=torch.utils.data.DataLoader(trainset,batch_size=100,shuffle=True,num_workers=2)
testset=torchvision.datasets.MNIST(root='./data',train=False,download=True,transform=transform)
testloader=torch.utils.data.DataLoader(testset,batch_size=100,shuffle=False, num_workers=2)
```

这里设置“批次数据大小”(batch size)为 100。分批次训练是深度学习的一个基本操作，它将数据集分成多个小批次，每次只用一个批次的数据进行训练和更新模型的参数。这样可以显著降低内存消耗，加速模型的训练速度；同时可以减小过拟合的风险，提高训练的稳定性和效率。此外，适中的批次大小可以在保证梯度估计准确性的同时，提高训练的稳定性和效率。从优化的角度来看，每个批次的梯度方向提供了一定的随机性，有助于模型跳出局部最小值，找到更好的优化结果。

做好数据预处理之后，创建并初始化 LeNet-5 模型：

```
class LeNet5(nn.Module):
    def __init__(self):
        super(LeNet5, self).__init__()
        self.conv1 = nn.Conv2d(1, 6, 5)
        self.pool = nn.MaxPool2d(2, 2)
```

```
        self.conv2 = nn.Conv2d(6, 16, 5)
        self.fc1 = nn.Linear(16 * 5 * 5, 120)
        self.fc2 = nn.Linear(120, 84)
        self.fc3 = nn.Linear(84, 10)
    def forward(self, x):
        x = self.pool(F.relu(self.conv1(x)))
        x = self.pool(F.relu(self.conv2(x)))
        x = x.view(-1, 16 * 5 * 5)
        x = F.relu(self.fc1(x))
        x = F.relu(self.fc2(x))
        x = self.fc3(x)
        return x
# 设置device
device = 'cuda:0' if torch.cuda.is_available() else "cpu"
# 实例化LeNet-5模型
net = LeNet5().to(device)
```

然后，创建一个 test 函数，用来评估模型在测试集上的分类精度：

```
def test():
    correct = 0
    total = 0
    with torch.no_grad():
        for data in testloader:
            inputs, labels = data[0].to(device), data[1].to(device)
            outputs = net(inputs)
            _, predicted = torch.max(outputs.data, 1)
            total += labels.size(0)
            correct += (predicted == labels).sum().item()
acc = (100 * correct / total)
print('模型在测试集上的准确率: %d %%' % acc)
return acc
```

下面开始训练，在此之前，设置好训练次数为 10，每一次训练都遍历所有的批次训练集进行模型更新：

```
# 设置训练迭代次数
epoches = 10
# 定义损失函数和优化器
criterion = nn.CrossEntropyLoss()
optimizer = optim.SGD(net.parameters(), lr=0.001, momentum=0.9)
log = {'training_loss': [], 'test_accuracy': []}
for epoch in range(epoches):
```

```
    training_loss = 0.0
    for i, data in enumerate(trainloader, 0):
        inputs, labels = data[0].to(device), data[1].to(device)
        # 清空上一代训练时计算的梯度
        optimizer.zero_grad()
        # 前向传播、反向传播、更新模型
        outputs = net(inputs)
        loss = criterion(outputs, labels)
        loss.backward()
        optimizer.step()
        loss += loss.item()
    print('Epoch %d loss: %.3f' % (epoch + 1, loss / (i + 1)))
    test_accuracy = test()
    # 添加指标到日志中
    log['training_loss'].append(loss)
    log['test_accuracy'].append(test_accuracy)
```

训练过程的模型损失值以及模型在测试集上的测试精度变化如图 4-5 所示。

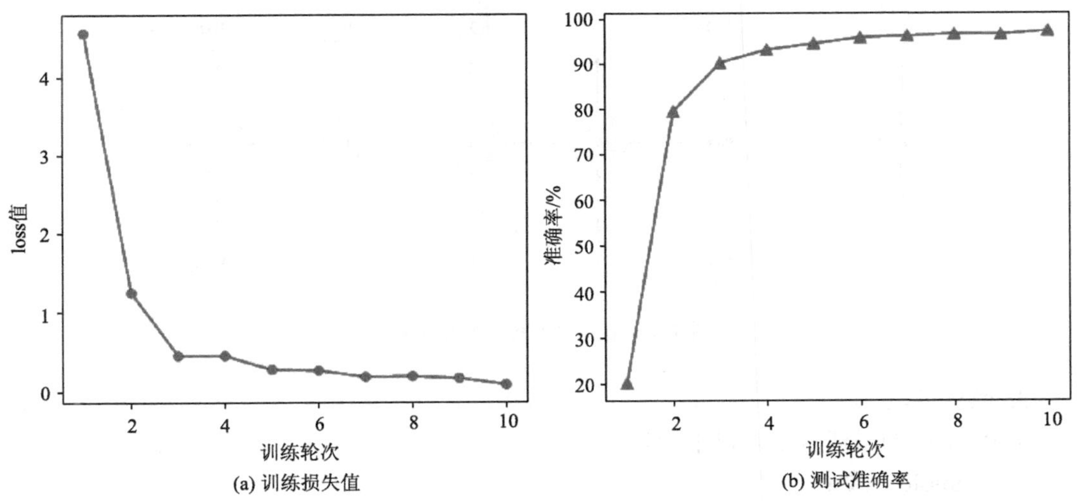

(a) 训练损失值　(b) 测试准确率

图 4-5　训练损失值及测试准确率变化图

可见 LeNet-5 卷积神经网络可以比较准确地学习手写体图片中的数字，分类准确率可达 90%以上。

4.3　循环神经网络

4.2 节讲的卷积神经网络可以理解为一种对静态数据处理的网络模型。换言之，样本是单次的、彼此之间没有关联的。为了让计算机具有像人一样的记忆功能，还需要一种能够从样本与样本之间学习规律的网络模型。这一节，就来学习循环神经网络(RNN)，这是一种具有记忆功能的神经网络。

4.3.1　经典循环神经网络原理及架构

下面以“预测下一个词”(next word prediction)的自然语言处理任务为例。需要这样一个模型，能够在输入一个或多个单词之后，根据前面已经输入的内容，预测下一个最应该生成的单词是什么。例如，对于“不到长城非好汉”这句话来说，假如遮住“好汉”两个词，我们大脑在看到“不到长城非”这个不完整的句子时，会预测到后面的应该是“好汉”两字。但我们并不是一口气把“不到长城非”这句话传入大脑来处理的，而是每个字依次地传入大脑网络中。RNN 的设计正是考虑了这一点，它把模型对于每一个输入样本的预测结果都放入下一个输入里进行运算，与下一次的输入一起来生成下一个预测结果。

1. RNN 的架构

RNN 的架构如图 4-6 所示。h 代表网络参数，可以由多层神经网络组成。每个隐藏层都有自己的权重、偏置，以及激活函数。x_t 表示 t 时刻的输入数据，y_t 表示对应的网络输出。由图可见，上一时刻的模型输出接着作为新的输入，与下一时刻的模型输入 x_{t+1} 一起输入到网络中，得到 $t+1$ 时刻的模型输出 y_{t+1}。

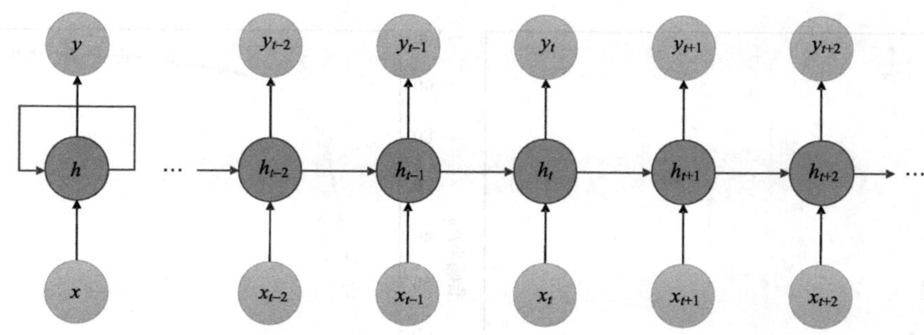

图 4-6　循环神经网络架构示意图

2. 激活函数

RNN 常用的激活函数有以下两种。

(1) sigmoid 函数：

$$\sigma(x)=\frac{1}{1+\mathrm{e}^{-x}} \tag{4-7}$$

sigmoid 函数取值范围为 0～1，因此适用于二元分类任务。

(2) 双曲正切(tanh)函数：

$$\tanh(x)=\frac{\mathrm{e}^{x}-\mathrm{e}^{-x}}{\mathrm{e}^{x}+\mathrm{e}^{-x}} \tag{4-8}$$

tanh 函数的取值范围为–1～1，它对于非线性分类任务很有用。

3. 损失函数

与前馈神经网络类似，RNN 也通过反向传播计算梯度，以便不断更新模型。为此，需要计算损失函数值。根据不同的任务场景，RNN 常用的损失函数如下。

(1) 交叉熵：与 4.2 节所讲的卷积神经网络一样，RNN 也可以应用于分类任务。因此可以使用交叉熵损失函数来计算模型的损失值。

(2) 均方误差(mean squared error，MSE)：均方误差损失通常用于回归问题，其中模型的输出是连续的值。这种损失函数适用于预测数值型数据，如股票价格、气温等。计算均方误差损失的公式如下：

$$\mathrm{MSE}=\frac{1}{N}\sum_{i=1}^{N}\left(y_i-\hat{y}_i\right)^2 \tag{4-9}$$

式中，N 表示样本数量；y_i 表示真实值；$\hat{y}_i$ 表示模型的预测值。MSE 的值越小，说明模型预测的结果越接近真实值，模型的性能越好。

(3) 均方根误差(root mean squared error，RMSE)：它是 MSE 的平方根。MSE 容易受异常值的影响，相比之下，RMSE 对误差值取了平方根，因此减小了异常值的影响。

(4) 平均绝对误差(mean absolute error，MAE)：

$$\mathrm{MAE}=\frac{1}{N}\sum_{i=1}^{N}\left|y_i-\hat{y}_i\right| \tag{4-10}$$

4. 优缺点

相比于前馈神经网络，RNN 具有以下几个优点。

(1) 处理可变长度序列的能力。RNN 旨在处理可变长度的输入序列，因此，它非常适合语音识别、自然语言处理、时间序列分析等任务。

(2) 记忆过去的输入。RNN 能够记住过去的输入，因此它能够学习有关输入序列上下文的信息。这使得它对于自然语言处理(NLP)等任务非常有用。在 NLP 中，一个单词的含义往往取决于上下文。

(3) 参数共享。RNN 在所有的时间步中共享同一组模型参数，这减少了需要学习的网络参数量。

然而，经典 RNN 存在一些比较致命的缺点。首先就是梯度消失和梯度爆炸的问题。当损失函数相对于参数的梯度随时间传播变得非常小/非常大时，就会发生梯度消失/梯度爆炸，使得网络难以有效训练。其次，它难以记住长的上下文信息。这是因为早期的输入数据对应的模型梯度会随着时间的推移变得非常小，这导致网络在后期遗忘掉早期的重要信息。

4.3.2　长短期记忆网络原理及架构

为了让 RNN 能够学习更长的序列特征，许多 RNN 的变体版本被提出来。其中，长短期记忆(LSTM)网络是一种成功的、久经考验的 RNN 变体，它通过专门的设计来解决 RNN 长期依赖的问题，能够记住更长的序列信息，学习序列的长期依赖关系。

1. LSTM 网络的架构

图 4-7 展示了 LSTM 网络的结构。对比图 4-6 可见，LSTM 网络相比于经典 RNN，改

进的地方是把图 4-6 的 h 替换为 LSTM 网络，相同的地方是 LSTM 网络仍旧保持了循环神经网络的架构。

LSTM 网络的核心思想是引入了一个称为“细胞状态”的连接，用来存放需要记忆的内容，它对应于经典 RNN 中的 h，只不过它不再仅保存上一时刻的状态，而是通过网络来学习。

2. 门控结构

LSTM 网络中包含 3 个门。

1）遗忘门

遗忘门决定何时需要忘记以前的状态，换言之，即用来决定应该记住多少过去的数据。

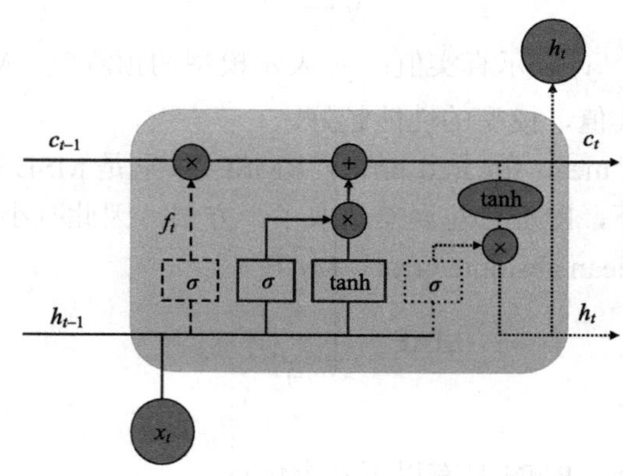

图 4-7　LSTM 网络结构图

它是 LSTM 网络中的第一步，见图 4-7 中的左侧虚线框。该门会读取 h_{t-1} 和 x_t，通过 sigmoid 激活函数输出一个 0～1 的数值：

$$f_t = \sigma\left(W_f \cdot \left[h_{t-1}, x_t\right] + b_f\right) \tag{4-11}$$

式中，W_f 和 b_f 分别表示遗忘门的权重和偏置。

2）输入门

图 4-7 中的两个实线方框构成了输入门，它包含两步操作。首先，输入门通过以下操作找到需要更新的细胞状态：

$$i_t = \sigma\left(W_i \cdot \left[h_{t-1}, x_t\right] + b_i\right) \tag{4-12}$$

$$\tilde{C}_t = \tanh\left(W_C \cdot \left[h_{t-1}, x_t\right] + b_C\right) \tag{4-13}$$

式中，W_i 和 W_C 为输入门权重；b_i 和 b_C 为输入门的偏置。

然后，输入门把需要更新的信息更新到细胞状态中：

$$C_t = f_t \cdot C_{t-1} + i_t \cdot \tilde{C}_t \tag{4-14}$$

3）输出门

如图 4-7 所示，输出门首先通过一个 sigmoid 激活函数确定当前细胞状态中的哪部分将被输出：

$$o_t = \sigma\left(W_o \cdot \left[h_{t-1}, x_t\right] + b_o\right) \tag{4-15}$$

式中，W_o 和 b_o 分别表示输出门的权重和偏置。然后，用 tanh 激活函数来对细胞状态进行激活，并与 o_t 相乘得到最终要输出的 h_t：

$$h_t = o_t \cdot \tanh\left(C_t\right) \tag{4-16}$$

基于上述三种独特的门控结构，LSTM 网络能够在处理序列数据时保持长期依赖，同时有效地解决了传统 RNN 面临的梯度消失问题。

4.3.3　应用流程及算例分析

下面以一个简单的短期负荷预测任务为例，详细介绍如何训练一个 LSTM 网络模型并将其应用于负荷预测场景中。

1. 训练流程

1) 数据预处理

在负荷预测场景中，根据预测的方式，主要有“序列到点”(Seq2point) 和“序列到序列”(Seq2seq) 两种方式。前者是通过前面若干时刻的数据来预测下一时刻的负荷，后者是通过前面若干时刻的数据来预测后面一个时间段内若干时刻的负荷。这里以 Seq2point 的方式为例，对负荷数据进行处理。

```
import numpy as np
import torch
import torch.nn as nn
from sklearn.preprocessing import MinMaxScaler
from sklearn.model_selection import train_test_split
import matplotlib.pyplot as plt
import pandas as pd
# 从data.csv文件中导入数据
file_path = 'data.csv'
data = pd.read_csv(file_path)
load_data = data['load'].values.reshape(-1, 1)
# 把负荷数据归一化
scaler = MinMaxScaler()
scaled_load_data = scaler.fit_transform(load_data)
# 划分训练集和测试集
X_train, X_test, y_train, y_test = train_test_split(X, y, test_size=0.2, shuffle=False)
# 把数据传入GPU中
device = torch.device("cuda:0" if torch.cuda.is_available() else "cpu")
X_train = torch.from_numpy(X_train).float().to(device)
y_train = torch.from_numpy(y_train).float().to(device)
X_test = torch.from_numpy(X_test).float().to(device)
y_test = torch.from_numpy(y_test).float().to(device)
```

值得注意的是，与 4.2 节的卷积神经网络一样，这里同样需要把传入模型的数据进行归一化。

2）定义和实例化 LSTM 网络模型

```
class LSTM(nn.Module):
    def __init__(self, input_size=1, hidden_layer_size=100, output_size=1):
        super(LSTM, self).__init__()
        self.hidden_layer_size = hidden_layer_size
        self.lstm = nn.LSTM(input_size, hidden_layer_size)
        self.linear = nn.Linear(hidden_layer_size, output_size)
        self.hidden_cell = (torch.zeros(1, 1, self.hidden_layer_size). to (device), torch.zeros(1, 1, self.hidden_layer_size).to(device))
    def forward(self, input_seq):
        lstm_out, self.hidden_cell = self.lstm(input_seq.view(len(input_seq), 1, -1), self.hidden_cell)
        pred = self.linear(lstm_out.view(len(input_seq), -1))
        return pred[-1]
model = LSTM().to(device)
```

3）训练模型

```
# 定义MSE损失函数
loss_function = nn.MSELoss()
# 定义Adam优化器
optimizer = torch.optim.Adam(model.parameters(), lr=0.001)
# 设置训练次数
epochs = 20
# 开始训练
for i in range(epochs):
    for seq, labels in zip(X_train, y_train):
        optimizer.zero_grad()
        model.hidden_cell = (torch.zeros(1, 1, model.hidden_layer_size). to(device), torch.zeros(1, 1, model.hidden_layer_size).to(device))
        y_pred = model(seq)
        single_loss = loss_function(y_pred, labels)
        single_loss.backward()
        optimizer.step()
    print(f'epoch: {i:3} loss: {single_loss.item():10.8f}')
```

4）部署模型进行预测

```
model.eval()
with torch.no_grad():
    predicted_loads = []
    for seq, labels in zip(X_test, y_test):
        with torch.no_grad():
```

```
            model.hidden_cell = (torch.zeros(1, 1, model.hidden_layer_size). to(device), torch.zeros
(1, 1, model.hidden_layer_size).to(device))
            y_pred = model(seq)
            predicted_loads.append(float(y_pred))
    # 把预测结果进行反归一化
    predicted_loads = scaler.inverse_transform(np.array(predicted_loads).reshape(-1, 1))
```

2. 模型应用和结果分析

训练好模型之后，部署模型进行负荷预测。在这里，由于使用的是前 24h 的负荷数据来预测下一小时的负荷。因此，在上面的代码中，先用测试集中的 1～24h 的真实负荷数据来预测第 25h 的数据。然后，等待第 25h 过了，有了第 25h 的真实负荷数据之后，再将第 2～25h 的真实负荷数据传入 LSTM 网络中预测第 26h 的数据，以此类推。部分预测负荷与真实负荷的对比如图 4-8 所示。

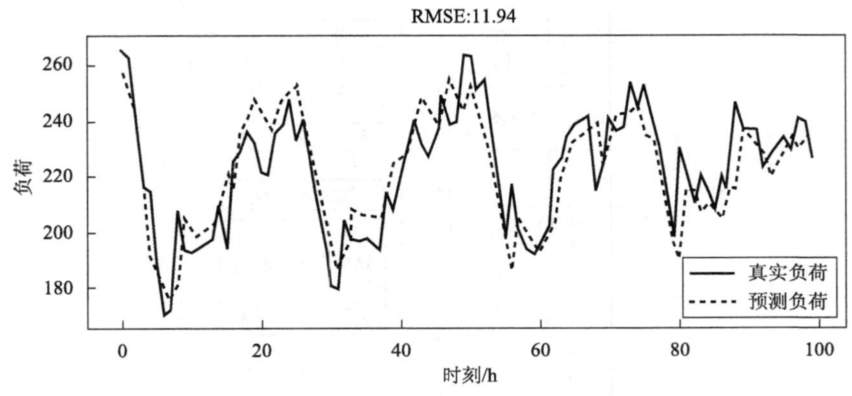

图 4-8　LSTM 网络预测负荷与真实负荷对比图

可见 LSTM 网络能够比较准确地完成上述负荷预测任务。预测负荷的大体趋势和数值都与真实负荷比较接近。

4.4　Transformer

Transformer 模型是由 Google 的研究人员在 2017 年提出的[20]。当前 Transformer 的流行程度已经大过 CNN 和 RNN，它抛弃了传统 CNN 和 RNN，整个网络结构完全由 Attention 机制以及前馈神经网络组成。它通过这种全新的方法处理序列数据，特别是在自然语言处理(NLP)领域表现出卓越的性能。这种模型的核心思想是利用自注意力机制(self-attention mechanism)，这使得模型能够在不依赖传统的循环神经网络(RNN)结构的情况下，有效地处理长距离的数据依赖问题。

本节将详细阐述 Transformer 的架构与原理，以实际应用为示例，介绍如何将 Transformer 应用于实际场景中。

4.4.1 Transformer 架构介绍

其核心组件如图 4-9 所示，包含两个部分，分别为左侧框的编码器(encoder)与右侧框的解码器(decoder)。

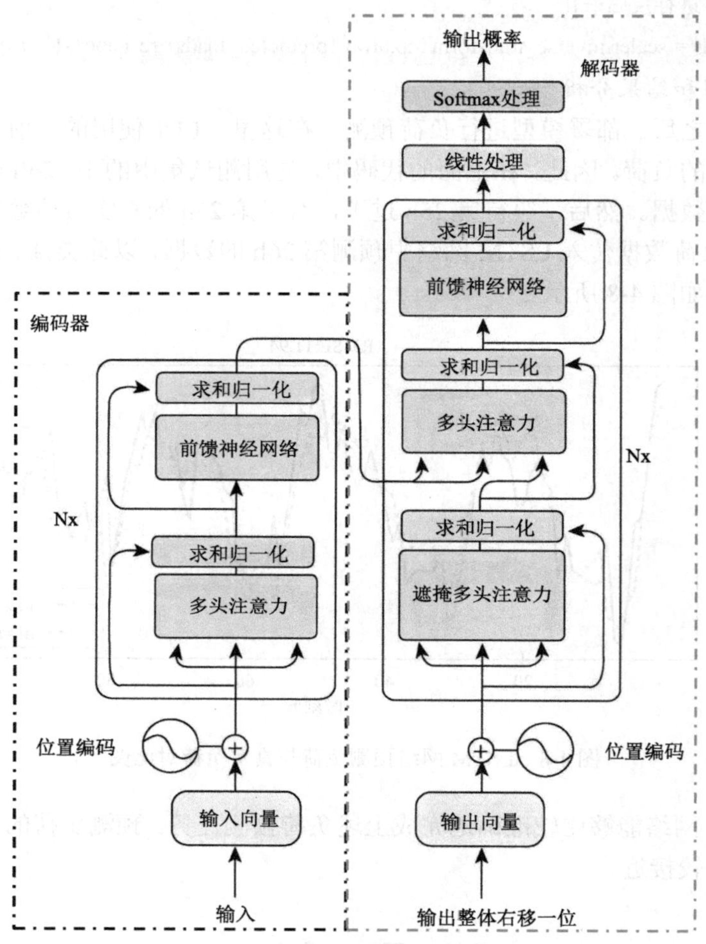

图 4-9 Transformer 模型架构

编码器由若干相同的层堆叠而成，每一层包含两个主要的子层结构：多头注意力机制(multi-head attention)和位置全连接前馈网络(position-wise feed-forward networks)。多头注意力层通过将注意力分配到输入序列的不同位置，增强模型对不同词语间关系的理解。这种机制能够并行处理所有词语，显著提升效率。

解码器同样由多个相似的层组成，每层包括三个主要子层：注意力层、编码器-解码器注意力层和前馈网络。在注意力层中，解码器处理已经生成的输出序列，在编码器-解码器注意力层中，解码器则将注意力投向编码器的输出，以此来捕捉输入序列的相关信息。

Transformer 模型的一个关键特性是它不具备捕捉序列中时间或空间关系的内在能力，

因此引入了位置编码来补充这一点。位置编码通过给每个词元添加一个唯一的编码，帮助模型理解单词在文本中的位置关系。这些编码具有相同的维度，可以与词嵌入直接相加。

在传统的循环神经网络中，信息需要通过网络层序列地传递，这种结构限制了模型的训练和并行化能力。而自注意力机制允许模型在任何位置直接访问序列中的任何其他位置，这种全局性的信息访问能力是 Transformer 效率高的关键原因。通过这种机制，模型可以更好地捕捉长距离依赖，这在处理复杂的输入序列(如长句子或文档)时尤为重要。

4.4.2　位置嵌入

在深入了解自注意力机制之前，首先需要理解 Transformer 模型中的一个关键组件——位置嵌入。由于 Transformer 模型的结构并不像传统的循环神经网络(RNN)那样自然地处理序列中的时间步骤，位置嵌入的引入就显得尤为重要。它为模型提供了处理序列数据时序列中各个元素位置的必要信息。

Transformer 模型通过自注意力机制处理输入，这种机制使模型能够在任何时间考虑到输入序列中的所有元素。然而，这种处理方式并不涉及元素之间的相对或绝对位置信息，而在许多语言处理任务中，词语的顺序信息是至关重要的。例如，在句子“猫坐在垫子上”中，“猫”和“坐”的位置关系帮助我们理解是猫在执行坐的动作，而不是垫子。

加入位置信息的方式非常多，最简单的可以是直接将绝对坐标 0、1、2 编码，如图 4-10 所示。而为了使 Transformer 能够理解位置信息，研究人员设计了对应的位置编码算法。这种编码通过将一个与位置相关的向量加到每个词元的编码上来实现。这些位置向量有相同的维度，如词向量，使得二者可以通过简单的加法操合并。

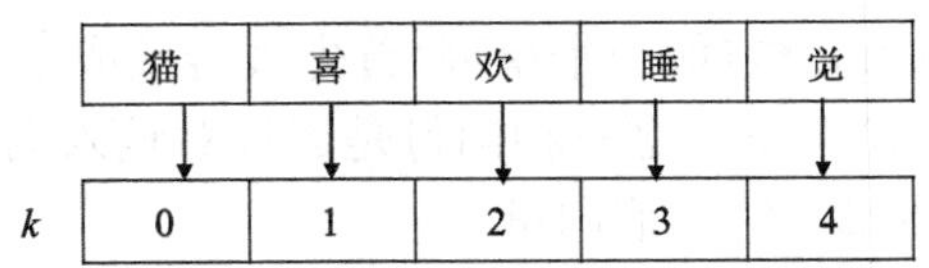

图 4-10　位置编码示意图

位置编码通常使用正弦和余弦函数的组合来生成，每个维度的位置编码使用以下公式计算：

$$\mathrm{PE}(\mathrm{pos},2i)=\sin\left(\frac{\mathrm{pos}}{10000^{2i}/d_{\mathrm{model}}}\right) \tag{4-17}$$

$$\mathrm{PE}(\mathrm{pos},2i+1)=\cos\left(\frac{\mathrm{pos}}{10000^{2i}/d_{\mathrm{model}}}\right) \tag{4-18}$$

式中，pos 是词语在序列中的位置；i 是维度的索引；d_{model} 是词向量的维度。通过这种方式，模型不仅能够捕捉到不同词语的独特表示，还能够通过加入的位置编码捕捉到词语的序列位置，增强模型对语言结构的理解。

通过添加位置编码，Transformer 能够利用单词的绝对位置信息，这对于理解词语间的语法和语义关系至关重要。例如，在处理具有固定模式或结构的语言数据(如诗歌、程序代码)时，位置信息帮助模型更准确地预测下一个合适的词语。

位置编码的设计不仅提高了模型对语言的理解能力，还保持了模型的灵活性和扩展性。由于使用了基于正弦和余弦的函数，这种编码方式允许模型即使对于训练中未见过的更长序列，也能进行有效处理，因为正弦和余弦函数的周期性使得模型能够推广到任意长度的输入。

4.4.3 自注意力机制

自注意力机制是 Transformer 模型中一个革命性的概念，它使模型能够在不同的数据点间直接建立复杂的依赖关系，而无须像传统模型那样逐层传递信息。这一机制不仅提升了模型的处理速度，也极大地增强了模型对数据中长距离依赖的捕捉能力。

自注意力机制评分示意图如图 4-11 所示，本节从以下 4 个步骤对自注意力机制进行深入解析。

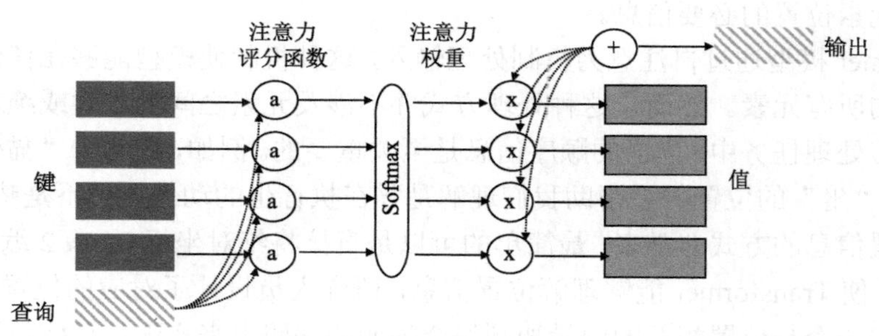

图 4-11　自注意力机制评分示意图

(1) 向量转换：每个输入元素（如一个单词）首先被转换成三种向量，即查询（query）向量、键（key）向量和值（value）向量。这三种向量是通过对输入向量进行线性变换得到的，不同的变换矩阵用于生成查询、键和值向量。

(2) 打分机制：自注意力机制通过计算查询向量与其他所有键向量的点积来分配注意力得分。点积的结果表明了每个元素与当前处理元素的相关程度。为了使得分尺度更加合适，通常还会通过键向量维度的平方根对点积结果进行缩放。

(3) Softmax 标准化：为了将注意力得分转换为有效的权重形式，对得分进行 Softmax 操作，结果是每个值向量对应的权重。这一步确保所有权重为正，且和为 1，从而可以合理分配到各个值向量上。

(4) 加权和：以 Softmax 的输出为权重，结合对应的值向量，通过加权和得到最终的输出向量。这一步骤是自注意力机制的核心，输出向量是输入序列的一种加权表示，强调了与当前元素最相关的部分。

自注意力机制的主要优势在于其能够直接比较序列中任何两个元素，而不受它们在序列中位置的远近限制。这一特点使得 Transformer 模型特别适合处理那些依赖于长距离关系的任务，如文本理解和生成等。自注意力机制的并行化能力也意味着它能够在现代多核硬件上高效运行，显著加快了训练和推断过程。

4.4.4 示例与应用

在这一节中，将继续探讨如何使用 Transformer 算法来处理并生成自然语言处理任务中的文本序列。以下内容将详细介绍模型的应用过程，并展示一个简单的文本翻译示例。

1. 模型训练与优化

在前述架构的基础上，接下来需要对模型进行训练。训练的目的是使模型能够理解和生成与输入序列语义相近的输出序列。这一过程涉及大量的文本数据，模型通过学习这些数据中的语言模式，逐步优化其内部参数。

为了进行有效的训练，首先需要定义损失函数，它是衡量模型输出与真实标签之间差异的指标。在自然语言处理中，常用的损失函数包括交叉熵损失，它可以有效地处理分类问题，如单词预测。

此外，选择合适的优化器也是必不可少的。在本例中，使用随机梯度下降(SGD)作为优化算法。SGD 能够帮助模型在训练过程中逐步调整并优化参数，以达到最小化损失函数的目的。

训练代码如下：

```
import torch
from torch.utils.data import DataLoader
# 定义损失函数和优化器
criterion = nn.CrossEntropyLoss()
optimizer = optim.SGD(model.parameters(), lr=0.01, momentum=0.9)
# 准备数据集
train_loader = DataLoader(train_dataset, batch_size=64, shuffle=True)
# 开始训练模型
for epoch in range(20):  # 总共训练20个周期
    for texts, labels in train_loader:
        texts = texts.to(device)  # 转移到设备上，如GPU
        labels = labels.to(device)
        outputs = model(texts)
        loss = criterion(outputs, labels)
        optimizer.zero_grad()
        loss.backward()
        optimizer.step()
    print(f'Epoch {epoch+1}, Loss: {loss.item()}')
```

2. 模型测试与评估

训练完成后，需要对模型进行测试，以评估其在未见数据上的表现。测试阶段的目的是验证模型是否能够准确理解和生成文本内容。通过将测试数据输入模型，并比较模型输出和真实数据来评估模型的准确率、召回率等指标。

具体代码如下：

```
test_loader = DataLoader(test_dataset, batch_size=64, shuffle=False)
```

```
model.eval()  # 设置为评估模式
with torch.no_grad():  # 不计算梯度，节省计算资源
    correct = 0
    total = 0
    for texts, labels in test_loader:
        texts = texts.to(device)
        labels = labels.to(device)
        outputs = model(texts)
        _, predicted = torch.max(outputs.data, 1)
        total += labels.size(0)
        correct += (predicted == labels).sum().item()
accuracy = 100 * correct / total
print(f'Accuracy on test set: {accuracy}%')
```

3. 应用示例：机器翻译

最后，以机器翻译为例，展示 Transformer 模型在实际应用中的效能。假设需要将英文短句“Hello, world! This is a text sequence.”翻译成中文“你好，世界！这是一个文本序列。”通过已经训练好的模型，可以进行如下的翻译尝试：

```
# 模拟输入数据
input_sentence = torch.tensor([word_to_idx[word] for word in "Hello, world! This is a text
sequence.".split()], device=device)
input_sentence = input_sentence.unsqueeze(0)  # 增加批次维度

model.eval()
with torch.no_grad():
    output = model(input_sentence)
    translated_sentence = ''.
```

回顾本节，本节深入探讨了 Transformer 模型的核心架构以及其在自然语言处理(NLP)中的多种应用。自从 2017 年由 Google 的研究团队首次提出以来，Transformer 凭借其自注意力机制，成功地解决了传统循环神经网络在处理序列数据时的长距离依赖问题，显著提高了处理效率和模型性能。

通过编码器和解码器的详细介绍，明确了这一架构如何有效地在多个层级上进行数据处理，从而捕捉和利用语言数据中的复杂关系。此外，位置嵌入的引入为模型提供了序列中各元素的位置信息，这对于维持语言的语序关系至关重要。

本节还通过经典的具体案例机器翻译，展示了 Transformer 在实际应用中的强大能力和广泛适用性。这些例证不仅显示了其在理解和生成语言方面的优势，也验证了自注意力机制在全球信息处理中的革命性作用。综上所述，Transformer 模型已成为当今自然语言处理领域的一座重要里程碑，其独特的技术特性和广泛的应用前景，为未来的研究和应用开辟了新的道路。

4.5　大语言模型及其微调技术

大语言模型(large language models，LLM)是一种由数百亿甚至上千亿参数构建的深度神经网络。这些模型通过捕捉和学习大量文本数据中的语言模式，可以生成和理解自然语言。大语言模型的出现标志着自然语言处理(NLP)领域的一个重要进展，它们能够在多种任务中表现出色，如文本生成、翻译、问答等。

大语言模型的一个显著特点是其通过大规模无标注文本数据进行自监督学习(self-supervised learning)。在这种学习方式中，模型无须依赖人工标注的数据，而是通过预测句子中的某些部分(如下一个词或被掩码的词)来进行训练。这样，模型能够从海量的无标注文本中学习丰富的语言知识和语义信息。然而，预训练的大语言模型尽管功能强大，但在特定任务和领域上的表现仍有优化空间。

4.5.1　大语言模型的发展历史

为了更好地理解大语言模型微调的优势和应用，有必要回顾一下大语言模型的发展历程。自 2018 年以来，Google、OpenAI 等公司相继推出了一系列预训练语言模型(pre-trained language models，PLM)，如 BERT(bidirectional encoder representations from transformers)和 GPT(generative pre-trained transformer)。这些模型的发布极大地推动了 NLP 领域的发展。BERT 是由 Google 提出的一种双向 Transformer 结构的模型。它通过掩码语言模型任务进行训练，即在句子中随机掩码一些词，然后让模型预测这些被掩码的词。这种双向的训练方式使得 BERT 在各种 NLP 任务中表现出色，显著提升了模型对上下文信息的理解能力。GPT 则是由 OpenAI 提出的一种单向 Transformer 结构的模型。GPT 通过自回归语言模型任务进行训练，即根据给定的上下文预测下一个词。GPT-1 的发布展示了其在生成任务上的强大能力，使得自回归语言模型在 NLP 领域获得了广泛关注。

在 2019～2022 年，研究者们进一步探索了 LLM 在零样本学习(zero-shot learning)和少样本学习(few-shot learning)方面的能力。这一阶段的代表性模型包括 GPT-2 和 GPT-3。GPT-2 是 OpenAI 发布的第二代 GPT 模型，参数规模达到了 15 亿。GPT-2 展示了在没有任务特定数据的情况下，通过零样本或少样本学习完成多种任务的能力。这一模型的发布，引发了研究社区对 LLM 在不同任务上的表现及其潜力的广泛讨论和研究。GPT-3 是 OpenAI 发布的第三代 GPT 模型，参数规模达到了 1750 亿。GPT-3 在零样本学习和少样本学习方面表现出色，能够在众多 NLP 任务中取得优异的成绩。GPT-3 的发布进一步验证了 LLM 在多任务上的通用性和强大性能，极大地推动了 LLM 研究的热潮。

2022 年，OpenAI 发布了 ChatGPT，这标志着 LLM 研究的一个重要里程碑。ChatGPT 是基于 GPT-3.5 开发的对话模型，通过强化学习和人类反馈(reinforcement learning from human feedback, RLHF)进一步优化，展示了卓越的对话生成和任务完成能力。ChatGPT 的成功发布，使得 LLM 在实际应用中的潜力得到了广泛认可，进一步推动了 LLM 的研究和发展。此外，2022 年及之后，其他公司和研究机构也相继发布了一系列先进的 LLM，如 Google 的 PaLM(pathways language model)和 LaMDA(language model for dialogue applications)。PaLM 采用 Pathways 架构，能够高效利用大规模计算资源，在多个 NLP 任务中表现出色。LaMDA 则专为对话场景设计，展示了卓越的对话理解和生成能力。GPT-4 作为 OpenAI 发布的第四代 GPT 模型，进一步扩大了参数规模，具备更强的理解和生成能力，在多项任务中刷新了性能记录。同年推出的 O1 作为 OpenAI 的专用推理模型，聚焦逻辑链分析与数学问题求解，通过结构化推理框架显著提升了模型在科学计算和工程领域的实用性。DeepSeek-R1 是由国内 DeepSeek 团队开发的大型语言模型，以其技术创新而著称。该模型通过大规模强化学习和模型蒸馏技术，在保持推理能力的同时，大幅降低了计算成本。DeepSeek-R1 在数学推理和逻辑推理任务中表现出色，能够以极低的成本实现与 OpenAI 的 O1 模型相近的性能。

4.5.2 大语言模型微调

预训练的大语言模型尽管功能强大，但在特定任务和领域上的表现仍有优化空间。这时，通过微调(fine-tuning)技术，可以进一步提升模型在特定应用场景中的性能。微调的优势在于它能够利用较少的标注数据，显著提升模型在特定任务上的表现，从而实现更精准的预测和生成。

微调是指在预训练模型的基础上，使用特定领域或任务的数据进行进一步训练，以提高模型在特定任务上的性能。微调的重要性在于它可以显著提升模型在特定任务上的表现，如情感分析、命名实体识别(NER)、机器翻译等。通过微调，预训练模型能够适应特定的应用场景，从而实现更高的准确性和效率。本节将详细阐述大语言模型目前常见的微调技术、方法以及具体案例。

1. 微调技术

微调技术可以分为标准微调和参数高效微调两大类。标准微调包括全参数微调和冻结部分层微调。全参数微调是指对模型的所有参数进行微调，这种方法虽然可以充分利用标注数据，但计算资源消耗较大。冻结部分层微调则是一种更经济的方法，仅对模型的某些特定层进行微调，而保持其余层的参数不变，这种方法在保证性能的同时减少了计算开销。

标准微调的优点在于它能够充分利用所有参数来适应新的任务，从而可能实现更好的性能。然而，这也导致了计算资源的巨大消耗，尤其是对于具有数十亿参数的大模型而言。此外，标准微调的时间成本也非常高，特别是在需要频繁更新或适应新任务的情况下。因此，尽管标准微调在某些情况下表现出色，但其高昂的计算和时间成本限制了其实际应用的广泛性。

为了弥补标准微调的缺陷，参数高效微调技术应运而生。参数高效微调技术主要包括低秩适应(low-rank adaptation, LoRA)、适配器(adapter)模型和前缀微调(prefix tuning)。LoRA 通过低秩矩阵分解来适应新任务，从而减少所需的参数量。LoRA 的优势在于它能够在资源受限的环境中高效运行，并且适用于各种应用场景。具体而言，LoRA 在不显著影响模型性能的前提下，通过低秩矩阵的引入，有效地减少了模型参数的更新量，从而实现了计算资源的节省。

Adapter 模型是在预训练模型的基础上添加适配器层，通过这些层进行微调，而保持原模型参数不变。适配器模型广泛应用于多语言翻译、情感分析等任务。其主要优点在于，适配器层的参数量相对较少，因此可以快速进行微调，并且适配器层可以针对不同任务进行独立优化，而不会相互影响。这种方法不仅提高了模型在新任务上的适应性，还显著降低了计算和存储成本。

前缀微调是在输入序列前添加可训练的前缀，通过调整前缀参数进行微调。这种方法采用了一种更具创新性的方式，将任务特定的信息编码到前缀中，从而在不改变模型主体参数的情况下，实现对新任务的适应。前缀微调的一个显著优势在于，其前缀参数量非常小，因此微调过程非常高效。此外，由于前缀参数可以针对每个任务进行独立调整，这种方法还具有高度的灵活性和可扩展性，适用于各种不同的任务和领域。

2. *微调方法*

大语言模型的主流微调方法是基于人类反馈的强化学习。其过程通常分为三个主要阶段：有监督微调(supervised fine-tuning，SFT)、奖励模型建模(reward model training)和强化学习。

1) 微调的整体流程

微调的三步过程可以通过一个整体的流程图来说明。首先，进行有监督微调，这一步使用标注数据对预训练模型进行进一步训练，使其能够更好地适应特定任务和领域。接着，进入奖励模型建模阶段，这一步通过人类反馈的数据训练奖励模型，以便在生成的输出中引入人类偏好。最后，进入强化学习阶段，通过深度强化学习(deep reinforcement learning, DRL)算法(如近端策略优化(proximal policy optimization，PPO))，结合奖励模型的输出，进一步优化语言模型，使其在面对复杂任务时表现出色。

整体流程图如图 4-12 所示。

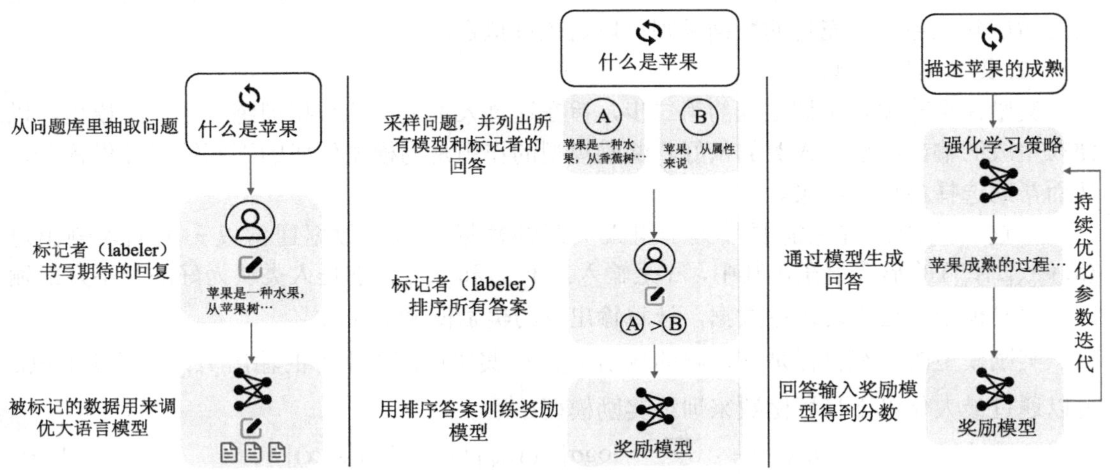

图 4-12　基于人类反馈的强化学习微调方法

(1) 有监督微调：这一阶段的主要目标是通过标注数据对预训练模型进行微调，使其在特定任务上表现更好。这一步非常关键，因为它为后续的奖励建模和强化学习奠定了基础。

(2) 奖励模型建模：在有监督微调之后，使用人类反馈数据训练奖励模型。奖励模型的作用是为语言模型生成的输出提供一个评分，反映输出的质量和人类的偏好。这一步通过比较模型生成的不同输出，选择最优的结果，进一步提高模型的表现。

(3) 强化学习：在奖励模型建模完成后，使用强化学习算法对语言模型进行进一步优化。

通过结合奖励模型的输出，强化学习算法可以帮助模型在复杂任务上做出更好的决策。

这三步之间紧密衔接，共同构成了完整的微调过程。首先，有监督微调提供了一个初步优化的模型，奖励模型建模则进一步引入了人类反馈，强化学习则结合前两步的成果，进一步优化模型，使其在实际应用中表现更为出色。

2) 微调的三步过程

接下来，将详细介绍这三步微调过程中的每一步，包括其具体方法、技术细节和数学公式。首先，将从有监督微调开始，探讨如何利用标注数据对模型进行初步优化。

(1) 有监督微调。

有监督微调是微调过程的第一步，旨在通过标注数据对预训练模型进行进一步训练，使其在特定任务上表现更好。例如，在情感分析任务中，可以使用包含情感标签的句子数据对模型进行微调，从而使其能够更准确地预测句子的情感倾向。

在有监督微调中，训练过程通常采用标准的监督学习方法。具体来说，给定一组输入输出对 (x_i, y_i)，模型通过最小化以下损失函数来调整参数：

$$L_{\text{SFT}} = -\sum_i \log P(y_i \mid x_i; \theta) \tag{4-19}$$

式中，$P(y_i \mid x_i; \theta)$ 表示模型在参数 θ 下，给定输入 x_i 时预测输出 y_i 的概率。通过反向传播算法，损失函数 L_{SFT} 的梯度被计算出来，并用于更新模型参数 θ，以最小化损失。

有监督微调的主要优点在于，利用特定任务的数据，可以显著提升模型在该任务上的性能。然而，这一步的效果依赖于标注数据的质量和数量。高质量的标注数据可以使模型快速适应新任务，而充足的数据量则可以避免过拟合问题。

(2) 奖励模型建模。

奖励模型建模是微调过程的第二步，旨在通过人类反馈的数据训练一个奖励模型，以便在生成的输出中引入人类的偏好。奖励模型的作用是为模型生成的不同输出提供评分，从而帮助选择最优的结果。

在这一阶段，首先需要收集一组人类反馈数据。这些数据通常以一组输入输出对 $(x, y_{\text{good}}, y_{\text{bad}})$ 的形式存在，其中，x 是输入，y_{good} 和 y_{bad} 分别是人类认为好的和不好的输出。奖励模型通过学习这些数据，计算输出 y 的奖励值 $R(y \mid x)$。

奖励模型的训练目标是使得好的输出 y_{good} 的奖励值高于不好的输出 y_{bad}。具体来说，可以通过最大化以下目标函数来训练奖励模型：

$$L_{\text{RM}} = -\sum_{(x, y_{\text{good}}, y_{\text{bad}})} \log \sigma[R(y_{\text{good}} \mid x) - R(y_{\text{bad}} \mid x)] \tag{4-20}$$

式中，σ 是 sigmoid 函数。通过最小化损失函数 L_{RM}，奖励模型可以学会区分好的和不好的输出，从而为后续的强化学习阶段提供可靠的奖励信号。

(3) 强化学习。

强化学习是微调过程的最后一步，旨在通过强化学习算法对语言模型进行进一步优化，使其在复杂任务上表现更好。通过结合奖励模型的输出，强化学习算法可以帮助模型在面对复杂任务时做出更好的决策。

在这一阶段，模型被视为一个策略 π_θ，其目标是最大化预期奖励。具体来说，给定一个输入 x，模型生成的输出 y 的奖励由奖励模型 $R(y \mid x)$ 计算得到。强化学习的目标是通过调整模型参数θ，最大化以下目标函数：

$$L_{\mathrm{RL}}=\mathbb{E}_{y\sim\pi_\theta(y|x)}[R(y|x)] \tag{4-21}$$

常用的强化学习算法包括 PPO 等。以 PPO 为例，其基本思想是通过限制策略更新的步长来稳定训练过程。具体来说，PPO 通过优化以下目标函数来更新策略：

$$L_{\mathrm{PPO}}=\mathbb{E}\left\{\min\left[\frac{\pi_\theta(y|x)}{\pi_{\theta_{\mathrm{old}}}(y|x)}\hat{A},\mathrm{clip}\left(\frac{\pi_\theta(y|x)}{\pi_{\theta_{\mathrm{old}}}(y|x)},1-\epsilon,1+\epsilon\right)\hat{A}\right]\right\} \tag{4-22}$$

式中，$\pi_{\theta_{\mathrm{old}}}$是旧策略；$\hat{A}$是优势函数，它衡量了当前策略相对于旧策略的改进程度；ϵ是一个小常数，用于控制更新步长。通过强化学习，模型可以不断优化其策略，使得在面对复杂任务时能够生成更优质的输出。

通过对微调过程中的每一步进行详细介绍，我们了解了如何通过有监督微调、奖励模型建模和强化学习来优化大语言模型。然而，微调后的模型性能如何，需要通过严格的评估与验证来确定。

3. 微调的评估与验证

在微调完成之后，评估和验证模型的性能是至关重要的步骤。评估的目的是衡量模型在特定任务上的表现，验证的目的是确保模型在不同数据集上的泛化能力。

1) 评估指标

为了全面评估微调模型的性能，通常采用以下几个关键指标：精度(accuracy)、召回率(recall)和 F1 分数(f1 score)。

(1) 精度：指模型预测正确的样本数量占总样本数量的比例。在分类任务中，精度是一个简单且直观的性能指标，但在类别不平衡时可能不够充分。

(2) 召回率：指模型在所有实际为正类的样本中，正确预测为正类的样本比例。高召回率表示模型对正类样本的覆盖能力强，适用于对漏检容忍度低的任务。

(3) F1 分数：精度和召回率的调和平均数综合了两者的优缺点，特别适用于类别不平衡的任务。F1 分数的计算公式为

$$\mathrm{F1}=2\times\frac{\mathrm{Precision}\times\mathrm{Recall}}{\mathrm{Precision}+\mathrm{Recall}} \tag{4-23}$$

2) 验证方法

为了确保模型的泛化能力，通常采用以下两种验证方法。

(1) 交叉验证(cross-validation)：一种常用的模型验证方法，特别是在数据量有限的情况下。常见的k折交叉验证(k-fold cross-validation)将数据分为k个子集，每次使用k–1 个子集进行训练，剩余的一个子集进行验证。通过循环k次，每个子集都被用作一次验证集，最终取所有验证结果的平均值，作为模型的性能指标。这种方法可以有效地减少因数据划分带来的偶然性影响，提高评估结果的稳定性和可靠性。

(2) 基准测试(benchmarking)：基准测试是将微调后的模型与已有的标准模型或基线模型进行比较。在基准测试中，使用一组公认的测试集和评估指标，对模型进行一致性评估。通过比较不同模型在相同测试集上的表现，可以直观地了解微调后模型的改进程度。例如，在自然语言处理领域，GLUE、SuperGLUE 等基准测试集被广泛用于评估模型的语言理解

能力。

通过上述评估指标和验证方法，可以全面评估和验证微调模型的性能，确保其在特定任务上的优越性和在不同数据集上的泛化能力。

4.5.3 基于 Swift 库的微调示例

为了更好地理解微调的实际应用，下面将展示如何使用 Swift 库对 Llama-2-7b-chat 模型进行微调。通过一个具体的代码示例，详细解释每一步的实现过程。

以下是使用 Swift 库进行微调的完整代码。在这个示例中，将使用 LoRA 方法对 Llama-2-7b-chat 模型进行微调，并解释每个参数的含义。

```
import os
import torch

from swift.llm import (
DatasetName, InferArguments, ModelType, SftArguments
)
from swift.llm import infer_main, sft_main

model_type = ModelType.llama2_7b_chat

sft_args = SftArguments(
model_type=model_type,
sft_type='lora',
model_cache_dir='/tf/model/Llama-2-7b-chat-ms/',
eval_steps=500,
train_dataset_sample=-1,
num_train_epochs=2,
batch_size=1,
max_length=4096,
max_new_tokens=4096,
use_flash_attn=True,
dataloader_num_workers=4,
custom_train_dataset_path=['/tf/data/versionA.jsonl',
...
],
output_dir='output-0202-7b',
gradient_checkpointing=True)

best_ckpt_dir = sft_main(sft_args)
print(f'best_ckpt_dir: {best_ckpt_dir}')
```

在上述代码中，首先指定了模型类型为 Llama-2-7b-chat。接着，通过 SftArguments 类设置了微调的相关参数。model_cache_dir 指定了模型缓存的目录，eval_steps 设置为每 500 步进行一次评估，num_train_epochs 和 batch_size 分别设置了训练的轮数和每个训练批次的样本数。模型使用 FlashAttention 技术，并启用了梯度检查点以节省显存。自定义训练数据集路径被指定在 custom_train_dataset_path 中，微调后的模型将保存在 output_dir 目录下。

最后，通过调用 sft_main 函数执行微调，并打印最优检查点的目录路径。通过该示例代码，展示了如何使用 Swift 库对 Llama-2-7b-chat 模型进行微调，用户可以根据具体任务需求调整相应参数，以获得最佳的微调效果。

第5章 源荷侧的典型应用

5.1 风光出力预测中的应用

在应对气候变化和能源转型的挑战下，可再生能源，尤其是风能和太阳能，正在成为全球能源结构的重要组成部分。然而，风光发电的间歇性和随机性也给电力系统的稳定运行带来了新的挑战。为了有效利用风光资源，减少对传统化石能源的依赖，并保障电力系统的安全稳定，对风光出力的准确预测显得尤为重要。人工智能技术在风光出力预测中的应用，为解决可再生能源间歇性和随机性带来的问题提供了有力工具。通过数据增强、强化学习、特征工程等手段，人工智能技术能够显著提高风光出力预测的准确性和可靠性，为电力系统的稳定运行和高效管理提供重要支持。本节旨在探讨 AI 技术如何在风光出力预测的关键领域中发挥作用，具体涵盖风电功率预测、光伏发电预测以及风电概率预测等方面。

针对确定性的风光预测，首先，提出通过超分辨率感知对历史低频数据进行增强以得到高频数据进行风电预测的方法；其次，提出基于贝叶斯优化技术的光伏发电预测以对抗网络攻击造成的训练样本波动；最后，提出时空特征增强方法实现对光伏出力间歇性波动的准确预测。针对在极端天气场景下特征样本稀缺导致模型自适应预测性能下降的问题，提出基于强化学习的极端场景风电功率概率预测方法。

5.1.1 基于高频数据生成的风电预测

1. 问题描述

短期风电预测是基于历史数据来预测未来一段时间的风力发电，其中具有 t 时间步长和 n 特征的历史数据 X 可以表示如下：

$$X = \{x_0^0, x_0^1, \cdots, x_0^n, x_1^0, x_1^1, \cdots, x_1^n, \cdots, x_t^n\} \tag{5-1}$$

时间 t 未来 k 个时间步的风力功率预测任务可表示如下：

$$\widehat{Y} = g(X \mid \theta) + \varepsilon \tag{5-2}$$

式中，$\widehat{Y}$ 表示未来时间 t 的 k 个时间步长的风力发电量预测值；$g(\cdot \mid \theta)$ 表示模型参数集 θ 所描述的关系函数，它使用历史数据来预测未来的风力发电量；ε 表示预测误差。因此，模型 $g(\cdot \mid \theta)$ 的目标是使预测结果 $\widehat{Y}$ 尽可能接近实际数据Y，实际数据Y表示如下：

$$Y = \{x_{t+1}^p, x_{t+2}^p, \cdots x_{t+n}^p\} \tag{5-3}$$

目前，现有研究都是基于物联网(IoT)设备等终端设备固有采样频率收集的数据，并没有考虑利用具有更详细信息的高频完整数据。更高频率的完整数据不仅能为准确的风电预测提供更详细的信息，还有助于实现更短的预测周期，从而促进风电高效融入电网。收集高频数据是一项具有挑战性的任务，其中存在几个问题。首先，收集高频数据需要安装高频电表来取代已安装的低频电表，这将是一项额外的投资和资源浪费。其次，传输高频数据需要大量带宽，这就需要升级现有通信网络，提高数据传输能力。然后，即使收集到高频数据并传输到需要的地方(如数据中心)，也需要大量的存储空间来存储数据。因此，从现有的低频数据中恢复高频数据是一种更为实用的解决方案。本节中超分辨率感知用于风功率预测的目的是从终端设备采集的不完整低频数据 ILF 中恢复高频完整数据，从而支持更准确的风功率预测。历史不完整低频数据包括风功率、风向、风速、温度、压力和密度等特征，具体表示如下：

$$\mathrm{ILF}=\{\mathrm{ilf}_0^0,\mathrm{ilf}_0^1,\cdots,\mathrm{ilf}_0^n,\mathrm{ilf}_1^0,\mathrm{ilf}_1^1,\cdots,\mathrm{ilf}_1^n,\cdots,\mathrm{ilf}_t^n\} \tag{5-4}$$

式中，t 表示时间索引；n 表示特征数。与 ILF 相比，完整高频数据 CHF 在时间维度上的索引更为密集。完整高频数据 CHF 与不完整低频数据 ILF 之间的关系如下：

$$\mathrm{ILF}=\downarrow_{\alpha}\mathrm{CHF}+e \tag{5-5}$$

式中，$\downarrow_{\alpha}$ 表示衰减函数，α 是下采样因子；e 表示采样设备引起的噪声。超分辨率感知的目标是找到一个函数 $f(\cdot)$，使其输出 $\widehat{\mathrm{CHF}}$ 尽可能接近完整的高频数据 CHF，可表示如下：

$$\widehat{\mathrm{CHF}}=f(\mathrm{ILF})=\uparrow_{\beta}\mathrm{CLF} \tag{5-6}$$

式中，$\uparrow_{\beta}$ 表示由深度神经网络实现的超分辨率感知函数，β 表示超分辨率感知因子。例如，给定采样间隔为 15min 的不完整低频数据 ILF，当超分辨率感知因子 β 为 3 时，超分辨率感知(super resolution perception, SRP)可获得采样间隔为 5min 的完整高频数据 $\widehat{\mathrm{CHF}}$。

2. 方法分类

准确的短期风电预测是一个难题，如风速、风向、温度等，有许多气象因素可能会影响风力发电。因此，风力发电往往呈现出非线性的不确定性。有许多时间序列和经典的机器学习方法，包括自回归移动平均预测(ARMA)、自回归综合移动平均(ARIMA)、季节性自回归综合移动平均(SARIMA)和广义自回归条件异质(GARCH)模型。机器学习在各个领域中应用，一些经典的机器学习算法包括支持向量回归(SVR)、分类和回归树(卡)和高斯过程回归(GPR)，它们也用于短期风电预测。由于学习能力的限制，这些方法无法满足高频精确风电预测的要求。深度神经网络具有很强的非线性学习能力，在图像处理、语音识别、自然语言处理等方面取得了显著的成果。目前也有一些关于短期风电预测的研究，如深度信念网络(DBN)、循环神经网络(RNN)、长短期记忆(LSTM)网络、卷积神经网络(CNN)、半监督生成对抗网络(SSGAN)和时空注意力网络(SAN)。其中，SSGAN 比其他深度神经网络具有更好的泛化能力，而且它是一种半监督学习方法，需要的数据更少，更实用。

目前有一些关于提高数据频率的研究，如线性插值、二元插值、ARIMA、反向传播-人工神经网络(BP-ANN)等，但都存在误差大、质量差或计算效率低等问题。超分辨率感知(SRP)是一种利用先进的人工智能技术恢复低频不完整数据以获得高频完整数据的技术，其有效性已在许多课题中得到验证。例如，目前提出了用于状态估计的超分辨率感知网络(SRPNSE)，用于提高智能电网状态估计的数据完整性，以及超分辨率感知卷积神经网络(super resolution perception convolutional neural network, SRPCNN)，用于从智能电表收集的低频数据中生成高频负荷数据。还有研究提出了月度超分辨率感知卷积神经网络

(M-SRPCNN)，用于将月度能源消耗数据上采样到小时分辨率。与其他数据质量改进方法相比，超分辨率方法具有效率更高、质量更好、信息更丰富的优点。因此，应用超分辨率感知技术加强风电预测是一个非常有价值的研究课题。

3. 应用流程

在此背景下，本节探讨一个基于超分辨率感知的风力发电网络(SRPWPN)，以提高风电预测所用数据的完整性和频率。所介绍的方法结合了注意力机制和残差网络，可为风电预测提供精确的数据支持。在本节将短期风电预测的超分辨率感知问题形式化，并给出了解决所提问题的相应框架。介绍 SRPWPN 框架，提高历史数据的质量，获得完整的高频数据，从而为更准确、更高频率的风电预测提供更详细的信息[21]。

超分辨率感知的目标是提高历史数据的频率和质量，以实现更准确的短期风电预测，因此介绍了一个基于超分辨率感知的短期风电预测框架，以实现上述目标。该框架如图 5-1 所示。首先，包含风速、风向、温度、气压、密度、功率等六个特征的历史数据作为不完整的低频数据被用作数据预处理部分的输入。这些缺失值、重复值、离群值等都会被处理，数据也会被归一化，从而得到低频数据。然后将低频数据作为超分辨率感知部分的输入，通过超分辨率感知部分对历史数据进行增强，得到完整的高频数据。然后，根据超分辨率感知获得的完整高频数据，风电预测方法可以预测目标风力发电量。

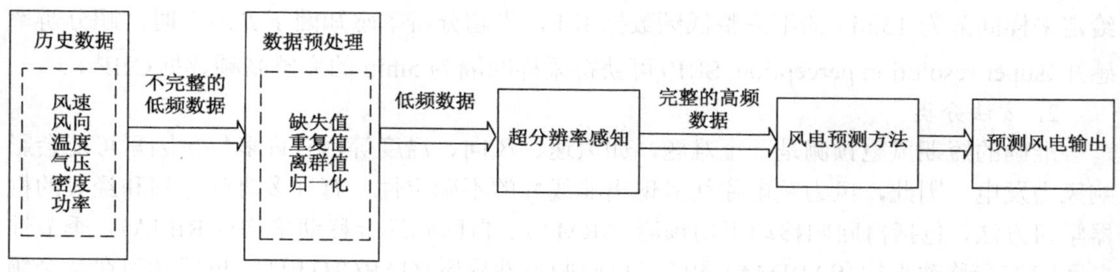

图 5-1　利用超分辨率感知进行短期风电预测的框架

为增强历史数据，本节中使用了 SRPWPN，其结构如图 5-2 所示。数据 CHF↓↑表示数据 CHF 先通过双三次下采样(bicubic downsampling)，再通过双三次上采样(bicubic upsampling)得到的数据。ILF↑表示通过双三次上采样得到的数据。不完整的低频数据 ILF 首先通过三个二维(2D)卷积层提取出来，实现特征提取，然后作为接下来 16 个超分辨率感知块(SRPB)的输入。在 SRPB 中，数据被用作二维卷积层的输入，然后将相应的输出归一化，再重复上述过程。F 代表自身映射，它被添加到之前的计算结果中，并使用整流线性单元(ReLU)函数进行激活。

CHF、CHF↓↑和 ILF↑分别通过三个二维卷积层映射到 V、K 和 Q。为了计算 Q 和 K 的相似度，首先将 Q 和 K 分割表示为 q_i 和 k_j 的斑块，然后分别通过这些斑块进行归一化处理：

$$q_i^{\text{norm}} = \frac{q_i}{\| q_i \|} \tag{5-7}$$

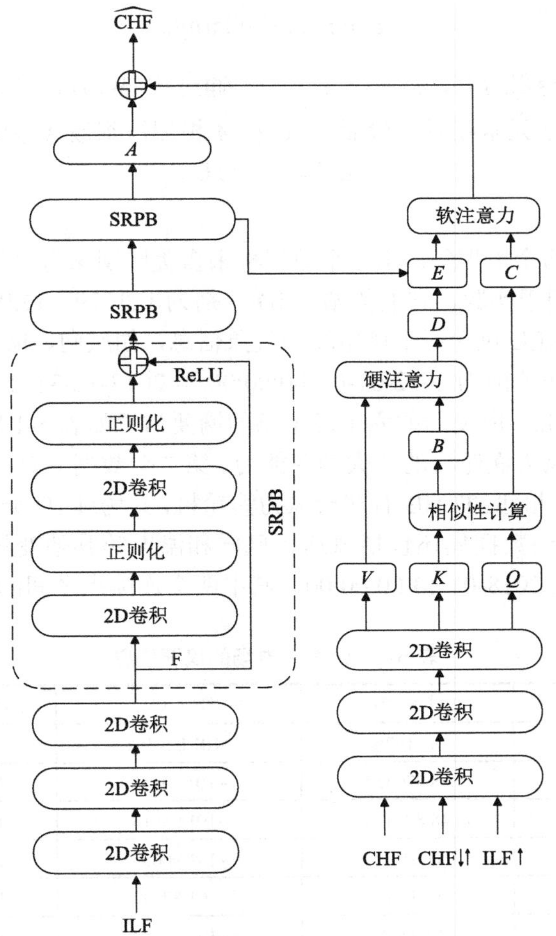

图 5-2　超分辨率感知风力发电网络

$$k_j^{\text{norm}} = \frac{k_j}{\| k_j \|} \tag{5-8}$$

q_i 和 k_j 之间的相似度由式(5-9)得出，形成相关性 Similarity_{ij}：

$$\text{Similarity}_{ij} = \left\langle \frac{q_i}{\| q_i \|}, \frac{k_j}{\| k_j \|} \right\rangle \tag{5-9}$$

对于硬注意力部分，通过式(5-10)计算出注意力图谱 B 的元素 b_i，然后与 V 一起作为硬注意力操作的输入：

$$b_i = \arg\max_j \text{Similarity}_{ij} \tag{5-10}$$

在注意力操作中，索引选择操作如式(5-11)所示，其中 d_i 是 D 的元素，v_i 是 V 的元素：

$$d_i = v_i \tag{5-11}$$

在软注意力部分，注意力图谱 C 的元素 c_i 由式(5-12)计算得出，然后也作为软注意力操作的输入：

$$c_i = \max_j \text{Similarity}_{ij} \tag{5-12}$$

然后，对 E 进行卷积运算，得到结果 E_{cov} ，通过式(5-13)，E_{cov} 和 C 的结果直接进行元素相乘，其中 $\odot$ 表示元素相乘。最后，EC 和 A 相加得到最终输出结果 $\widehat{\text{CHF}}$ 。

$$EC = E_{\text{cov}} \odot C \tag{5-13}$$

4. 典型案例

本实验中使用了两个数据集。第一个数据集来自美国国家可再生能源实验室(NREL)。NREL 有六个风电场用于实验，它们的站点 ID 分别为 123229、123815、123978、124043、124044 和 124045。NREL 包含每个风电场的气象信息，如风向、风速、温度、压力和密度以及风力。数据的时间范围为 2012-01-01 00:00:00 至 2013-12-31 23:55:00，其中连续两点之间的时间间隔为 5min。所使用的六个风电场的摘要信息如表 5-1 所示，其中容量系数表示平均输出功率除以风力涡轮机的最大功率能力。第二个数据集是 La Haute Borne(TLHB)风电场，它位于法国东北部。TLHB 有四台风力涡轮机，其场址 ID 分别为 R80711、R80721、R80736 和 R80790。该数据集还包括风速、风向和温度等其他变量。数据的时间范围为 2017-01-01 00:00:00 至 2018-01-13 00:00:00，其中两个连续点之间的时间间隔为 10min。

表 5-1 六个风电场的摘要信息

编号	电厂 ID	纬度/(°)	经度/(°)	容量/MW	容量系数
1	123229	48.716766	−101.827454	16	0.437
2	123815	48.870552	−101.73111	16	0.426
3	123978	48.895412	−101.98913	16	0.435
4	124043	48.91811	−101.90655	16	0.388
5	124044	48.91947	−101.87832	16	0.398
6	124045	48.92083	−101.85009	16	0.403

SRPWPN 在 NREL 上的实验结果如表 5-2 所示。可以看出，SRPWPN 对 NREL 中 6 个风电场的历史数据具有良好的性能，最小平均绝对百分比误差(mean absolute percentage error，MAPE)为 1.93%，即最小误差不超过 2%。此外，最大 MAPE 仅为 3.35%，这意味着 SRPWPN 在增强历史数据方面具有非常稳定和出色的性能。SRPWPN 在采样间隔为 10min 的数据上的性能要好于采样间隔为 15min 的数据，这意味着更大的 SRP 因子需要恢复更详细的信息，更具挑战性。可以看出，SRPWPN 恢复了大部分详细信息，SRP 因子较小的实验结果更好。表 5-3 显示了不同方法在 TLHB 上的实验结果。SRPWPN 的最小 MAPE 为 7.37%，即最小误差不超过 7.5%，比 NREL 上的结果稍差。由于最大 MAPE 不超过 8.5%，这证明 SRPWPN 同样具有出色的性能。

表 5-2 不同方法在 NREL 上的实验结果(15min/10min 的 MAPE)

电厂 ID	线性插值	双线性插值	ARIMA	BP-ANN	SRPCNN	SRPWPN
123229	27.92%/26.35%	31.83%/29.13%	26.63%/24.41%	22.72%/21.95%	9.88%/6.37%	3.26%/2.04%
123815	26.15%/25.03%	30.95%/27.84%	22.95%/20.19%	21.03%/19.94%	10.27%/8.52%	3.34%/2.10%

续表

电厂 ID	线性插值	双线性插值	ARIMA	BP-ANN	SRPCNN	SRPWPN
123978	25.98%/24.59%	28.72%/24.72%	24.86%/21.74%	22.65%/21.59%	9.15%/6.76%	3.23%/1.93%
124043	28.13%/26.87%	29.70%/25.28%	23.43%/21.26%	21.46%/20.73%	10.53%/7.52%	3.29%/2.08%
124044	26.34%/23.05%	30.18%/26.31%	25.48%/22.83%	20.87%/18.65%	8.84%/7.91%	3.35%/1.97%
124045	24.82%/21.86%	31.99%/28.63%	22.19%/20.04%	21.32%/19.48%	9.77%/7.15%	3.20%/1.99%

表 5-3　不同方法在 TLHB 上的实验结果

电厂 ID	线性插值	双线性插值	ARIMA	BP-ANN	SRPCNN	SRPWPN
R80711	35.58%	42.47%	29.05%	25.82%	15.49%	8.08%
R80721	36.04%	41.53%	30.82%	26.93%	16.85%	7.75%
R80736	34.65%	39.49%	31.37%	24.18%	14.64%	8.49%
R80790	33.60%	38.35%	28.64%	25.04%	15.06%	7.37%

本节比较了不同短期风电预测方法在真实高频数据和 SRPWPN 恢复的高频数据上的实验结果，证明 SRPWPN 可以提供与高频数据几乎相同的信息。为了验证 SRPWPN 所恢复的完整高频数据的有效性，实验中使用了三种短期风电预测方法，包括 CNN、LSTM 和 SSGAN。对于 NREL，这三种方法对实际采样间隔为 5min 的完整高频数据和使用 SRPWPN 从采样间隔为 10min 的不完整低频数据中恢复的采样间隔为 5min 的数据进行短期风力预测。对于 TLHB，这三种方法分别对实际采样间隔为 10min 的完整高频数据和利用 SRPWPN 从采样间隔为 1h 的不完整低频数据中恢复的采样间隔为 10min 的数据进行短期风预报。在实验中，使用过去七天的历史数据来预测第二天的风力发电量。采用 MAPE 作为评估指标，实验结果如表 5-4 和表 5-5 所示。表中后缀为 SRP 的列表示预测方法在 SRPWPN 恢复的数据上的短期风功率预测结果误差。虽然三种方法在 SRPWPN 恢复的数据上的结果略逊于实际数据，但最大差距不超过 2%。三种方法中对 SRPWPN 恢复的数据效果最差的是 CNN，其在 TLHB 中的 MAPE 均不超过 11%；效果最好的是 SSGAN，其在两个数据集中的 MAPE 均不超过 7%。可以认为，SRPWPN 所恢复的数据与实际应用中的真实数据的效果非常接近。

表 5-4　TLHB 短期风电预测的 MAPE 结果

编号	电厂 ID	CNN	CNN_SRP	LSTM	LSTM_SRP	SSGAN	SSGAN_SRP
1	123229	6.59%	7.52%	4.18%	5.27%	3.28%	4.67%
2	123815	6.61%	7.75%	4.09%	5.09%	3.24%	4.93%
3	123978	6.45%	7.50%	4.18%	5.18%	3.31%	4.74%
4	124043	6.35%	7.62%	4.37%	5.06%	3.15%	4.73%
5	124044	6.63%	7.47%	4.29%	5.16%	3.25%	4.98%
6	124045	6.47%	7.45%	4.39%	4.61%	3.59%	4.98%

表 5-5 NREL 的短期风电预测 MAPE 结果

编号	电厂 ID	CNN	CNN_SRP	LSTM	LSTM_SRP	SSGAN	SSGAN_SRP
1	R80711	8.54%	8.93%	6.49%	6.96%	5.47%	6.14%
2	R80721	9.73%	10.92%	7.82%	9.24%	5.03%	6.32%
3	R80736	8.39%	9.85%	7.93%	8.59%	6.71%	5.85%
4	R80790	9.04%	10.47%	6.51%	7.88%	5.23%	5.96%

相关代码见附录。

5.1.2 基于贝叶斯优化的光伏预测

1. 问题描述

光伏预测是通过分析历史数据来预测光伏发电系统输出功率的技术和方法。该方法利用过去的发电数据作为输入，学习其中的模式和规律，从而对未来的光伏发电出力进行准确预测。其预测模型如式(5-14)所示：

$$\hat{x}_{t+h} = f(X_t) \tag{5-14}$$

式中，X_t 是一个时间数据集，用 $x_1, x_2, \cdots, x_t$ 表示。根据不同的预测需求，$f(X)$ 可以用来估计 x_{t+h}，即预测未来时间步长 h 的光伏发电功率。

然而，光伏数据中可能存在干扰，影响预测精度。为此，本节提出了一种鲁棒性强的贝叶斯优化模型，能够剔除干扰数据并提高预测精度，确保在数据波动和干扰下仍能准确预测。为了使其预测误差最大化，尽可能有效地优化以下目标函数：

$$\tilde{X}_t^* = \arg\max_{\tilde{X}_t} \left|\hat{x}_{t+h} - f\left(\tilde{X}_t\right)\right| \tag{5-15}$$

式中，$\hat{x}_{t+h}$ 表示对输入数据的最佳修改；$\tilde{X}_t$ 表示扰动输入数据，目标是最大化预测光伏发电功率 $\hat{x}_{t+h}$ 与使用扰动输入数据预测结果 $f\left(\tilde{X}_t\right)$ 的差异。这一优化过程旨在揭示干扰数据对光伏发电预测的潜在影响，强调构建抗干扰预测模型的重要性，从而确保光伏发电系统的可靠性和恢复能力。

为避免过度扰动输入数据，必须对扰动幅度设置限制。因此，优化目标函数需要遵循以下约束条件：

$$(1-\lambda)X_t \leqslant \tilde{X}_t \leqslant (1-\lambda)X_t \tag{5-16}$$

式中，参数 λ 是一种控制机制，决定了相对于初始输入值的最大允许修改度。根据具体要求和限制，λ 的常用值可能包括 5%或 10%。

2. 方法分类

随着智能电网和分布式光伏发电系统的普及，数据中的扰动对光伏预测模型的影响逐渐增大。因此，提升预测模型的鲁棒性，确保其在面对数据波动时仍能稳定运行，变得尤为重要。基于深度学习的模型，如长短期记忆(LSTM)网络、卷积神经网络(CNN)和基于注意力的网络等，因其在捕捉时间序列数据中的复杂模式方面的优势，广泛应用于光伏发电预测中。

1) LSTM

LSTM 是一种改进的 RNN，特别适合处理时间序列数据中的长程依赖关系。通过遗忘门、输入门和输出门，LSTM 能够有效缓解梯度消失问题，广泛应用于时间序列分析。其核心机制使得 LSTM 能够捕捉和记忆序列数据中的短期与长期依赖，尤其适用于处理有扰动的数据。通过引入优化方法，如贝叶斯优化，LSTM 的鲁棒性可以得到增强，从而提高模型在面对数据波动时的预测稳定性。

2) CNN

CNN 主要用于图像处理，但其强大的特征提取能力同样适用于时间序列预测。在光伏发电预测中，CNN 能够有效捕捉数据的局部特征，从而提升预测精度。CNN 通过卷积层提取特征，池化层降低计算复杂度，并通过全连接层输出最终预测结果。为了增强其鲁棒性，可以通过引入防御机制减少扰动的影响，提升模型对数据波动的适应能力。

3) 注意力机制

注意力机制通过动态关注数据中的关键部分，提高了神经网络在复杂任务中的表现。在光伏发电预测中，注意力机制能够根据不同时间和气象条件自适应地调整关注度，从而提升预测精度。该机制通过计算查询和关键字之间的相关性，帮助模型识别重要信息，过滤掉不相关的部分，从而提升模型对扰动数据的鲁棒性。

3. 应用流程

为了提高光伏发电预测模型抵抗干扰的能力，本节引入贝叶斯优化技术，通过有针对性地调整输入数据，使得预测误差最大化，从而突出噪声干扰对预测结果的潜在影响。具体来说，贝叶斯优化的过程就是寻找最佳的输入数据修改方式，使得经过修改后的输入数据预测出的光伏发电量与原始数据预测出的发电量之间的差距尽可能大。贝叶斯优化的具体步骤如下。

(1) 定义目标函数：首先，定义要最大化的目标函数，即式(5-15)。

在目标函数等式中，$\tilde{X}_t^*$ 表示对输入数据 $\tilde{X}_t$ 的最佳修改，使预测的光伏发电 $\hat{x}_{t+h}$ 与使用扰动输入数据 $\tilde{X}_t$ 预测的光伏发电之间的绝对差值最大。目标是在限制输入波动幅度的条件下找到导致最大预测误差的 $\tilde{X}_t$ 值，约束条件可写为式(5-16)。

(2) 选择获取函数：选择一个获取函数(用 α 表示)来指导优化过程。获取函数量化了在输入空间特定点 $\tilde{X}_t$ 评估目标函数的效用。常见的获取函数包括改进概率(PI)、预期改进(EI)和置信上限(UCB)。

(3) 初始化贝叶斯优化过程：这些点可以随机选择，也可以通过其他策略选择。在这些初始点对目标函数进行评估，以获得相应的函数值。

(4) 建立代用模型：构建一个概率代用模型，通常是高斯过程(GP)回归模型。GP 模型提供了目标函数$|\overline{\hat{x}_{t+h}} - \overline{f(\tilde{X}_t)}|$及其相关不确定性的概率估计。GP 模型表示为 $p(f \mid D)$，其中，f 代表目标函数，D 代表观测数据。

(5) 选择下一个评估点：获取函数 α 用于选择下一个评估点 $\tilde{X}_t$。该点的选择如下：

$$\tilde{X}_t = \arg\max_{\tilde{X}_t} \alpha\left(\tilde{X}_t \mid D\right) \tag{5-17}$$

使 α 最大化的点 $\tilde{X}_t$ 代表输入空间中预期目标函数最大潜在改进的位置。

(6)评估目标函数：在选定的点 $\tilde{X}_t$ 上评估目标函数 $|\hat{x}_{t+h} - f(\tilde{X}_t)|$ 并记录其值。

(7)更新代理模型：新数据点 $|\hat{x}_{t+h} - f(\tilde{X}_t)|$ 用于更新代用模型 $p(f \mid D)$。该更新包含了从新评估中获得的信息。

(8)重复步骤(5)～步骤(7)：在预定的迭代次数内重复步骤(5)～步骤(7)，直至达到停止标准。这一迭代过程完善了代理模型，并探索了输入空间，以找到最佳 $\tilde{X}_t^*$。

(9)返回最优解：完成优化过程后，将返回预测误差最大的解决方案 $\tilde{X}_t^*$ 作为对输入数据的最佳修改。

(10)约束执行：在整个优化过程中，会强制执行约束条件，以确保对输入数据的修改符合所施加的限制。

总之，贝叶斯优化利用 GP 和获取函数来系统地探索输入空间，迭代选择评估点，并在光伏发电预测受到干扰的情况下最大化预测误差。整个过程如图 5-3 所示。这一数学框架确保在考虑约束条件的同时进行高效优化，突出了稳健预测模型在减轻网络威胁对光伏发电系统的影响方面的关键作用。

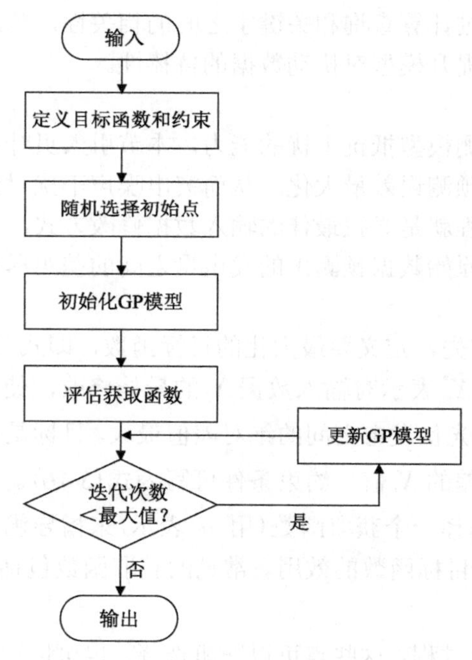

图 5-3　贝叶斯过程示意图

4. 典型案例

案例研究对介绍的 AFDIA 战略在连续三天的光伏发电预报中的有效性进行了全面评估。由于原始数据以 5min 为单位，因此共进行了 864 次预测。此外，还探讨了参数 λ 的三个不同值，分别为 10%、20%和 30%。这些值代表了初始值可以最大限度改变的范围。为了更好地展示模拟结果，所有数据都在 0 和 1 之间进行了归一化处理，此外，还记录了不同攻击强度(λ)下被攻击结果与原始数据的均方根误差(RMSE)和平均绝对误差(MAE)。这些结果列于表 5-6 和表 5-7，其中，从 0 开始的一行表示没有任何干扰的预测误差。预测误差的单位是原始数据最大值的百分比。将均方根误差(RMSE)和平均绝对误差(MAE)纳入表 5-6 和表 5-7，可以更详细地了解对抗性攻击对预测准确性的影响。从 0 开始的行中出现非零误差表明，即使没有干扰，预测模型也并非完全没有误差。从表中可以明显看出，随着攻击强度(λ)的增加，预测误差并没有成比例地增加。

表 5-6　均方根误差(%)比较

λ	LSTM	CNN	注意力
0	7.229	6.047	6.927
10%	7.524	6.106	6.929
20%	8.713	6.924	7.734
30%	10.641	8.318	8.607

表 5-7　MAE(%)比较

λ	LSTM	CNN	注意力
0	4.120	3.073	3.309
10%	4.292	3.344	3.447
20%	4.955	4.147	3.900
30%	6.052	5.146	4.849

这些结果为光伏发电预测模型在暴露于对抗性数据注入时的稳健性提供了参考。在本节的研究中，λ 值不同的 AFDIA 策略是一个关键的焦点。对 10%、20%和 30%这三个不同的 λ 值进行检验，从而探索初始数据被改变的程度。从表 5-6 和表 5-7 可以看出，当攻击强度设置为 10%时，预测误差的变化微不足道，三个深度学习模型的 RMSE 和 MAE 的最大增量分别为 4.1%和 8.8%。至于 20%和 30%，这些数字分别上升到(20.5%，34.9%)和(47.2%，67.5%)。输入数据变化小于 10%对预测结果的影响似乎微不足道，但 20%和 30%的变化则会明显影响预测准确性。

从表 5-6 和表 5-7 可以看出，在所有三种模型中，注意力模型对输入数据变化的反应最小，而 CNN 和 LSTM 则表现出更明显的脆弱性。不同模型对这些攻击的不同易感性提出了有关模型泛化和弹性的问题，需要为光伏发电预报开发更稳健、更安全的深度学习模型，了解这些弱点至关重要。

总之，分析强调了加强基于深度学习的光伏发电预测模型的稳健性和安全性的迫切需要，尤其是在面对 AFDIA 的情况下。虽然这些模型在传统应用中被证明是有效的，但在虚假数据注入攻击下，其脆弱性暴露无遗。这一漏洞与能源基础设施和可再生能源的整合尤为相关。因此，需要更关注具有弹性和安全性的深度学习模型，以提高其在减轻对抗性数据注入影响方面的有效性。

相关代码见附录。

5.1.3　基于时空特征增强的光伏预测

基于时空特征增强的光伏预测

1. 问题描述

光伏发电的间歇性、波动性和不确定性使得其预测具有挑战性。为此，本节提出了一种光伏预测方法，旨在精准捕捉光伏数据中的时空模式，特别是季节性和周期性变化等因素。通过增强时空特征的提取能力，模型能够更有效地挖掘数据中的潜在信息，建模复杂的时空依赖关系，从而提高预测精度，减少突变和波动的影响。

2. 方法分类

1) 机器学习方法

机器学习方法通过传统的算法对光伏发电数据进行特征提取和模式识别，实现了一定程度上的预测精度。常用的机器学习算法包括支持向量机、随机森林等。

支持向量机(support vector machine，SVM)：一种有效的分类和回归方法，通过寻找一个最优的超平面来分割数据集，以实现光伏输出功率的高精度预测。

随机森林(random forest，RF)：一种集成学习方法，通过构建多个决策树的集成模型，有效捕捉光伏数据中的复杂关系，提高预测的稳健性。

2)深度学习方法

深度学习方法通过构建多层神经网络结构，自动从原始光伏发电数据中学习复杂的特征表示，无须人工特征提取，能够捕捉到数据中的非线性关系和时间序列动态。常用的机器学习算法包括卷积神经网络、循环神经网络等。

卷积神经网络(CNN)：通过其独特的卷积层和池化层结构，用于光伏预测时能够有效地提取时空特征，识别出数据中的模式和趋势，从而提高预测的准确性。其中，时序卷积网络(temporal convolutional network，TCN)作为CNN的变体，通过其因果卷积结构有效提取局部特征，进而准确识别和预测发电量的变化趋势。

循环神经网络(RNN)：利用其循环单元结构，专门处理时间序列数据，在光伏预测中能够捕捉发电功率的时间依赖性，提高预测的准确性。其中，长短期记忆(LSTM)网络及门控循环单元(gated recurrent unit，GRU)作为RNN的变体，有效记忆并利用时间序列中的长期依赖关系，从而提高了预测的精确度。

3)混合模型方法

混合模型方法通过结合两种或多种不同的预测模型，以集成各自的优势，提高预测的准确度和可靠性，包括深度学习与传统机器学习结合、深度学习中多模型结合等。

深度学习与传统机器学习结合：深度学习模型用于提取复杂的特征表示，随后这些特征作为传统机器学习模型的输入，从而增强模型的预测精度和对未知数据的泛化能力。

深度学习中多模型结合：通常涉及CNN与RNN相结合，CNN负责提取输入数据的空间特征，而RNN则捕捉时间序列数据中的长期依赖关系，使得模型能够同时理解数据在空间和时间两个维度上的变化趋势。

3. *应用流程*

本节将介绍一种时空特征增强的光伏发电预测方法，以实现光伏发电间歇性波动的准确预测。流程图如图5-4所示，具体步骤如下。

步骤1：获取光伏数据。

获取光伏电站15min尺度的发电量数据，这些数据是预测分析的核心，通过保证采集的连续性和准确性，为预测提供高质量的基础数据。

步骤2：进行数据预处理。

在步骤1的基础上，将数据进行数据重组，其中包括：应用相空间重构技术，将历史数据与未来特征结合起来，改善对时间序列长期依赖问题的捕捉。接着，引入位置编码以挖掘序列间规律特征及特征间相关性，有效捕捉周期性特征。此外，利用掩码技术，通过加入被掩盖处左右两边信息，使得预测点后续变化情况得以考虑，进一步优化波动预测的准确性。

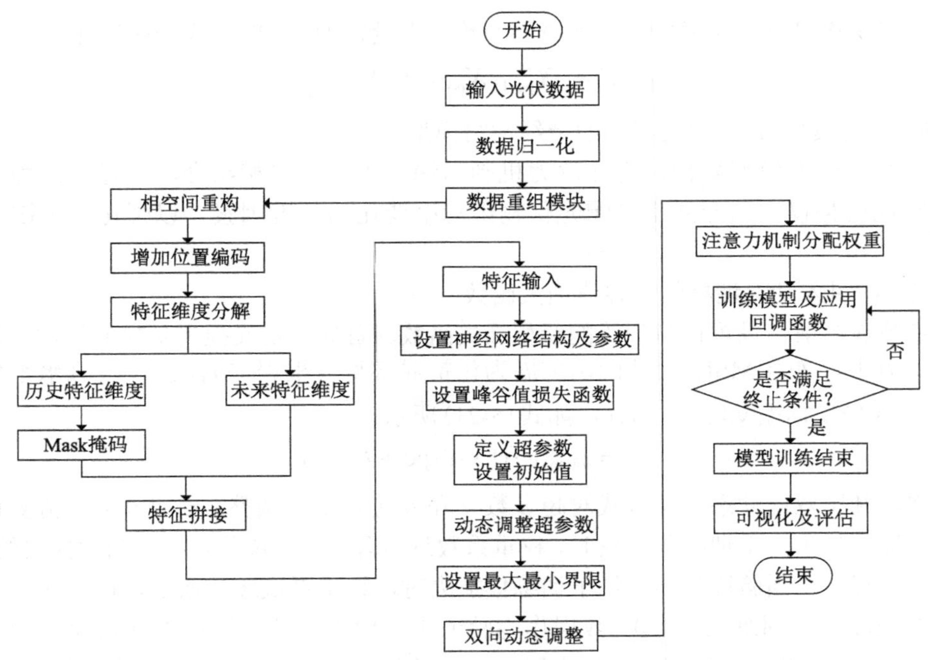

图 5-4　光伏预测流程图

相空间重构技术将一维时间序列 $\boldsymbol{X}=[x_1,x_2,\cdots,x_{n-1},x_n]$ 扩展到高维空间，从而揭示时间序列背后复杂的动态行为，如式(5-18)所示，其中，m 为嵌入维数，即将时间序列扩展到高维空间的维数，用于揭示数据的复杂结构和动态特性。τ 为时间延迟，表示在构建高维矩阵时，从时间序列中提取数据点之间的时间间隔。要注意的是，第一维特征是原始时间序列，可称为历史特征维度；而后面几个维度因引入了时间延迟，因此可称为未来特征维度。

$$\boldsymbol{X}_{\text{reconstrct}}=[\boldsymbol{X}_1,\boldsymbol{X}_2,\cdots,\boldsymbol{X}_m]=\begin{bmatrix} x_1 & x_{1+\tau} & \cdots & x_{1+(m-1)\tau} \\ x_2 & x_{2+\tau} & \cdots & x_{2+(m-1)\tau} \\ \vdots & \vdots & & \vdots \\ x_n & x_{n+\tau} & \cdots & x_{n+(m-1)\tau} \end{bmatrix} \tag{5-18}$$

位置编码技术能够将序列数据中的位置信息有效地融入模型训练过程中，从而使模型有效地识别并捕捉时间序列中的顺序关系。通过位置编码的增强，重构的数据 $\boldsymbol{X}_{\text{reconstrct}}$ 能够为后续的神经网络模型提供更丰富的时序特征，得到带有位置编码的数据 $\boldsymbol{X}_{\text{pos}}$ 如式(5-19)所示。$\boldsymbol{PE}$ 则是与 $\boldsymbol{X}_{\text{reconstrct}}$ 具有相同维度的特定位置编码向量，这里 $\boldsymbol{PE}$ 选用了 4.4.2 节位置嵌入的公式。

$$\boldsymbol{X}_{\text{pos}}=\boldsymbol{X}_{\text{reconstrct}}+\boldsymbol{PE} \tag{5-19}$$

掩码技术通过遮蔽特定数据点，使其在训练过程中利用其两侧的时序信息，从而增强模型对时间序列依赖关系的理解。在本节中，对经过位置编码后 $\boldsymbol{X}_{\text{pos}}$ 的第一维历史特征维度数据进行掩码处理，但其仍保留位置编码的时空相位信息。其次将其与未掩码的维度数据进行拼接，最终形成掩码数据 $\boldsymbol{X}'$，如式(5-20)所示。$\boldsymbol{X}'_{\text{pos1}}$ 为对 $\boldsymbol{X}_{\text{pos1}}$ 进行掩码处理后的数据。掩码操作可进行随机掩码，被掩码的数据点设置为 0，即完成掩码操作。

$$\boldsymbol{X}' = \left[\boldsymbol{X}'_{\text{pos1}}, \boldsymbol{X}_{\text{pos2}}, \cdots, \boldsymbol{X}_{\text{pos}m} \right] \tag{5-20}$$

步骤 3：构建结合注意力机制的神经网络模型。

构建神经网络模型架构，将注意力机制与深度神经网络相结合，通过注意力机制能够自适应地调整权重，专注于影响光伏输出功率变化的关键因素，以强化对关键时间点的识别。

步骤 4：引入动态调参的峰谷值损失函数。

在步骤 5 之前，设置模型训练的新型损失函数。首先，定义损失函数的结构，该函数以传统均方根误差(RMSE)为基础，扩展为包括局部均方根误差 L_{RMSE}、波峰水平坐标差 pd 和波谷水平坐标差 vd 三个部分，如式(5-21)所示：

$$L = L_{\text{RMSE}} \cdot (1 + \alpha \cdot \text{pd} + \beta \cdot \text{vd}) \tag{5-21}$$

其次，利用双向动态调参方式对超参数 α 和 β 进行动态调整，α 和 β 初始值被设定为 0.5，当验证集损失高于训练集损失时，权重系数逐步降低，以减弱峰谷波动对损失的影响，避免模型过拟合；当验证集损失低于训练集损失时，权重系数逐步增加，以强化模型对极端波动的关注。取训练集的 20%数据作为验证集，用于在训练过程中评估模型性能，它不参与模型参数的更新，仅用于调整模型超参数和避免过拟合。此外，对超参数进行一个界限设置，其动态调整范围被限定在 0.1～1.0，以确保调整过程的稳定性与模型训练的效率。

最后，设置回调函数，可以自适应地调整学习率，同时保存训练过程中的最佳效果参数。

步骤 5：模型训练并预测。

模型输入由预处理的时间序列数据组成，经过步骤 2 的数据重组处理。训练过程中，采用步骤 4 的新型损失函数，强调峰谷值(突变值)的变化。通过在独立测试集上验证模型性能，确保其准确预测电力系统光伏数据的峰谷值和其他关键点变化情况。

步骤 6：评估与分析。

在步骤 5 的基础上，通过对比预测结果与实际发电量数据，评估模型的预测性能。此步骤包括计算预测误差和分析预测结果，以量化模型的准确性和可靠性。

4. 典型案例

案例研究对介绍的光伏预测方法进行了全面评估，本节采用容量为 3.73 MW 的实际光伏发电站数据，该数据集被划分为 64%的训练集、16%的验证集和 20%的测试集，目的是确保模型在独立数据上的有效验证，并提升其泛化能力。本节将对 15min 时间分辨率的预测效果进行分析，为全面评估所介绍方法的表现，选取了多种性能指标，包括均方误差(MSE)、均方根误差(RMSE)、平均绝对误差(MAE)、平均绝对百分比误差(MAPE)，以量化 15min 预测的准确性，通过这些指标的综合应用，本节旨在提供对所介绍方法预测性能的全面评价。

均方误差(MSE)：计算预测值与实际值之间的平均平方误差来评估预测的总体误差，如式(5-22)所示：

$$\text{MSE} = \frac{1}{N} \sum_{i}^{N} (\hat{y}_i - y_i)^2 \tag{5-22}$$

均方根误差(RMSE)：RMSE 是 MSE 的平方根，通常用于评估预测结果的准确性，尤其是在预测值分布较广的情况下，如式(5-23)所示：

$$\mathrm{RMSE}=\sqrt{\frac{1}{N}\sum_{i}^{N}(\hat{y}_i-y_i)^2} \tag{5-23}$$

平均绝对误差(MAE)：计算预测值与实际值之间绝对误差的平均值，反映预测结果的绝对误差大小，如式(5-24)所示：

$$\mathrm{MAE}=\frac{1}{N}\sum_{i}^{N}|\hat{y}_i-y_i| \tag{5-24}$$

平均绝对百分比误差(MAPE)：通过计算预测误差的百分比平均值来评估模型的预测精度，如式(5-25)所示：

$$\mathrm{MAPE}=\frac{1}{N}\sum_{i}^{n}\left|\frac{\hat{y}_i-y_i}{y_i}\times 100\right| \tag{5-25}$$

以上性能指标中，N 为数据点的总数，$\hat{y}_i$ 为预测值，y_i 为实际值。通过这些评价指标，能够较为全面地评估负荷预测的性能。

以长短期记忆（LSTM）网络、卷积神经网络(CNN)、时序卷积网络(TCN)三种神经网络模型为例，进行 15min 预测，即模型被训练以预测下一个时间点的数值，以捕捉时间序列数据中的瞬时动态和短期依赖关系，预测结果如图 5-5 所示，性能指标如表 5-8 所示。经过对其性能分析，可以得出以下结论：这三种模型均具有较高的预测精度，能够有效捕捉时间序列数据中的瞬时动态和短期依赖关系。在预测曲线波动突变处，模型表现出了良好的适应能力，预测结果与真实值几乎吻合。从 MSE、RMSE、MAE、MAPE 四个性能指标来看，三种模型的预测误差均控制在 3%以内，说明这三种模型在光伏发电预测方面具有较好的应用价值，能够为光伏发电系统的稳定运行和电力调度提供有力支持。总体而言，LSTM、CNN、TCN 模型在光伏发电预测领域展现出优异的性能，具有广泛的应用前景。

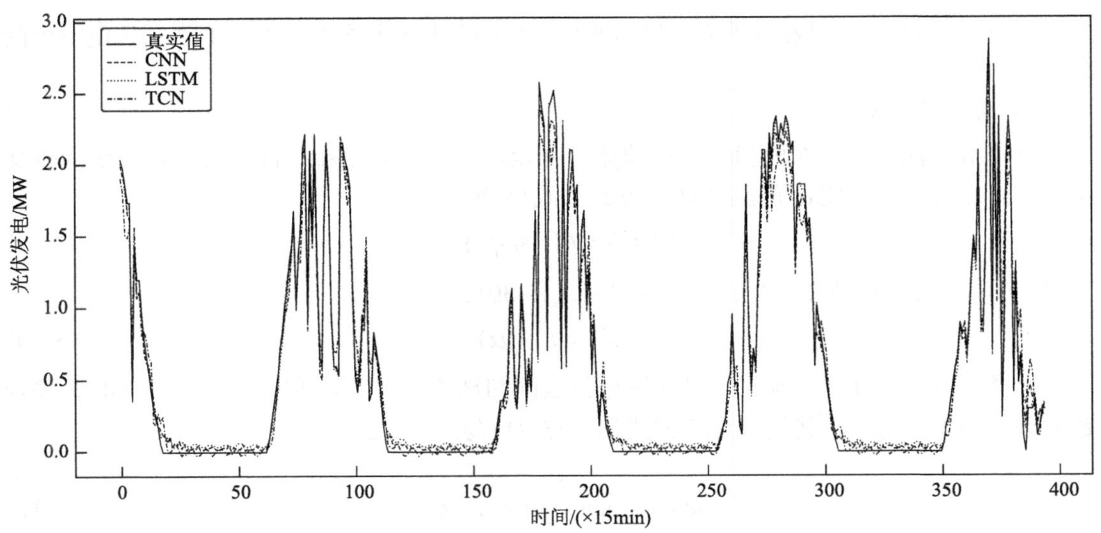

图 5-5　光伏预测效果图

表 5-8　性能指标比较

性能指标	LSTM	CNN	TCN
MSE	0.00052	0.00188	0.00071
RMSE	0.02292	0.04340	0.02674
MAE	0.01732	0.02785	0.01421
MAPE	1.310%	2.006%	1.011%

5.1.4　基于强化学习的极端场景风电概率预测

1. 问题描述

1) 概率预测形式

(1) 置信区间预测。

置信区间代表在给定的置信水平下预测对象可能处在的范围，具体计算方式如式(5-26)和式(5-27)所示。

$$I^{\beta}(x)=[L^{\beta}(x),U^{\beta}(x)] \tag{5-26}$$

$$P\left[y\in I^{\beta}(x)\right]=100\times\beta\% \tag{5-27}$$

式中，$L^{\beta}(x)$ 与 $U^{\beta}(x)$ 分别表示 β 置信水平下预测区间的上边界与下边界；x 表示预测模型的输入变量；y 表示预测对象，即未来时刻的风电出力。

(2) 概率密度函数预测。

概率密度函数预测通常指计算出预测对象在未来时刻的概率密度函数或累积分布函数，其具体计算方式如式(5-28)所示。

$$F(y)=\Pr(Y\leqslant y)=\int_{-\infty}^{y}\kappa(y)\mathrm{d}y \tag{5-28}$$

式中，$\kappa(y)$ 与 $F(y)$ 分别表示预测对象的概率密度函数与累积分布函数；Y 表示风电输出的随机变量。

(3) 分位数预测。

分位数指能够将一个随机变量的概率分布范围划分成几个相等部分的点，对于随机变量 Y，其 α 水平分位数 q^{α} 的具体计算方式如式(5-29)所示：

$$F(q^{\alpha})=P(Y\leqslant q^{\alpha})=\alpha \tag{5-29}$$

其中，$0\leqslant\alpha\leqslant1$，式(5-29)可进一步等效为式(5-30)：

$$q^{\alpha}=F^{-1}(\alpha) \tag{5-30}$$

通常情况下，分位数预测可以通过分位数回归理论实现，即通过最小化 Pinball 损失函数来获取模型参数 $\boldsymbol{\varphi}$，其具体计算方式如式(5-31)与式(5-32)所示。

$$\boldsymbol{\varphi}=\underset{\boldsymbol{\varphi}}{\arg\min}\sum_{i=1}^{N}\rho_{\alpha}(y_i-\boldsymbol{\varphi}x_i) \tag{5-31}$$

$$\rho_\alpha(x)=\begin{cases}\alpha x, & x\geqslant 0\\(\alpha-1)x, & x<0\end{cases} \tag{5-32}$$

式中，$x_i\in\mathbb{R}^n$ 与 $y_i\in\mathbb{R}$ 分别表示训练样本的输入和输出，$i=1, 2,\cdots, N$，N 代表样本数。通过设置合理的分位数间隔，并获取到风电出力在不同分位水平下的分位数后，即可估计其概率分布情况，如式(5-33)所示：

$$F_i=\left\{q_i^{\alpha_r}\middle|0\leqslant\alpha_1\leqslant\cdots\leqslant\alpha_r\leqslant\cdots\leqslant\alpha_R\leqslant 1\right\} \tag{5-33}$$

通常情况下，区间预测只能给出风电功率的波动范围，而无法获得有关概率分布的较为全面完整的信息，且区间预测往往依赖于点预测的结果。概率密度函数预测往往假定风电功率满足某一给定的概率分布，并在此基础上对未知参数进行估计，其预测结果与实际情况之间往往存在较大偏差。

相比于区间预测与密度预测，分位数预测可以计算得到风电功率在未来时刻的一组分位点，通过设置合理的分位点间隔，即可完整地描述预测对象概率分布的详细情况，从而得到有关概率分布的完整信息。因此，基于分位数的风电概率预测在近年来受到了较为广泛的关注。

2) 概率预测评估指标

以分位数预测为例，目前较为常用的分位数预测结果的评价指标可分为可靠性指标、锐度指标、技能分数指标三种。

(1) 可靠性指标。

可靠性指标表示为预测得到的各分位数与理论分位数等级 α 之间的偏差，可用来反映预测结果与实际统计情况之间的契合程度，被认为是用于验证非参数概率预测方法准确性的主要特性，可靠性指标的绝对值越小，代表可靠性越高。具体地，可靠性指标如式(5-34)与式(5-35)所示。

$$I_R=\sum_{h=1}^{H}\left|\frac{1}{N}\sum_{i=1}^{N}\eta_h(i)-\alpha_h\right| \tag{5-34}$$

$$\eta_h(i)=\begin{cases}1, & y_i\leqslant q_i^{\alpha_h}\\0, & y_i>q_i^{\alpha_h}\end{cases} \tag{5-35}$$

式中，α_h $(h=1,2,\cdots,H)$ 表示不同的分位数水平；$h=1,2,\cdots,H$ 表示不同的置信度。

(2) 锐度指标。

非参数概率预测需要考虑锐度，即不同置信度下预测区间之间的宽度。当非参数概率预测采用分位数形式时，锐度指标可用对应置信度的双侧分位数之差来表示，其具体计算方式如式(5-36)所示。

$$I_W=\frac{1}{N}\sum_{i=1}^{N}\sum_{h=1}^{H/2}(q_i^{\alpha_{1-h}}-q_i^{\alpha_h})^2 \tag{5-36}$$

(3) 技能分数指标。

在非参数概率预测研究中，技能分数指标通常用于评估概率预测结果的整体性能，包括预测准确性、可靠性、锐度等多个方面。通常情况下，该参数的绝对值越小，表明非参数概率预测的整体性能越好。具体地，当非参数概率预测采用分位数形式时，可将技能分数评价指标定义为式(5-37)所示。

$$I_C = \frac{1}{N}\sum_{i=1}^{N}\sum_{h=1}^{H}\left(1[y_i \leqslant q_i^{\alpha_h}] - \alpha_h\right)\left(y_i - q_i^{\alpha_h}\right) \tag{5-37}$$

式中，1[ ]表示函数，当自变量大于 0 时函数取 1。

2. 强化学习

基于策略-评价(actor-critic)的强化学习方法结合了传统的基于值函数的强化学习方法与基于策略的强化学习方法的优势，同时将策略函数和价值函数参数化，并在训练过程中对模型进行更新，近年来在动态学习中受到关注[22]，为提升智能系统的自学习能力与未知环境交互能力，通过环境对不同行为的评价性反馈信号来逐渐强化与完善学习系统的行为奠定了理论基础。

1)基于价值的强化学习方法

基于价值的强化学习方法的基本原理是构建价值评估函数，并在策略迭代和值迭代的过程中利用值函数来不断评估和改进策略，从而实现根据给定状态选择回报最大的动作的目标。

奖赏函数是智能体在与环境交互的过程中获取的一个标量信号，可以表明智能体的预测效果的好坏，以及当前策略距离最优策略(表示为 $\boldsymbol{\pi}^*$)的远近，其表示形式与实际物理含义取决于具体任务。当智能体针对某状态做出动作后，环境更新至新状态，并给出奖赏值(强化信号)，为策略选择提供依据。假设在时刻 t，环境的状态定义为 s_t，根据状态 s_t 求得的动作值为 a_t，奖励值为 r_t，则可得此时的折扣回报如式(5-38)所示。

$$u_t = r_t + \gamma r_{t+1} + \gamma^2 r_{t+2} + \gamma^3 r_{t+3} + \cdots \tag{5-38}$$

式中，γ 表示折扣因子。由式(5-38)可以发现，较后得到的奖励，得到的折扣较多。这说明强化学习更希望得到现有的奖励，对未来的奖励要打折扣。

进一步，可构建动作价值函数，其具体表达形式如式(5-39)所示。

$$Q_{\boldsymbol{\pi}}(s_t, a_t) = E\left[U_t \middle| S_t = s_t, A_t = a_t\right] \tag{5-39}$$

式中，$\boldsymbol{\pi}$ 表示当前策略。根据式(5-38)与式(5-39)，可知动作价值函数满足式(5-40)：

$$Q_{\boldsymbol{\pi}}(s_t, a_t, \boldsymbol{\omega}_t) = r_t + \gamma \cdot Q_{\boldsymbol{\pi}}(s_{t+1}, a_{t+1}, \boldsymbol{\omega}_t) \tag{5-40}$$

在深度强化学习中，可通过构建动作价值神经网络，实现给定状态时的动作价值评估，动作价值神经网络的表达形式如式(5-41)所示。

$$\boldsymbol{q}(a, s, \boldsymbol{\omega}) \tag{5-41}$$

式中，$\boldsymbol{\omega}$ 表示网络参数。

通常情况下，可通过 Temporal Difference(TD)算法来实现动作价值神经网络参数的迭代与更新，从而实现不断与未知环境交互，其具体的环境交互流程如下。

(1)观察给定状态 s_t，根据决策函数做出响应动作 a_t。

(2)根据动作价值神经网络，计算当前时刻价值 q_t，计算方式如式(5-42)所示：

$$q_t = \boldsymbol{q}_{\boldsymbol{\pi}}(s_t, a_t, \boldsymbol{\omega}_t) \tag{5-42}$$

(3)计算动作价值网络的梯度，计算方式如式(5-43)所示：

$$\boldsymbol{d}_t = \left.\frac{\partial \boldsymbol{q}(s_t, a_t, \boldsymbol{\omega})}{\partial t}\right|_{\omega=\omega_t} \tag{5-43}$$

(4) 计算奖励 r_t，过渡到新的环境状态 s_{t+1}。

(5) 计算目标，具体计算方式如式(5-44)所示：

$$y_t = r_t + \gamma \cdot \max_a \boldsymbol{q}(s_{t+1}, a, \boldsymbol{\omega}_t) \tag{5-44}$$

(6) 动作价值网络参数更新，如式(5-45)所示。

$$\boldsymbol{\omega}_{t+1} = \boldsymbol{\omega}_t - \varepsilon_1 \cdot (q_t - y_t) \cdot \boldsymbol{d}_t \tag{5-45}$$

式中，ε_1 表示动作价值神经网络的学习率。

2) 基于策略的强化学习方法

策略决定了在给定状态下智能体所采取的动作，是强化学习的核心部分，策略的好坏决定了强化学习的整体性能。在允许策略集合中找出使问题具有最佳效果的策略 $\boldsymbol{\pi}^*$，称为最优策略。基于策略的强化学习方法的基本原理是构建最优策略函数，并在策略迭代和值迭代的过程中利用策略函数来评估和改进策略，从而根据给定状态直接确定最优动作。

由动作价值函数(5-40)，可进一步构建状态价值函数，具体计算方式如式(5-46)和式(5-47)所示。

$$V_{\boldsymbol{\pi}}(s_t) = E_{\bar{A}}\left[Q_{\boldsymbol{\pi}}(s_t, \bar{A})\right] = \sum_a \boldsymbol{\pi}(a|s_t) \cdot Q_{\boldsymbol{\pi}}(s_t, a) \tag{5-46}$$

$$\bar{A} \sim \boldsymbol{\pi}(\cdot|s_t) \tag{5-47}$$

在深度强化学习中，可通过构建策略神经网络，直接确定给定状态时的输出动作，策略神经网络的具体形式如式(5-48)所示。

$$\boldsymbol{\pi}(a|s_t, \boldsymbol{\theta}) \tag{5-48}$$

式中，$\boldsymbol{\theta}$ 表示策略神经网络参数。

根据策略神经网络(5-48)，状态价值函数可进一步表示为

$$V(s_t, \boldsymbol{\theta}) = \sum_a \boldsymbol{\pi}(a|s_t, \boldsymbol{\theta}) \cdot Q_{\boldsymbol{\pi}}(s_t, a) \tag{5-49}$$

基于策略的强化学习方法的目的是求取参数 $\boldsymbol{\theta}$，从而获取最大的状态价值函数值，具体计算方式如式(5-50)所示。

$$\max_{\boldsymbol{\theta}} \boldsymbol{K}(\boldsymbol{\theta}) = E_{s_t}\left[V(s_t, \boldsymbol{\theta})\right] \tag{5-50}$$

通常情况下，可通过策略梯度上升(policy gradient ascent)算法来实现动作价值神经网络参数的迭代与更新，从而不断与未知环境交互，其具体流程如下。

(1) 观察给定状态 s_t，根据策略函数做出响应动作 a_t。

(2) 估计当前时刻价值 q_t。

(3) 计算策略梯度，如式(5-51)与式(5-52)所示：

$$\boldsymbol{d}_{\boldsymbol{\theta},t} = \left.\frac{\partial \log \boldsymbol{\pi}(a_t|s_t, \boldsymbol{\theta})}{\partial \boldsymbol{\theta}}\right|_{\boldsymbol{\theta}=\boldsymbol{\theta}_t} \tag{5-51}$$

$$\boldsymbol{G}(a_t, \boldsymbol{\theta}_t) = q_t \cdot \boldsymbol{d}_{\boldsymbol{\theta},t} \tag{5-52}$$

(4) 策略神经网络参数更新，如式(5-53)所示：

$$\boldsymbol{\theta}_{t+1} = \boldsymbol{\theta}_t + \varepsilon_2 \cdot \boldsymbol{G}(a_t, \boldsymbol{\theta}_t) \tag{5-53}$$

式中，ε_2表示策略神经网络的学习率。

3) 基于策略-评价的强化学习方法

如上所述，基于价值的强化学习方法旨在学习状态-动作价值函数，选择相应的行动；基于策略的强化学习方法通过参数化策略函数直接学习策略。基于策略-评价的强化学习方法则结合了前述两种方法的优点，将策略函数和价值函数参数化，并在训练过程中同步进行更新，近年来在动态学习中受到广泛关注。

根据式(5-38)～式(5-53)，可得基于策略-评价强化学习方法与未知环境的交互流程如下。

(1) 观察给定状态 s_t，根据策略函数做出响应动作 a_t。

(2) 估计当前时刻奖励值 r_t，更新状态 s_{t+1}，根据 t 时刻策略函数生成 a_{t+1}。

(3) 计算价值函数，如式(5-54)与式(5-55)所示：

$$q_t = \boldsymbol{q}(s_t, a_t, \boldsymbol{\omega}_t) \tag{5-54}$$

$$q_{t+1} = \boldsymbol{q}(s_{t+1}, a_{t+1}, \boldsymbol{\omega}_t) \tag{5-55}$$

(4) 计算 TD 误差，如式(5-56)所示：

$$\delta_t = q_t - (r_t + \gamma \cdot q_{t+1}) \tag{5-56}$$

(5) 利用 TD 算法更新价值网络参数，具体计算方式如式(5-43)所示。

(6) 利用策略梯度上升算法更新价值网络参数，具体计算方式如式(5-51)所示。

4) 深度确定性策略梯度算法

深度强化学习算法基于传统的策略-评价交互策略提出，融合了深度学习的感知能力和深度强化学习的决策能力，实现了对高维动作空间中复杂控制问题的直接控制。作为一种新兴的深度强化学习算法，深度确定性策略梯度(deep deterministic policy gradient, DDPG)算法被证明具有较高的非线性拟合能力和计算效率，可达到较好的环境交互效果。

与传统的基于策略-评价的交互策略相比，深度确定性策略梯度算法有以下三方面的改进。

(1) 该算法首先利用经验缓冲区作为记忆设备存储历史转换(transition)，然后从经验缓冲区中随机抽取并进行学习，因此，该方法相比于传统策略-评价算法具有训练效率高的优势。

(2) 建立行动者和批评者各自的目标网络，削弱动作价值函数的过估计，因此，深度确定性策略梯度算法中共有 4 个神经网络，分别定义为原始策略网络与原始价值网络、影子策略网络与影子价值网络。

(3) 两个目标网络的参数不再直接从原始网络复制，而是通过缓慢跟踪原始网络来更新。这种软更新策略可以抑制目标网络参数的快速变化，从而保证训练过程的稳定性。

具体地，在基于深度确定性策略梯度算法的策略网络与价值网络参数更新策略中，首先根据式(5-48)与式(5-56)，构建初始化策略网络和价值网络，如式(5-57)与式(5-58)所示，并同时构建影子策略网络 $\boldsymbol{\pi}'$和影子价值网络 $\boldsymbol{q}'$。

$$\boldsymbol{\pi}\left(a \middle| s, \boldsymbol{\theta}_0\right) \tag{5-57}$$

$$\boldsymbol{q}\left(a, s, \boldsymbol{\omega}_0\right) \tag{5-58}$$

式中，$\boldsymbol{\theta}_0$ 和 $\boldsymbol{\omega}_0$ 分别表示策略网络和价值网络参数的初始值。

获取某时刻状态 s_i，根据状态及随机噪声，通过策略网络产生动作输出，如式(5-59)所示：

$$a_i = \boldsymbol{\pi}\left(s_i \middle| \boldsymbol{\theta}\right) + \vartheta \tag{5-59}$$

式中，ϑ 表示施加于策略输出中的随机噪声。

根据式(5-57)～式(5-59)，强化学习智能体执行动作，并计算奖励值 r_i，过渡到新状态 s_{i+1}。在完成单步环境交互后，将转换(transition)(s_i, a_i, r_{i+1}, a_{i+1})添加至经验回放池中。其中，经验回放池的规模定义为 N'，主要功能为作为记忆设备来存储历史转换。

进一步地，从经验缓冲区中随机抽取 transition 进行学习，实现价值网络与策略网络参数更新。首先从经验回放池中随机抽取 transitions，记作(s_l, a_l, r_{l+1}, s_{l+1})，并计算 q 参照值，如式(5-60)所示：

$$\overline{y}_l = r_{l+1} + \gamma \boldsymbol{q}'\left(s_{l+1}, \boldsymbol{\pi}'(s_{l+1} \middle| \boldsymbol{\theta}') \middle| \boldsymbol{\omega}'\right) \tag{5-60}$$

基于式(5-60)，更新价值网络与策略网络参数，如式(5-61)和式(5-62)所示：

$$\frac{1}{N'}\sum_l \left(\overline{y}_l - \boldsymbol{q}(s_l, a_l | \boldsymbol{\omega})\right)^2 \tag{5-61}$$

$$\nabla_{\theta_\pi} \boldsymbol{J} = \frac{1}{N'}\sum_l \nabla_a \boldsymbol{q}(s, a|\boldsymbol{\omega})\Big|_{s=s_l, a=\boldsymbol{\pi}(s_l)} \nabla_{\theta_\pi} \boldsymbol{\pi}(s|\boldsymbol{\theta})\Big|_{s=s_l} \tag{5-62}$$

更新影子策略网络 $\boldsymbol{\pi}'$ 和影子价值网络 $\boldsymbol{q}'$ 的参数，如式(5-63)所示：

$$\begin{cases} \boldsymbol{\omega}' = \tau\boldsymbol{\omega} + (1-\tau)\boldsymbol{\omega}' \\ \boldsymbol{\theta}' = \tau\boldsymbol{\theta} + (1-\tau)\boldsymbol{\theta}' \end{cases} \tag{5-63}$$

式中，τ 表示参数更新的权重因子。

3. *应用流程*

基于强化学习的极端场景风电功率概率预测方法总体框架如图 5-6 所示[23]。

首先，针对极端场景风电出力全过程，构建突变特性评估指标。进而，以突变指标值为基准值，引入分位数回归损失函数构建误差评价模型，有效量化预测偏差。在此基础上，介绍基于深度确定性策略梯度算法的分位数拟合模型，以最小化长期误差反馈为目标，利用强化学习生成经验回放池，通过提取关键历史状态转移向量构建小数据集下有效训练样本，进而通过小批量学习方式更新与调整模型参数，实现极端场景突变风电出力的概率预测。

4. *典型案例*

本节以中国实际风电场的出力情况为例开展算例分析，说明所介绍方法的有效性，共选取 8 个风电场，分别编号为风电场 1#～8#。其中，所采集数据为 2018 年 1 月至 2021 年 6 月各风电场的总发电功率，数据的分辨率为 15min，算例的预测时间尺度为未来 30min 的超短期概率预测。选取真实极端寒潮事件作为验证集，验证本节所介绍的基于强化学习的极端场景风电概率预测方法的有效性。

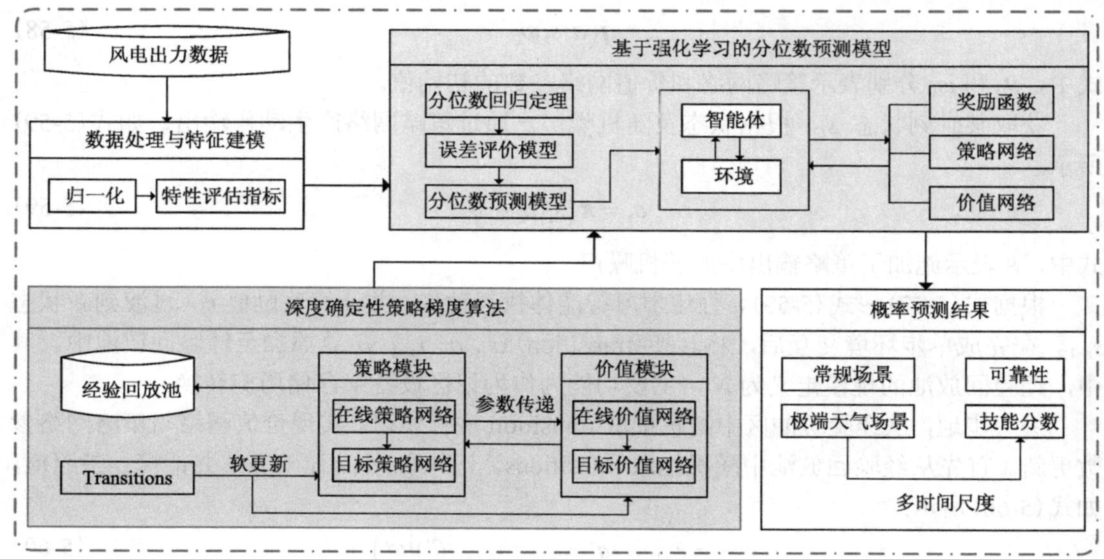

图 5-6　基于强化学习的极端场景风电功率概率预测方法计算流程

在 30 min 预测时间尺度下，风电场 1#～3#的寒潮场景概率预测结果如图 5-7 所示。可以发现，本节所介绍的基于强化学习的风电概率预测方法在寒潮场景下具有较好的预测效果，尤其是在出力发生大幅突变的节点处，所得分位数可以有效地包含实际风电出力。

以风电场 2#～5#为例，对比预测时间尺度分别为 30min 与 2h 时不同概率预测方法的有效性，其分析结果如表 5-9～表 5-12 所示，其中，表 5-9 与表 5-11 为 30min 时间尺度下不同方法的性能评价指标计算结果，表 5-10 与表 5-12 为 2h 时间尺度下不同方法的性能评价指标计算结果。由计算结果可得，无论是针对常规场景还是极端寒潮场景，迁移学习与强化学习获得的可靠性与技能分数均比其他方法低，在不同的预测时间尺度下保持优势，且强化学习在寒潮场景下的优势更为明显；此外，以表 5-11 与表 5-12 中的风电场 4#为例，当预测时间尺度增加到 2h 时，相比于 30min 预测时间尺度，基于强化学习的性能评价指标的值受到的影响较小，而其他方法的性能评价指标受到的影响则相对较大。

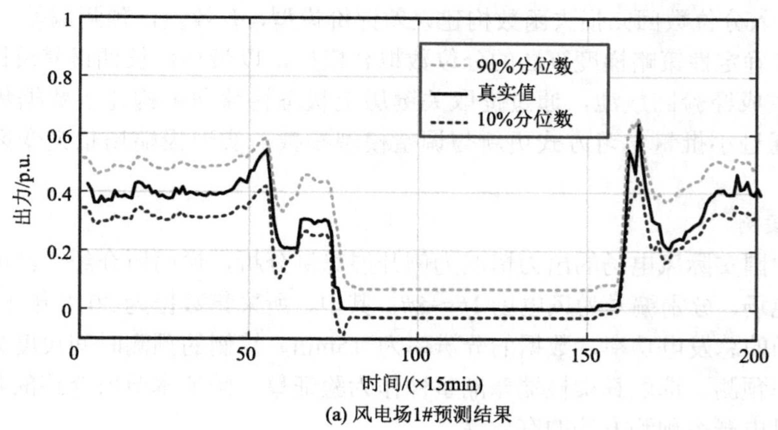

(a) 风电场1#预测结果

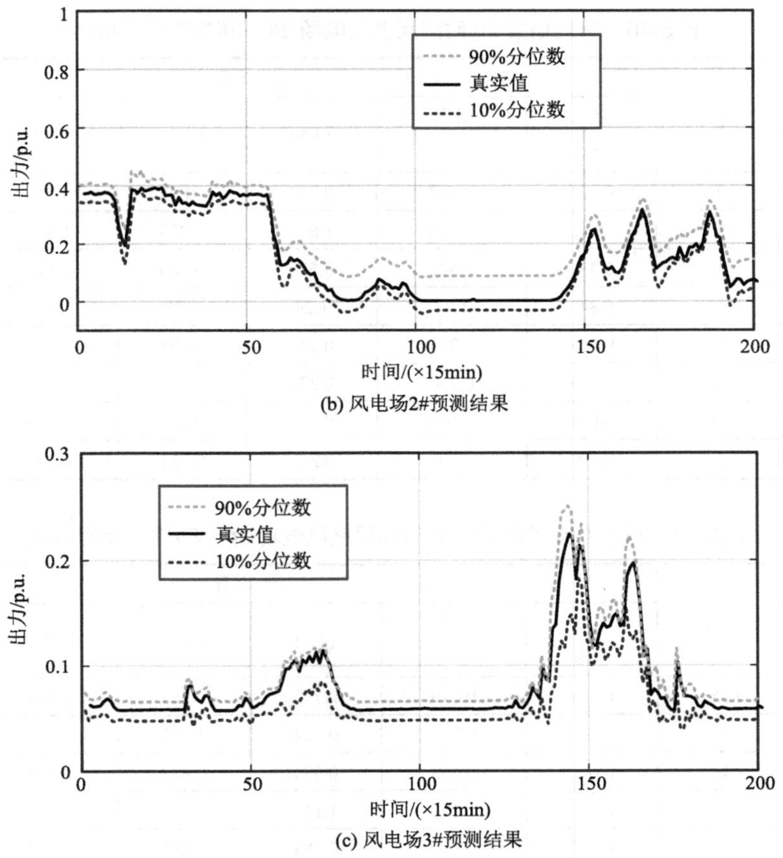

(b) 风电场2#预测结果

(c) 风电场3#预测结果

图 5-7　极端寒潮场景风电概率预测结果

表 5-9　常规场景 30min 时间尺度风电场 2#～5#性能评价指标

指标名称	编号	方法名称					
		强化学习	迁移学习	ELM	CNN	LSTM	BPNN
可靠性	2#	0.70	0.72	0.92	0.85	1.15	1.03
	3#	0.58	0.69	0.71	0.77	0.88	1.11
	4#	0.36	0.42	0.45	0.50	0.59	0.55
	5#	0.92	1.09	1.13	1.23	1.25	1.27
技能分数	2#	0.088	0.098	0.099	0.101	0.101	0.102
	3#	0.132	0.135	0.142	0.185	0.159	0.167
	4#	0.051	0.054	0.055	0.066	0.059	0.055
	5#	0.176	0.179	0.181	0.186	0.183	0.190

注：ELM 代表极限学习机(extreme learning machine)；BPNN 代表反向传播神经网络(back propagation neural network)。

表 5-10　常规场景 2h 时间尺度风电场 2#～5#性能评价指标

指标名称	编号	方法名称					
		强化学习	迁移学习	ELM	CNN	LSTM	BPNN
可靠性	2#	0.626	0.753	0.772	0.805	0.806	0.783
	3#	1.002	1.765	1.801	1.825	1.832	1.868
	4#	0.330	0.520	0.550	0.560	0.570	0.610
	5#	0.840	1.21	1.24	1.28	1.32	1.34
技能分数	2#	0.227	0.235	0.241	0.238	0.247	0.249
	3#	0.247	0.270	0.276	0.295	0.271	0.288
	4#	0.061	0.104	0.112	0.115	0.135	0.121
	5#	0.196	0.209	0.213	0.221	0.245	0.211

表 5-11　极端寒潮场景 30min 时间尺度风电场 2#～5#性能评价指标

指标名称	编号	方法名称					
		强化学习	迁移学习	ELM	CNN	LSTM	BPNN
可靠性	2#	0.581	0.719	0.759	0.953	0.901	1.011
	3#	0.700	0.819	0.824	1.013	0.930	0.868
	4#	0.603	0.653	0.694	0.822	0.678	0.709
	5#	0.685	1.100	1.140	1.123	1.196	1.201
技能分数	2#	0.152	0.181	0.183	0.187	0.187	0.192
	3#	0.228	0.234	0.238	0.328	0.242	0.289
	4#	0.141	0.156	0.167	0.226	0.146	0.186
	5#	0.139	0.171	0.184	0.185	0.174	0.192

表 5-12　极端寒潮场景 2h 时间尺度风电场 2#～5#性能评价指标

指标名称	编号	方法名称					
		强化学习	迁移学习	ELM	CNN	LSTM	BPNN
可靠性	2#	0.565	0.621	0.653	0.743	0.813	0.762
	3#	0.416	0.806	0.814	0.815	0.878	0.857
	4#	0.623	0.713	0.803	0.867	0.932	0.912
	5#	0.712	1.234	1.153	1.192	1.337	1.111
技能分数	2#	0.281	0.287	0.290	0.314	0.301	0.294
	3#	0.423	0.449	0.451	0.457	0.467	0.465
	4#	0.182	0.216	0.193	0.246	0.324	0.231
	5#	0.163	0.211	0.201	0.256	0.275	0.245

5.2　用户用能画像中的应用

用户用能画像在智能电网中占据核心地位，它通过分析用户的用电行为，助力电力公司合理分配电力资源，进而提升电网的运行效率和稳定性。详尽的用电数据是构建用户用能画像的基础，这些数据主要来源于智能电表(smart meters)和非侵入式负荷监测(non-intrusive load monitoring，NILM)。

智能电表的大规模部署为收集用户用电数据提供了便利，这些数据成为刻画用户用能画像的重要支撑。智能电表不仅记录了用电量和时间，还支持自动化计费和定价，同时在住宅负荷建模、预测和需求响应等多个方面发挥作用。非侵入式负荷监测技术则通过分析总负荷电表数据，无须为每个设备安装传感器，便能识别其工作状态，这一方法节省成本，减少线路改造的麻烦，并保护用户隐私，广泛应用于故障诊断、窃电检测和设备状态监控等方面。

尽管智能电表提供了大量数据，但这些数据在完整度和颗粒度上存在不足。为此，本节将首先介绍利用人工智能技术修复用户负荷画像的方法，以补充和完善用能数据。接着，将探讨如何通过超分辨率感知技术将低频数据转换为高频数据，以获得更细致的用电信息。此外，本节还将介绍基于深度神经网络的工业设备识别方法，该方法利用 NILM 采集的高频总口数据，实现对工业设备在多时间尺度上的用电解析。

5.2.1　用户负荷画像修复

用户负荷画像修复

1. 问题描述

准确、完整的负荷数据对于高级负荷数据分析和负荷管理至关重要，特别是对于负荷预测和用户用能模式分析的研究。然而，在数据采集过程中，由于硬件老化、测量环境恶劣等，不可避免地会发生数据缺失。数据缺失将导致大量信息丢失，严重影响分析模型和数据驱动模型的性能。原始负荷数据可以定义为从 t_1 到 t_M 的一维时间序列 $L_{\text{load}}=\{l_1,l_2,\cdots,l_M\}$，其中不可避免地会出现缺失数据 l_m，$m\in\{1,2,\cdots,M\}$。因此整个序列可以看作由两部分构成：$L_{\text{load}}=L_e\cup L_m$。$L_e$ 是 L_{load} 中现有的数据，L_m 则代表 L_{load} 中需恢复的数据。因此，负荷数据恢复问题可以表述为

$$\widetilde{L}_m=F\left(L_e,\theta_{\text{optimal}}\right) \tag{5-64}$$

式中，$\widetilde{L}_m$ 是根据现有的数据 L_e 和所选算法 F 及其最优参数 θ_{optimal} 计算所得。

2. 方法分类

常用的处理缺失数据问题的方法主要包括传统统计学方法和基于机器学习的方法两类。传统统计学方法，依靠从现有数据中拟合和估计缺失数据，而基于机器学习的方法，通过训练神经网络(NN)，将不完整数据输入模型以输出完整数据。

1) 传统统计学方法

均值法：通过计算变量所有非缺失值的平均值，然后用这个平均值来填充缺失值。这种方法假设缺失数据与其他观测数据具有相同的均值，适用于缺失数据较少且变量分布较为均匀的情况。

线性插值：通过构建相邻已知数据点之间的直线来估计缺失值。该方法假设数据在两个已知点之间呈线性变化，即数据的增减速率保持恒定。具体操作时，首先找到缺失值前后的两个数据点，然后计算这两点间的斜率，进而根据斜率和其中一个点的数据来确定直线方程，并将缺失点的位置代入方程中，从而得到缺失数据的估计值。

回归分析：利用数据集中其他相关变量来预测缺失变量的值。具体操作步骤为：首先，根据已有的完整数据建立回归模型，其中缺失变量作为因变量，其他相关变量作为自变量；然后，使用回归模型对含有缺失值的记录进行预测，从而填补缺失值。回归分析法包括线性回归、逻辑回归等多种形式，可根据数据类型和分析目标选择合适的回归模型。

K 最近邻(k-nearest neighbors，KNN)：一种基于相似度的缺失数据恢复方法。其基本思想是，对于含有缺失值的样本，找到与之最相似的 K 个非缺失样本(即“邻居”)，然后根据这些邻居的对应属性值来预测缺失值。相似度的度量通常采用欧氏距离、曼哈顿距离或余弦相似度等。KNN 填充法的关键在于选择合适的 K 值，以及确定如何从邻居中综合信息来填充缺失值，如可以取平均值、中位数或通过加权平均等方式。

2)机器学习

极限学习机(ELM)法：一种基于单隐层前馈神经网络(SLFN)的数据恢复方法，其基本原理是通过随机生成网络的输入权重和隐层偏置，仅需设置隐层节点数目，便可获得最优的输出权重，从而实现对缺失数据的预测和填充。在恢复缺失数据时，ELM 法将完整数据作为训练样本，通过学习输入与输出之间的映射关系，预测缺失值。

长短期记忆（LSTM）网络：LSTM 网络通过其独特的门控结构，能够有效地学习长期依赖关系，从而在时间序列数据中捕捉到重要的信息。在恢复缺失数据时，LSTM 网络能够利用前后时间点的数据信息，通过训练学习序列的内在规律，预测并填充缺失值。

3. *应用流程*

受图像修复的启发，本节将根据一维负荷数据构建二维负荷图像，介绍基于改进 U-Net 的负荷画像修复方法[24]。并且针对负荷画像的特点，采用浅层 U-Net 并引入残差网络(ResNet)和卷积块注意模块(CBAM)。具体步骤如下。

1)数据集准备

首先将一维的负荷时间序列做归一化处理，然后增加一个时间维度构建二维负荷图像，对于完整的负荷图像模拟随机点缺失和连续缺失，构建匹配模型输入图像与目标输出图像的数据集，划分训练集与测试集。

2)改进 U-Net 模型构建

经典 U-Net 是一种完全卷积神经网络，具有对称的 U 形结构以及跳跃连接的编码-解码结构特点。图 5-8 为改进 U-Net 结构示意图。采用由一系列 Resblock 组成的 ResNet 与 U-Net 相结合，通过一系列卷积层将编码器的特征传递给解码器。可以使编码器和解码器功能之间的语义差距减少，进一步增加模型的深度，增强学习能力，并防止梯度消失或梯度爆炸。CBAM 是一个轻量级通用模块，可以无缝集成到任何 CNN 架构中，开销忽略不计，并且可以与基本 CNN 一起进行端到端训练。U-Net 的跳跃连接将编码器和解码器的功能串联起来。基于给定融合特征图(feature map)，CBAM 沿着通道(channel)和空间(spatial)两个单独的维度依次推断注意力图(attention map)，然后将注意力图乘以输入特征图进行自适应特征细化，使网络聚焦于特征图中缺失负荷图像对应的特征。改进 U-Net 网络核心代码见附录。

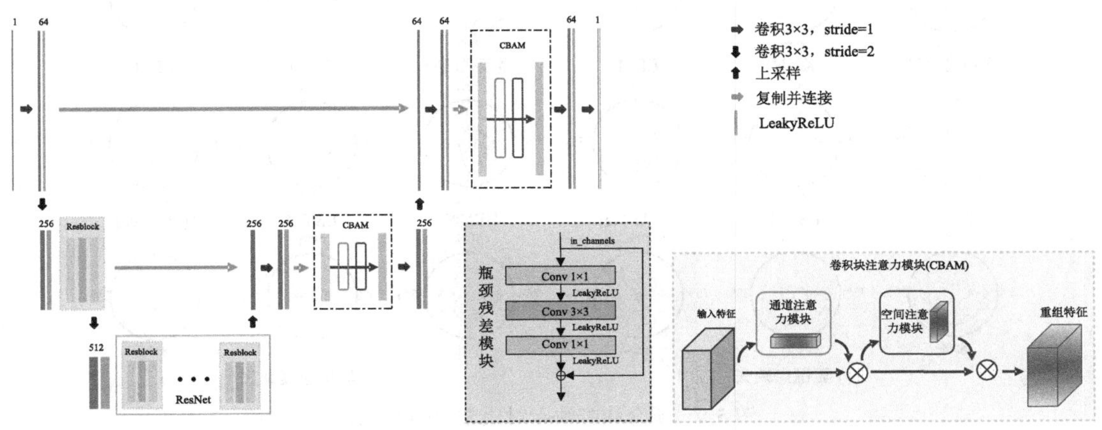

图 5-8　改进 U-Net 结构

3) 模型训练与恢复结果评估

采用绝对拟合误差作为模型训练的损失函数，将数据集分成小批次训练。模型训练结束后，采用平均绝对误差(MAE)来评估数据恢复的准确性，并进一步使用图像评估的指标结构相似性(SSIM)来评估负荷特性恢复的相似性。

4. 典型案例

将所介绍方法使用实际工业负荷数据集进行验证，该数据集包括来自 14 家工业企业的负荷数据，涵盖玻璃制造、食品和化工、电子和汽车零部件生产等行业。该数据集记录了 2019 年 10 月至 2020 年 9 月全年每分钟采集的每台设备的实时负荷数据。其中，一半以上的企业有 50%以上的数据缺失，最高的缺失率接近 80%。为了将改进 U-Net 与其他模型的性能进行比较，传统方法，包括线性插值、均值法、邻近值、多项式回归、KNN 和三种 NN 方法(ELM、BPNN 和 LSTM)被选为对比方法，随机点缺失率和连续缺失率分别设置为 25%、50%、75%和 85%。

图 5-9 是所有方法在不同缺失率和缺失模式下的 MAE 结果，其中图(a)是随机点缺失，图(b)是随机连续缺失。可以得出结论，无论是在较低的缺失率还是高缺失率，随机点缺失还是连续缺失的情况下，所介绍的改进 U-Net 在恢复精度上都优于其他数据恢复方法。特别是在 85%的缺失率和连续缺失情况下，该方法仍然具有较高的数据恢复能力。

图 5-10 通过热图直观显示各种方法的 SSIM 值。可以看出，在所有缺失情况下，改进 U-Net 总是最深的灰色(非常接近 1)，这意味着所介绍的方法具有最高的负荷特性恢复相似性。此外，与其他方法一样，SSIM 值不会随着缺失率的增加而显著降低，这意味着该方法对缺失数据的缺失程度不太敏感，对不同的缺失情况更为稳健。

解决高缺失程度下的负荷缺失数据恢复问题，特别是长时间连续缺失，仍然是一项艰巨的挑战。本节将负荷缺失数据恢复问题转化为负荷图像修复问题，介绍一种改进的基于

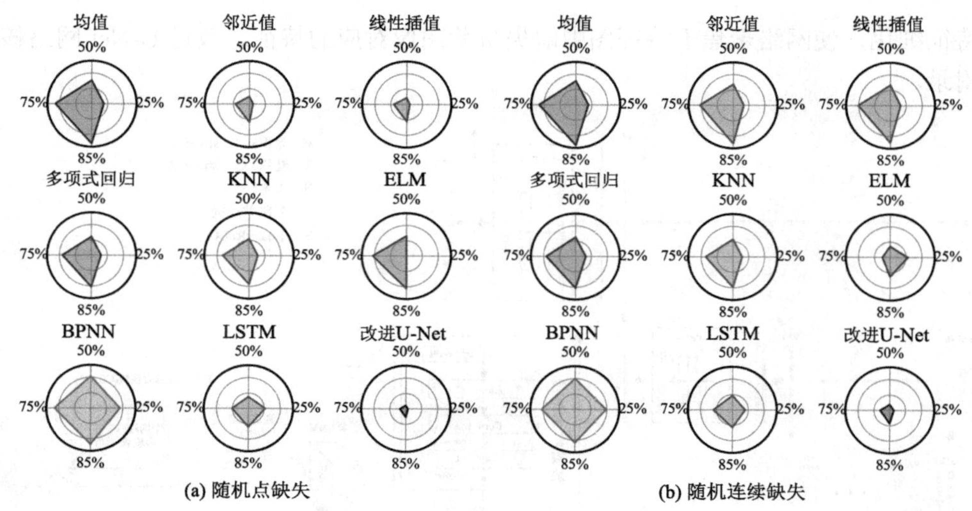

图 5-9　所介绍方法和对比方法的 MAE

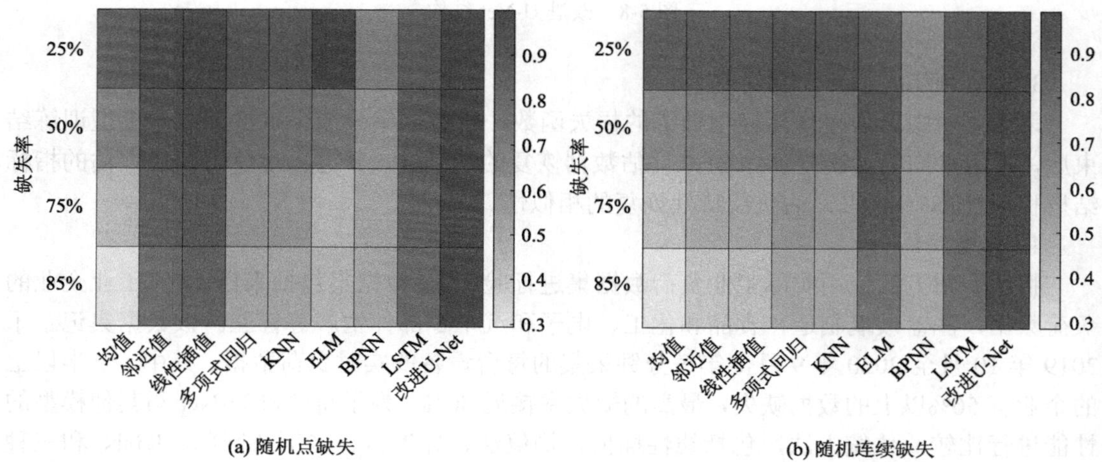

图 5-10　SSIM 指标热图随机点缺失及随机连续缺失

U-Net 的负荷缺失数据修复方法。改进后的 U-Net 使用了更精简的网络结构，专门用于负荷图像修复。在实际工业负荷数据集上的测试结果表明，与现有方法相比，该方法大大提高了恢复精度，无论是在高缺失率或低缺失率下，还是在随机点缺失或连续缺失时，都能实现最高的负荷特性相似性恢复。此外，当高缺失率特别是长时间连续缺失发生时，改进的 U-Net 仍允许在保持恢复精度的同时尽可能最好地恢复负荷特性。

相关代码见附录。

5.2.2　用户负荷超分辨率感知

大数据(big data)技术的发展使得从这些海量数据中提取有价值的信息成为可能。然而，由于数据的采集频率和精度限制，如何从低频数据中重建高精度的用电信息成为一个重要的研究课题。在这种背景下，SRP 技术被提出，用于从低分辨率的智能电表数据中恢复高频数据。通过这种技术，可以在不升级现有电表或部署额外电表的情况下，提升现有设施的能力。为了更好地帮助读者理解超分辨率感知技术在用户用能画像中的应用，本节将阐述其问题描述、方法分类、应用流程以及典型案例。

1. 问题描述

超分辨率感知技术旨在从低频数据中恢复出高频数据，从而弥补信息的缺失。可以通过最大后验估计(maximum a posteriori, MAP)框架来进行数学描述。超分辨率感知问题可以表述为在给定低频数据的情况下，寻找一种映射，使得重建的高频数据尽可能接近真实的高频数据。为了更好地描述这一问题，可以使用数学符号和公式来进行精确表述。

设 $\boldsymbol{l}$ 为频率为 f_l 的低频智能电表数据，长度为 d，$\boldsymbol{l}[t]$ 表示时间 t 的测量值。在同一时间周期内，频率为 f_h 的高频数据 $\boldsymbol{h}$，其长度为 αd。低频数据和高频数据之间存在降采样模型 $\boldsymbol{l} = \boldsymbol{A}\boldsymbol{h} + \boldsymbol{n}$，其中，$\boldsymbol{A}$ 是降采样矩阵，$\boldsymbol{n}$ 是噪声。超分辨率感知问题的目标是找到一个重建映射 F，使得重建的高频数据 $\boldsymbol{h}' = F(\boldsymbol{l})$ 尽可能多地恢复降采样过程中丢失的信息。

超分辨率感知问题是一个欠定问题，这意味着存在无限多种可能的高频数据序列满足降采样模型。为了找到最可能的解决方案，需要引入额外的约束。可以在最大后验估计(MAP)框架下讨论超分辨率感知问题，其中最终估计的高频数据 $\boldsymbol{h}$ 是具有最大后验概率 $p(\boldsymbol{h}|\boldsymbol{l})$ 的解。根据贝叶斯公式，后验概率可以表示为

$$p(\boldsymbol{h} \mid \boldsymbol{l}) = \frac{p(\boldsymbol{l} \mid \boldsymbol{h}) \cdot p(\boldsymbol{h})}{p(\boldsymbol{l})} \tag{5-65}$$

式中，$p(\boldsymbol{l}|\boldsymbol{h})$ 是根据降采样模型的似然函数；$p(\boldsymbol{h})$ 是 $\boldsymbol{h}$ 的先验概率；$p(\boldsymbol{l})$ 是一个常数。当给定低频数据 $\boldsymbol{l}$ 时，$\boldsymbol{h}$ 的估计可以通过求解 MAP 问题获得

$$\boldsymbol{h}' = \arg\max_{\boldsymbol{h}} p(\boldsymbol{h} \mid \boldsymbol{l}) = \arg\max_{\boldsymbol{h}} p(\boldsymbol{l} \mid \boldsymbol{h}) \cdot p(\boldsymbol{h}) \tag{5-66}$$

这相当于求解以下公式：

$$\boldsymbol{h}' = \arg\max_{\boldsymbol{h}} \left(\log p(\boldsymbol{l} \mid \boldsymbol{h}) + \log p(\boldsymbol{h}) \right) \tag{5-67}$$

式中，$p(\boldsymbol{l} \mid \boldsymbol{h})$ 可以通过建模降采样过程来求解；$p(\boldsymbol{h})$ 可以通过求解先验模型得到。这个先验模型是一个正则化项，用于约束解，使得估计的 $\boldsymbol{h}'$ 满足 $\boldsymbol{h}$ 的先验分布。因此，有效地建模高频智能电表数据的先验分布对解决超分辨率感知问题具有理论重要性。通过有效地建模高频数据和降采样过程，可以很好地估计 $\boldsymbol{h}$。

超分辨率感知问题可以通过选择不同的降采样矩阵和噪声模式扩展到更一般的降解形式。它可以视为各种数据质量问题的超集，如不完整数据、坏数据和恶意数据。类似于原始的超分辨率感知问题，建模高质量高频数据的先验分布是解决这些问题的关键。

2. 超分辨率感知方法

针对一个给定的时间周期 T，由低频电表收集的低频数据 $\boldsymbol{l}$ 的长度为 d，对应的高频数据 $\boldsymbol{h}$ 的长度为 αd。超分辨率感知映射 F 是一个函数 $F: \mathbb{R}^d \to \mathbb{R}^{\alpha d}$，可以通过深度神经网络实现。为了训练深度神经网络，使用均方误差(MSE)作为损失函数。因此，损失函数定义为

$$L(\boldsymbol{h}, \boldsymbol{h}') = \| \boldsymbol{h} - \boldsymbol{h}' \|_2^2 \tag{5-68}$$

然后，通过最小化损失函数来优化网络：

$$\theta' = \min_\theta L(\boldsymbol{h}, F(\boldsymbol{l};\theta)) = \min_\theta \| \boldsymbol{h} - F(\boldsymbol{l};\theta) \|_2^2 \tag{5-69}$$

式中，θ 是深度神经网络 F 的参数集。由于超分辨率感知问题的不适定性，需要正则化来约束解。接下来，将解释如何在最大后验估计(MAP)框架下解释超分辨率感知方法。

根据最大后验估计，给定低频序列 $\boldsymbol{l}$ 的对应高频序列 $\boldsymbol{h}$，可以通过以下优化问题估计：

$$\boldsymbol{h}' = \arg\min_{\boldsymbol{h}} \| \boldsymbol{Ah} - \boldsymbol{l} \|_2^2 + \phi(\boldsymbol{h}) \tag{5-70}$$

式中，$\| \boldsymbol{Ah} - \boldsymbol{l} \|_2^2$ 是在高斯噪声假设下的失真测量项；$\phi(\boldsymbol{h})$ 是包含先验信息的正则化项。这个方程表明，$\boldsymbol{h}'$是输入 $\boldsymbol{h}$ 和降采样矩阵 $\boldsymbol{A}$ 的函数。MAP 解决方案可以等价为

$$\boldsymbol{h}' = F(\boldsymbol{l}, \boldsymbol{A}; \theta) \tag{5-71}$$

当 $\boldsymbol{A}$ 固定时，它等价于上述建立的超分辨率感知映射。这个方程表明，实际上先验信息包含在网络参数集 θ 中。虽然先验信息没有被明确建模，但在大量数据上训练的深度神经网络包含了先验信息。因此，深度神经网络使用隐含的先验知识来估计高频序列。

3. *超分辨率感知卷积神经网络*

在实现超分辨率感知过程中，深度卷积神经网络(CNN)是一种有效的方法。与用于分类问题的判别式 CNN 不同，超分辨率感知问题的目标是生成高频信号。传统的分类网络通常包含全连接层，在生成高频信号方面效率不高。因此，需要设计一种专门用于生成高频信号的网络结构。

借鉴图像超分辨率中的成功经验，超分辨率卷积神经网络(super resolution convolutional neural network，SRCNN)在图像处理中表现出色。虽然 SRCNN 在图像超分辨率方面取得了显著成果，但由于时间序列作为一维信号在时间维度上具有关系，不能直接应用于超分辨率感知问题。

超分辨率感知卷积神经网络(SRPCNN)的深度神经网络可以满足超分辨率感知问题的特性，同时捕捉一维时间序列数据的时间关系。此外，SRPCNN 通过采用全卷积设计和并行处理，解决了计算效率低下的问题。因此，本节将着重讲解 SRPCNN 以及其网络结构。

SRPCNN 的网络结构和参数根据超分辨率感知问题的特性和时间序列数据的时间关系通过实验确定。SRPCNN 的网络架构如图 5-11 所示。SRPCNN 以低频数据为输入，直接输出估计的高频数据。网络由三部分组成：特征提取、信息补充和重建。前两部分包含一维卷积层，最后一部分包含一个转置卷积(反卷积)层。将卷积层表示为 $\mathrm{Conv}(f_i, c_i, n_i)$，转置卷积层表示为 $\mathrm{DeConv}(f_i, n_i, c_i)$，其中，$f_i$ 表示滤波器尺寸，c_i 表示滤波器数量，n_i 表示第 i 层的特征向量数量。

在第一部分，SRPCNN 直接对原始低频数据进行特征提取，参数为 $f_1 = 9$，$c_1 = 256$。提取的特征表示为 256 个特征向量，包含输入的抽象特征信息，每个向量的大小与输入序列相同。在特征提取之后，信息补充网络使用七个卷积层来补充特征向量中缺失的信息。对于第 i 层，使用的层参数为 $f_i = 5$，$c_i = 256$。卷积层用于在低频特征空间和高频特征空间之间执行非线性映射。

每个卷积层之后，使用参数化修正线性单元(parametric rectified linear unit, PReLU)作为激活函数。与原始修正线性单元(ReLU)相比，PReLU 提供更灵活的非线性激活，并在不增加计算复杂度的情况下增加模型复杂性。最后一部分是一个具有参数 $f_9 = 7$，$n_9 = 1$，$c_9 = 256$ 的转置卷积层(该转置卷积层是网络的第九层)，它使用一组转置滤波器对前面的

特征向量进行上采样和聚合。转置卷积操作可以视为卷积操作的逆操作，通过带有步幅α的转置卷积操作可以执行上采样因子α。通过上述操作，SRPCNN 的输出直接是重建的高频数据。通过使用这样一个全卷积网络，可以简单地并行生成高频序列。SRPCNN 生成 10000 个样本仅需 0.1s。

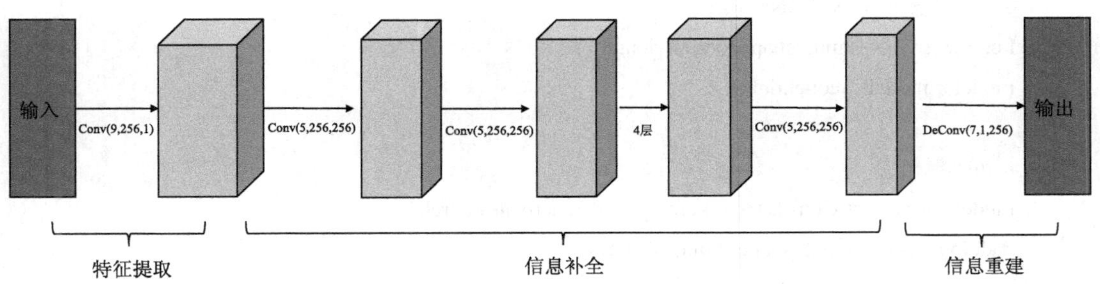

图 5-11　SRPCNN 的网络架构

以上方法和模型的设计与实现证明了通过深度学习技术，可以有效地从低频智能电表数据中恢复高频数据，从而为用户用能画像提供更精确和详细的数据支持。

4. *超分辨率感知应用案例*

超分辨率感知技术在智能电表数据中的应用可以显著提高用户用能画像的精度。以下将通过一个具体的应用案例，详细介绍案例设置、数据处理、模型训练以及实验结果分析。

1) 案例介绍

在本案例中，使用了一个名为超分辨率感知数据集(super resolution perception dataset, SRPD)的数据集。该数据集包含模拟的智能电表数据，通过仿真生成家用电器的负载数据，然后根据不同的工作状态将这些负载数据合成为家庭的总负载数据。目标是通过超分辨率感知卷积神经网络将低频数据转换为高频数据，从而提高用电设备识别的准确性。

2) 数据处理

数据处理分为以下几个步骤。

(1) 数据预处理：由于电负载数据的动态范围较大(10^{-3}～10^{6})，直接处理这些大范围的数据对于神经网络而言是困难的。因此，对原始数据进行了预处理，通过数变换将数据缩放到较小的范围。具体公式如下：

$$\tilde{x} = \log_{100}(x \times 10^3 + 1) \tag{5-72}$$

该公式确保变换后的数据为正值，并且很好地保留了原始智能电表数据的波动性。

(2) 数据降采样：高频和低频智能电表数据的生成基于降采样模型。由于智能电表记录的电压和电流值是瞬时的，因此假设高频电表和低频电表在相同时刻记录的序列大致相同。采用最近邻降采样方法生成低频数据，并添加高斯噪声(标准差为 0.01)。

(3) 数据划分：将数据集划分为训练集和验证集。具体而言，数据集包含 16000 个长度为 30s 的高频智能电表数据样本，其中 14000 个用于训练，2000 个用于验证和测试。

3) 模型训练代码

在本案例中，采用 SRPCNN 模型进行训练和预测。以下是训练过程的代码示例：

```
import numpy as np
import tensorflow as tf
from tensorflow.keras import layers, models

# 定义带上采样的 SRPCNN 模型
def create_srpcnn(input_shape, output_length):
    model = models.Sequential()

    # 初始卷积层
    model.add(layers.Conv1D(64, kernel_size=3, activation='relu',
    padding='same', input_shape=input_shape))

    # 中间卷积层
    model.add(layers.Conv1D(64, kernel_size=3, activation='relu', padding='same'))
    model.add(layers.Conv1D(64, kernel_size=3, activation='relu', padding='same'))
    model.add(layers.Conv1D(64, kernel_size=3, activation='relu', padding='same'))

    # 上采样层以增加序列长度
    model.add(layers.UpSampling1D(size=2))
    model.add(layers.Conv1D(64, kernel_size=3, activation='relu', padding='same'))
    model.add(layers.UpSampling1D(size=2))
    model.add(layers.Conv1D(64, kernel_size=3, activation='relu', padding='same'))

    # 输出层
    model.add(layers.Conv1D(1, kernel_size=3, activation='linear', padding='same'))

    model.compile(optimizer='adam', loss='mean_squared_error')
    return model

# 生成用于演示的合成数据
def generate_synthetic_data(num_samples, input_length, output_length):
    X = np.random.rand(num_samples, input_length, 1)
    y = np.random.rand(num_samples, output_length, 1)
    return X, y

# 参数设置
num_samples = 1000
input_length = 100  # 低频数据长度
output_length = 400  # 高频数据长度
```

```
# 生成合成数据
X, y = generate_synthetic_data(num_samples, input_length, output_length)

# 创建 SRPCNN 模型
input_shape = (input_length, 1)
srpcnn = create_srpcnn(input_shape, output_length)

# 训练模型
srpcnn.fit(X, y, epochs=10, batch_size=32, validation_split=0.2)

# 使用模型进行预测的示例
low_freq_data = np.random.rand(1, input_length, 1)  # 示例低频数据
high_freq_data_pred = srpcnn.predict(low_freq_data)

print("Predicted high-frequency data:", high_freq_data_pred)
```

上述代码示例展示了如何定义和训练 SRPCNN 模型，并使用该模型进行高频数据的预测。代码步骤如下。

(1) 导入必要的库：首先导入了 numpy 和 tensorflow 等必要的库，这些库提供了进行数值计算和深度学习模型构建的基本工具。

(2) 定义 SRPCNN 模型：在函数 create_srpcnn 中，定义了一个带有上采样层的卷积神经网络。模型包括一个初始卷积层、多个中间卷积层和上采样层，以及一个输出层。模型使用 Adam 优化器和均方误差损失函数进行编译。

(3) 生成合成数据：在函数 generate_synthetic_data 中，生成了一些用于演示的合成数据。合成数据包括低频输入序列和对应的高频输出序列。

(4) 设置参数：定义了样本数量、低频数据长度和高频数据长度等参数。

(5) 生成合成数据：调用 generate_synthetic_data 函数生成训练和验证所需的合成数据。

(6) 创建 SRPCNN 模型：调用 create_srpcnn 函数创建 SRPCNN 模型，并设置输入形状和输出长度。

(7) 训练模型：使用生成的合成数据训练 SRPCNN 模型，训练过程包括 10 个周期 (epochs)，每个批次的大小为 32，并使用 20%的数据进行验证。

(8) 模型预测：训练完成后，使用模型对示例低频数据进行高频数据的预测，并打印预测结果。

4) 实验结果

通过训练后的 SRPCNN 模型，对低频智能电表数据进行高频数据重建。实验结果表明，SRPCNN 能够有效地从低频数据中恢复出高频数据，并且在多种实验设置下均优于传统的插值方法。

具体实验结果如图 5-12 所示。

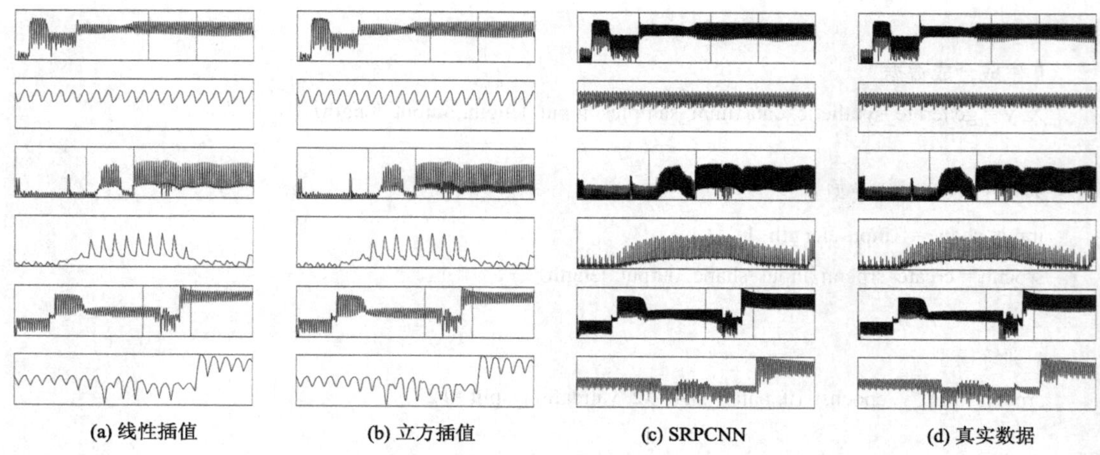

图 5-12　超分辨率感知在低频数据(100Hz)重建出高频数据(1000Hz)下的表现

根据超分辨率感知在低频数据(100Hz)重建出高频数据(1000Hz)下的表现实验结果显示，与线性插值和立方插值方法相比，SRPCNN 在恢复高频数据的形状特征方面表现更为优越。特别是在较高频率和较小超分辨率因子的情况下，SRPCNN 能够更准确地重建出高频数据的细节。

同时，由图 5-12 可以看出，SRPCNN 重建的高频数据在波形和细节上更接近真实数据，而传统插值方法则在某些细节上有较大偏差。通过使用 SRPCNN 技术，可以显著提高用电设备识别的准确性。这对于用户用能画像、负载预测以及电器识别等应用具有重要意义。超分辨率感知技术不仅能够提高数据的时间分辨率，还能在有限的带宽和存储成本下提供高质量的数据支持，从而在智能电网中实现更精确的监测和优化。综上所述，超分辨率感知技术在智能电表数据处理中的应用展示了其广泛的前景。通过深度学习技术，有效地从低频数据中恢复高频数据，为用户用能画像提供了更精确和详细的数据支持。这一技术的应用不仅提高了数据的利用率，还为智能电网的进一步发展和优化提供了有力的技术手段。

通过上述实验案例，可以看出超分辨率感知技术在智能电表数据处理中的广泛应用前景。通过深度学习技术，有效地从低频数据中恢复高频数据，为用户用能画像提供更精确和详细的数据支持。

5.2.3　非侵入式负荷监测

1. 问题描述

非侵入式负荷监测仅在用户入口处安装一个传感器，通过采集和分析用户用电总电流和端电压来监测户内每个或每类电器的用电功率和工作状态，从而知晓用户每个电器的耗电状态和用电规律，被称作非侵入式电力负荷监测与分解(non-intrusive load monitoring and decomposition，NILMD)。具体而言，负荷分解问题可表述如下：给定在时间 $t=\{1,2,\cdots,T\}$ 的总负荷时间序列 $X=\{X_1,X_2,\cdots,X_T\}$，其下有 N 台电器设备。NILMD 算法的任务是推断设备 $i\in\{1,2,\cdots,N\}$ 在时间 t 的功率 y_t^i，即在任何时间 t 内，均有

$$X_t = \sum_{i=1}^{N} y_t^i + \sigma(t) \tag{5-73}$$

式中，$\sigma(t)$ 表示未考虑的设备和测量噪声。负荷分解完成后将提取的负荷特征与训练阶段从单个电器设备获取的设备特征数据库相匹配以获得分解结果。

2. *方法介绍*

在 NILM 系统的典型框架中，负荷分解包括数据获取、事件检测、特征提取、负荷分解四大步骤，该过程的每个部分如下所述。

1) 数据获取

数据获取是 NILMD 的第一步，旨在捕捉总负荷的稳态和暂态信号。量测误差对 NILMD 的影响至关重要，主要来源于两个方面：一是量测装置的不一致性，导致同一电器在不同装置下量测结果不同；二是商用传感器在压缩和传输数据过程中可能造成的数据缺失。这些误差会影响总测量信号和负荷特征库的准确性，因此，进行数据处理和提高负荷识别方法的抗噪能力是必要的。此外，采集到的数据还需经过去噪、计算有功等电气量以及标幺化等处理步骤。

2) 事件检测

针对处理后的数据，可进行事件检测，以得知用电设备的运行状态变化情况。事件检测的依据是一定时间段内负荷印记的变化情况，具体有基于事件检测的方法和基于状态变化的方法。

基于事件检测的方法专注于监测设备状态转换的瞬间，通过变化检测算法来标识事件的启动和终止。这种方法的核心任务是识别时间序列聚合负载数据中的变化，这些变化由设备的开启/关闭或状态改变引起。该方法依赖于监测家庭用电功率的连续变化，尤其是功率的上升和下降(即步数)。这些步数，如果足够显著，表明一个事件已经发生。

基于状态变化的方法通过状态机来模拟设备的操作过程，依据设备的使用模式进行状态间的转换。这种方法基于设备在开启/关闭或改变运行状态时产生的独特边缘测量值，这些值的概率分布与特定设备相对应。基于状态变化的方法通常采用隐马尔可夫模型(HMM)及其变体。

3) 特征提取

检测到事件后，可以进行特征提取，即从事件前后的数据中提取一系列用于负荷识别的负荷印记(load signatures，LS)特征。在特征提取过程中，LS 的选择和提取方法是两大挑战。目前，已有多种方案，例如，针对有功 LS，提出了傅里叶变换、小波变换等提取技术。为了精确识别相似的 LS，所提取的特征信息应尽可能有效，不同的 LS 和提取方法的选择将导致不同的识别结果。

4) 负荷分解

负荷识别与分解是 NILMD 的最后一步，即将上一步提取的特征与已有负荷特征库中的负荷特征进行比较，当两者达到一定的相似度时，就辨识出相应的用电设备。负荷特征库的建立方法目前有两种：一是在人工辅助下记录各用电设备的 LS 特征；二是通过学习算法自动分类。学习算法用于学习模型参数，而推断算法用于从量测到的总功率数据推断设备状态并估计相应的功耗，分为有监督学习和半监督或无监督学习。

(1) 有监督学习。

有监督学习需要一个训练阶段，在该阶段中使用聚合数据和单个设备消耗。在这种情况下，必须从目标建筑物收集子计量器具数据或标记观测值。这类方法可分为以下两种。

① 优化方法：它们将 NILM 问题作为优化问题处理。对提取的特征进行比较，以发现存储在数据库中的负载特征，并找到最接近的匹配项。这些算法找到了数据库中包含的设备的最精确组合，这可能导致输出度量。整数规划和遗传算法已用于此类方法。

② 模式识别方法：这是研究人员常用的方法。它们包括基于简单的聚类方法、贝叶斯方法(检测潜在设备状态的最可能状态)、支持向量机分类谐波特征，以及其他方法，如隐马尔可夫模型和人工神经网络。其中，人工神经网络由于引入时间和状态变化信息的能力，表现出了出色的性能。

(2) 半监督或无监督学习。

半监督方法需要在过程开始时训练少量数据来执行分类，而无监督方法可以从收集的数据中学习，而无须事先训练数据。半监督和无监督学习可进一步分为三种类型：

① 需要未标记的训练数据来构建设备模型或填充设备数据库的无监督的方法。它们通常基于 HMM，设备模型在培训阶段手动生成或自动生成。这些方法大多不能推广到未知建筑物中。

② 使用已知房屋的标记数据来构建家电模型，在未知建筑中进行分解。这些方法要求从培训或已知房屋收集电器负荷数据。这些数据用于构建通用设备模型，然后在未知的建筑物中使用。大多数是基于深度学习的方法。

③ 负荷分解发生之前不需要训练的无监督方法。这类方法可以在不需要单个电器数据或先验知识的情况下进行负荷分解。

3. *应用流程*

本节介绍一种基于带有注意力机制的时间卷积神经网络的工业设备识别方法，可适用于 10s、10min 的低频负荷数据下的工业电器识别。首先，将工业负荷序列分割成固定长度的子序列以供后续识别，同时将待识别电器的状态记录为标签，用于同时训练分类器。然后，将部分分段负荷子序列数据作为该方法的输入，与相应的标签一起，训练待识别的不同电器的分类器。最后，利用训练好的分类器对需要识别的子序列进行分类，从而获得相应电器的状态。

1) 聚合负荷序列的分段

在监督学习算法中，每组训练数据需要匹配相应的标签。本节中的工业设备识别问题可以转化为分类任务。这里指定如果设备是工作在负荷序列中的任意一点，则其状态为 ON，否则为 OFF。

给定一个聚合负荷序列 $\boldsymbol{p}=\{x_0,x_1,\cdots,x_n\},\boldsymbol{p}\in\mathbb{R}^{1\times n}$，其中 x_t 是 t 时刻的有功功率，从 0 时刻开始，有一个时间窗口 w，每次沿时间轴移动 l 个时间点，生成负荷子序列，同时记录相应电器的开关状态作为训练标签 Y。更具体地说，有一个长度为 m 的时间窗口 w，从 0 时刻开始在时间轴上滑动。每次窗口 w 的滑动距离为步长 l，加载时间窗口 w 内的数据，构成负荷子序列 X。如果电器 i 在时间窗口 w 的任意时间点不工作，则对应的状态标签 y_{t_i} 记录为 0，否则记录为 1。例如，在 t 时刻，聚集子序列为 $\boldsymbol{X}_t=\{x_{t-m},x_{t-m+1},\cdots,x_{t-1}\},\boldsymbol{X}_t\in\mathbb{R}^{1\times m}$，其中，$x_{t-m+1}$ 是时刻 $t-m+1$ 聚合序列的采样有功功率，电器状态标签为

$\boldsymbol{Y}_t=\left\{y_{t_1},y_{t_2},\cdots,y_{t_i}\right\},\boldsymbol{Y}_t\in\{0,1\}^{1\times d}$，其中，$y_{t_i}$ 是电器 i 在时间点 t 对应的状态标签，d 是电器的数量。生成 $\boldsymbol{X}_t$ 和 $\boldsymbol{Y}_t$ 后，它们将被添加到负荷子序列 $\boldsymbol{X}=\left\{X_m,X_{m+1},\cdots,X_q\right\},\boldsymbol{X}\in\mathbb{R}^{(q-m+1)\times m}$，其中，$q$ 分别是负荷与相应的状态标签 $\boldsymbol{Y}=\left\{Y_m,Y_{m+1},\cdots,Y_q\right\},\boldsymbol{Y}\in\{0,1\}^{(q-m+1)\times d}$ 的分割结束时刻。

下述算法 5-1 的伪代码展示了 $\boldsymbol{X}$ 和 $\boldsymbol{Y}$ 的生成过程，可依照此步骤实现聚合负荷序列的分段。

算法 5-1　聚合负荷序列分段

输入：聚合负荷序列 $\boldsymbol{p}=\left\{x_0,x_1,\cdots,x_n\right\}$，时间窗长度 m，步长 l，设备状态 $S=\{S_0,S_1,\cdots,S_n\}$，设备数量 d

输出：负荷子序列 $\boldsymbol{X}=\left\{X_m,X_{m+1},\cdots,X_q\right\}$，训练标签 $\boldsymbol{Y}=\left\{Y_m,Y_{m+1},\cdots,Y_q\right\}$

设置开始时间点 $t=m$

初始化 $\boldsymbol{X}$，$\boldsymbol{Y}$

当 $t>p$ 的长度时

　　初始化 $\boldsymbol{X}_t$，$\boldsymbol{Y}_t$

设置 $\boldsymbol{X}_t=\{x_{t-m},x_{t-m+1},\cdots,x_{t-1}\}$

扩展 $\boldsymbol{X}_t$ 到 $\boldsymbol{X}$

循环从 $i=1$ 到 $i=d$

　　初始化 y_{t_i}

　　　　如果设备状态 $\{S_{t-m_i},S_{t-m_i+1},\cdots,S_{t-1}\}$ 为非工作状态

　　　　　　设置 $y_{t_i}=0$

　　　　其他

　　　　　　设置 $y_{t_i}=1$

　　　　扩展 y_{t_i} 到 $\boldsymbol{Y}_t$

循环

扩展 $\boldsymbol{Y}_t$ 到 $\boldsymbol{Y}$

更新 $t=t+l$，$q=t$

返回 $\boldsymbol{X}$，$\boldsymbol{Y}$

2) 时间卷积块

作为时间神经网络的主要部分，时间卷积块(TCB)由一维扩张因果卷积单元组成，其结构如图 5-13 所示。

TCB 通过因果卷积捕获数据的时间关系，其中 K 表示考虑的相关数据点的数量。扩张卷积用于增加模型的感受域，其中 a 表示每隔一段时间采样的数据点数。对于给定的输入子序列 $\boldsymbol{X}_t=\{x_{t-m},x_{t-m+1},\cdots,x_{t-1}\}$，模型的卷积核为 $\boldsymbol{C}:\{0,1,\cdots,e-1\}$，则时序卷积块计算出的第 i 个输出值 o_i 表示如下：

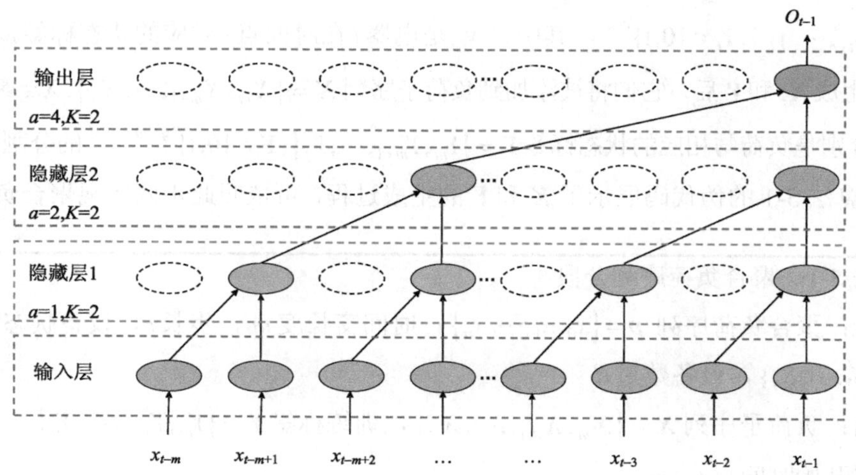

图 5-13 一维时间卷积块结构图

$$o_i = \left(\boldsymbol{X}_t * \boldsymbol{C}\right)(i) = \sum_{j=0}^{e-1} \boldsymbol{C}(j) \times x_{i-j\times a} \tag{5-74}$$

式中，*是卷积算子；e 是滤波器的大小。

3)时间卷积神经网络中的注意力机制

注意力机制可以将注意力集中在少数关键部分上，并赋予它们更高的权重，从而提升模型的性能。在获得时间卷积块的输出 o 后，使用注意力机制来处理输出。首先，对时间点 i 的时间卷积块的输出使用 tanh 函数得到初始权重 g，表示为

$$g_i = u \times \tanh\left(w \times o_i + b\right) \tag{5-75}$$

式中，u 和 w 代表权重；b 代表偏差。那么，注意力权重 α_i 可以通过式(5-76)计算：

$$\alpha_i = \frac{\exp\left(g_i\right)}{\sum_{j=0}^{i} g_j} \tag{5-76}$$

最后得到注意力输出 r_i 如下：

$$r_i = \sum_{i=0}^{m} \alpha_i \times g_i \tag{5-77}$$

4)用于工业非侵入式负荷监测的具有注意力机制的时域卷积神经网络

由于聚合负荷序列可能有一台或多台设备同时工作,因此有必要识别所有设备的状态。本方法为每个电器设计了一个识别模型来识别其开关状态(ON-OFF state)，即有 d 个电器对应的标识符 d 需要识别。工业负荷识别框架如图 5-14 所示。

设备 i 的识别模型为 IM_i，其将分段子序列作为输入并输出直接预测电器 i 的开关状态。在 IM_i 的网络架构中，TCB 和注意力层用于信息提取和模式学习。与 BPANN 和 CNN-BLSTM 等其他神经网络结构相比，TCB 和注意力层具有通过注意力机制捕获工业负荷数据的时间依赖性的能力，并且可以高效地进行计算。输入序列 $\left\{x_{t-m}, x_{t-m+1}, \cdots, x_{t-1}\right\}$ 经这些层进行非线性变换产生新序列。然后，使用全连接层对前几层的输出序列进行分类，

并将其聚合为开关状态。

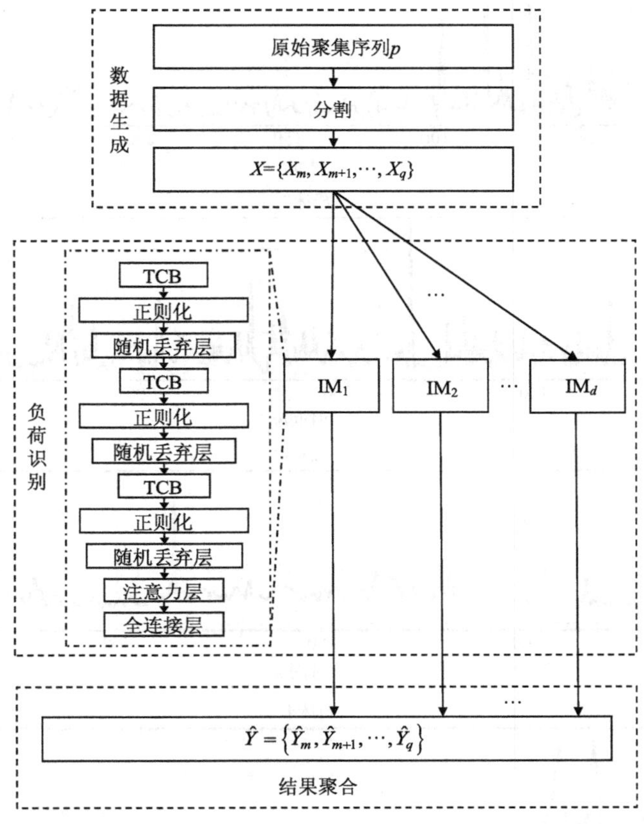

图 5-14　工业负荷识别框架

通过子序列 X 和相应的标签 Y，就可以得到待识别电器的分类器。如图 5-14 所示，整个识别框架由三部分组成：数据生成、负荷识别和结果聚合。首先，在数据生成部分，利用算法 5-1 将原始负荷序列 p 分割为目标子序列 X，并记录相应的电器状态标签 Y。然后，将子序列 X 输入识别模式 $\mathrm{IM}=\{\mathrm{IM}_1,\mathrm{IM}_2,\cdots,\mathrm{IM}_d\}$ 中，其中每个模型 IM_i 将分别输出预测的设备 i 开关状态。在识别模型中，TCB 和注意力层用于提取时间信息。最后，在结果聚合部分将预测结果聚合成结果序列 $\hat{Y}=\left\{\hat{Y}_m,\hat{Y}_{m+1},\cdots,\hat{Y}_q\right\}$。

4. 典型案例

本节介绍的负荷识别的方法在采样频率为 1Hz、1/5Hz、1/15Hz、1/30Hz 和 1/60Hz 的低频工业负荷数据集上进行了应用，并和其他先进方法(如 KNN、SVM、BP-ANN 和 CNN-BLSTM 等作为基准)进行了结果比较和分析。

1) 数据集描述

本节使用工业负荷数据集 TMLD 进行实验。TMLD 包括 30 天的总负荷序列，采样频率为 1Hz，总负荷序列由四台不同的机床和一台缝纫机组成。图 5-15 显示了采样频率为 1Hz 的五台设备的示例负荷曲线。该数据集可以从以下链接下载：https://www.zhaojunhua.org/dataset/TMLD。

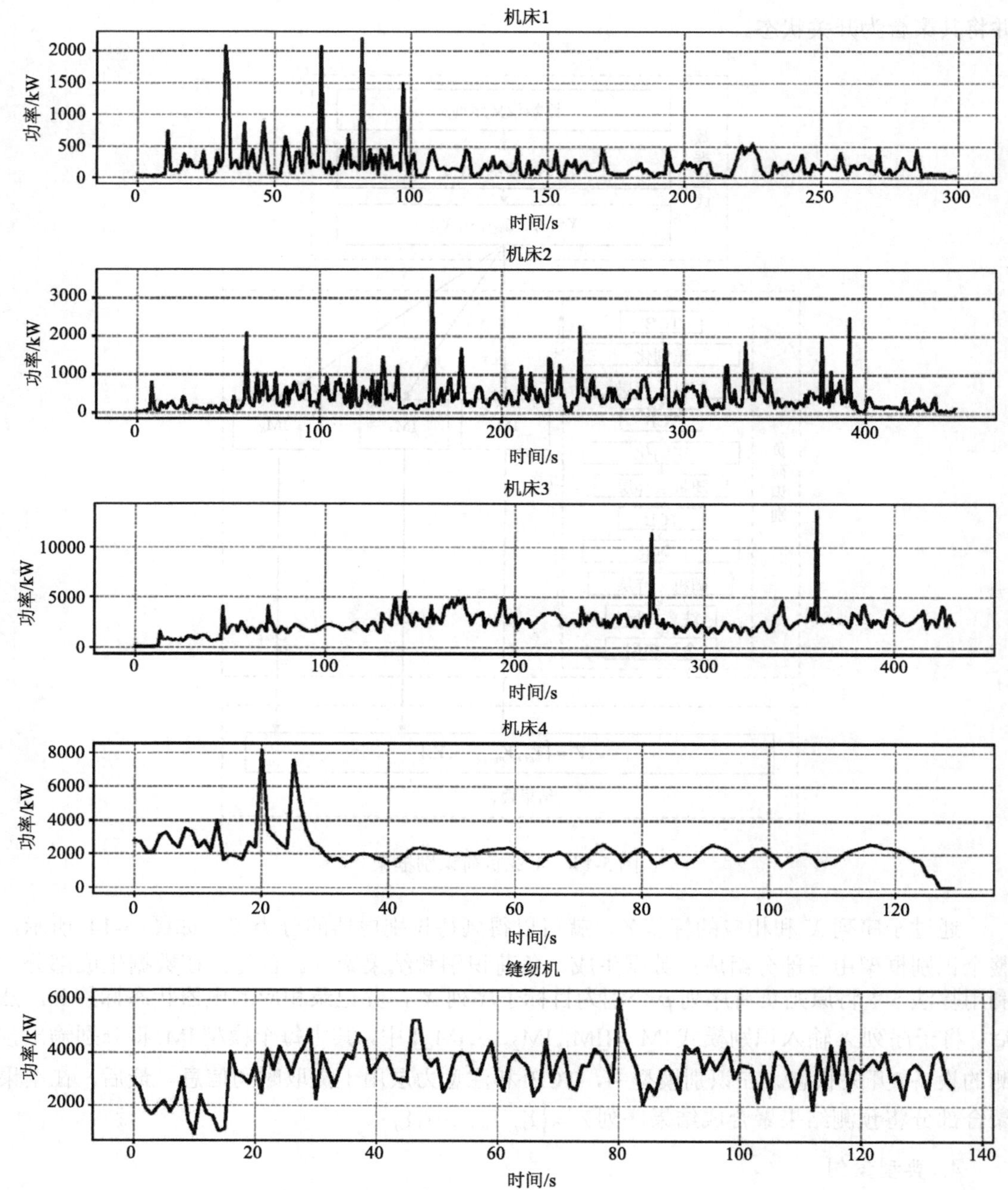

图 5-15　采样频率为 1Hz 的五台设备的示例负荷曲线

从图 5-15 可以看出，五种电器具有不同的工作模式和负荷特性。与居民用户相比，工业用户的用电量主要受生产计划和行业特点的影响，而温度、湿度等因素对其影响较小。它们具有独立的用电行为，几乎没有明显的固定周期性。

2) 数据准备

由于考虑到采样设备陈旧、通信负荷大、存储成本高等问题，实际中一般采用 10s 甚至 1min 的采样频率。由于聚合负荷序列的采样频率为 1Hz，因此需要对聚合负荷序列进行下采样操作，以获得较低频率的负荷数据，从而支持较低频率的电器识别研究。给定高频序列 H_{seq} 和下采样因子 α，则低频序列 L_{seq} 可以表示为 $L_{\text{seq}}[n]=H_{\text{seq}}[\alpha n]$，其中，$n$ 是 L_{seq} 的索引，从 0 开始。在实验中，下采样因子 α 分别设置为 5、15、30 和 60，即聚合负荷数据从原始的 1Hz 分别下采样至 1/5Hz、1/15Hz、1/30Hz 和 1/60Hz。

由于聚合负荷序列是一种时间序列数据，因此需要应用算法 5-1 将其划分为相应的子序列 X 和标签 Y。为了保证该方法的输入一致，用于聚合有功功率数据的时间窗口长度需作为输入给出。时间窗口越长，意味着识别的时间间隔越长，从而导致工业设备状态的识别频率越低。显然，为了保证识别精度，时间窗口应尽可能短。最佳时间窗口长度通过实验确定为五个数据点，即时间窗口长度 m 设置为 5。此外，为了利用尽可能多的信息，步长 l 设置为 1。然后通过向前滑动时间窗口，生成包含五个数据点的样本时间窗口。其中，75%的数据用于模型训练，5%的数据用于模型验证，剩余 20%的数据用于模型评估。

3) 主要代码

根据本方法的框架，主函数代码见附录，供读者参考和改进。

4) 结果分析

在本案例中，工业设备识别任务被视为分类问题，因此将精度作为方法的评估标准。对于设备 i，Accuracy_i 由等式(5-78)定义。其中，TP_i 为真阳性(正确预测设备 i 处于打开状态)，FP_i 为假阳性(预测设备 i 处于打开状态，但设备 i 处于关闭状态)，FN_i 为假阴性(预测设备 i 处于关闭状态，但设备 i 处于打开状态)，TN_i 为真阴性(正确预测设备 i 处于关闭状态)。

$$\text{Accuracy}_i=\frac{\text{TP}_i+\text{TN}_i}{\text{TP}_i+\text{FP}_i+\text{FN}_i+\text{TN}_i} \tag{5-78}$$

对于每个设备，可以通过上述方程获得单独的精度评估结果。为了更好地评估所介绍方法的整体分类能力，使用式(5-79)所示的指标作为整体分类精度：

$$\text{Accuracy}_{\text{overall}}=\frac{\sum_{i=1}^{d}\left(\text{TP}_i+\text{TN}_i\right)}{\sum_{i=1}^{d}\left(\text{TP}_i+\text{FP}_i+\text{FN}_i+\text{TN}_i\right)} \tag{5-79}$$

虽然深度神经网络具有非常强的学习和泛化能力[25]，但它们也很容易过度拟合[26]。为了避免过度拟合并提高所介绍的识别方法的可靠性，在识别模型 IM 中添加了 dropout 技术。dropout 是一种通过随机丢弃一些神经元及其连接来有效避免过度拟合的技术[27]。本节将 dropout 率设置为 0.5，这意味着网络中 50%的神经元将在训练过程中被随机移除。由于该任务可以视为由每个电器的单独二元分类问题组成的问题，因此本节选择等式(5-80)所示的二元交叉熵作为损失函数，其中 y 是标签，$\hat{y}$ 是预测值，*表示卷积算子。

$$\text{loss}=-\left[y*\log\hat{y}+(1-y)*\log(1-\hat{y})\right] \tag{5-80}$$

深度神经网络的参数难以调整和确定，训练时间和识别精度之间也需要权衡。因此，需要考虑不同组合中的参数设置和相应的训练时间来确定最佳组合。实验中使用采样频率为 1Hz 的验证集来选择参数。

此处选择了一些在负荷识别方面取得良好性能的方法作为比较基准。它们是 KNN、

RF、SVM、CNN-BLSTM 和 BP-ANN。实验结果表明，无论单电器还是整体识别精度，本节所介绍方法(proposed method, PM)均优于其他五种方法。随着采样频率的降低，几乎所有方法的识别精度都逐渐下降。值得注意的是，基准测试的准确性明显下降，而本节所介绍的方法在采样频率为秒及以下的低频负荷数据上仍然具有良好的性能。可以看出，本节所介绍的方法可以很好地分析低频工业负荷数据，从而识别出电器，总体准确率达到 88%以上，如图 5-16 所示。

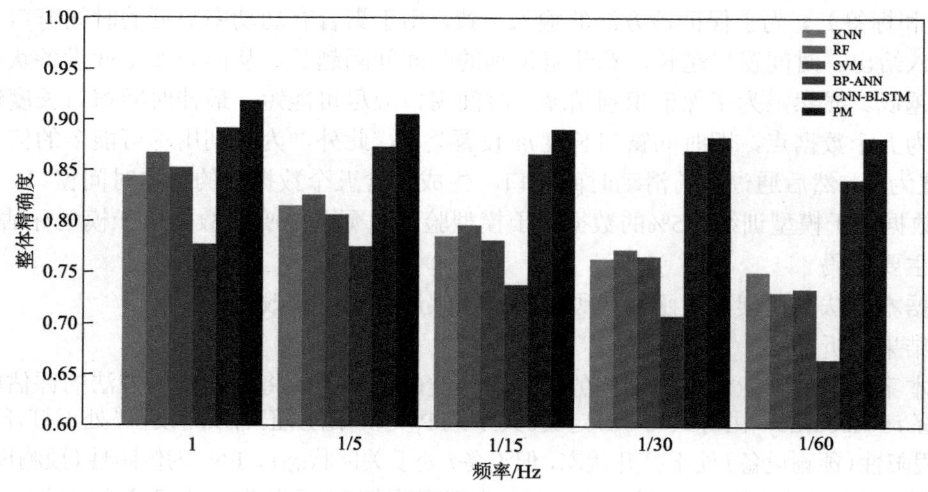

图 5-16　不同采样频率下不同方法的总体精度

此外，图 5-17 表明，本节所介绍的方法在识别不同电器方面比其他方法更准确、波动更小、更可靠。

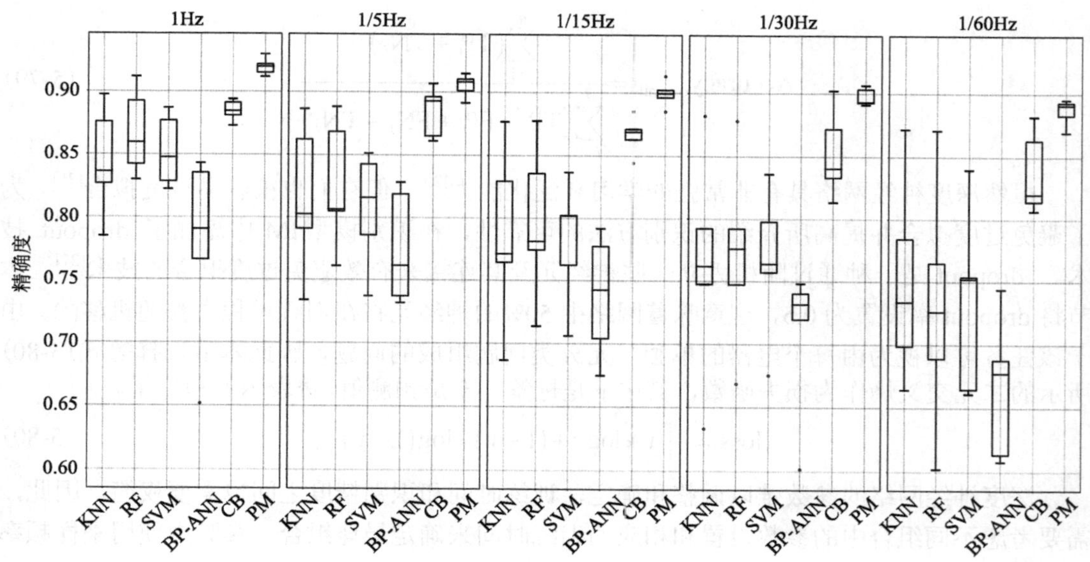

图 5-17　不同方法的精确度箱体图(RF：随机森林；CB：CNN-BLSTM；PM：本节所介绍方法)

5.3　电动汽车特性分析中的应用

1. 问题描述

精确预测电动汽车(EV)充放电负荷时空分布对电网稳定运行和能源高效配置至关重要。数据驱动方法通过深入挖掘用户数据，精确描绘充放电行为，实现了对电动汽车负荷的高精度时空分布预测。

预测的数学模型如式(5-81)所示。模型输入数据包含历史时间序列 $\boldsymbol{X} = [x_1, x_2, \cdots, x_{t-1}, x_t]$、气象信息 $\boldsymbol{W} = [w_1, w_2, \cdots, w_{n-1}, w_n]$、用户行为 $\boldsymbol{U} = [u_1, u_2, \cdots, u_{r-1}, u_r]$以及其他相关外部数据特征 $\boldsymbol{E} = [e_1, e_2, \cdots, e_{p-1}, e_p]$。其中，$t$ 为时间序列的具体时间点，n、r、p 为非时间序列数据的维度，y_t 为时刻 t 的目标输出，即在时刻 t 的电动汽车充电或放电负荷，f_θ 为基于神经网络的输入到输出预测函数，θ 为模型参数。

$$y_t = f_\theta(\boldsymbol{X}, \boldsymbol{W}, \boldsymbol{U}, \boldsymbol{E}) \tag{5-81}$$

在模型训练阶段，通常使用均方差(MSE)损失函数 L 来衡量预测值 $\hat{y}_t$ 和真实值 y_t 之间的误差，如式(5-82)所示：

$$L(\theta) = \frac{1}{m}\sum_{i-1}^{m}(\hat{y}_t - y_t)^2 \tag{5-82}$$

式中，m 为样本数量。

2. 方法分类

在电动汽车充放电负荷预测领域，人工智能方法的应用日益广泛，涵盖了机器学习方法、深度学习方法和混合模型方法等多个类别。与前述风光预测所采用的方法类似，本节将根据电动汽车的时空特性，对输入特征进行精细的分类。

1) 多变量预测

多变量预测指的是同时考虑多个相关变量(如历史负荷数据、天气条件、节假日、用户行为模式等)作为输入特征，通过构建模型来预测未来的充电或放电负荷。虽然这种融合提供了全方位的预测视角，但获取精确的外部数据存在一定难度，且数据整合过程复杂烦琐。

2) 单变量预测

单变量预测方法专注于基于历史时间序列的预测，侧重于挖掘历史数据中的内在规律，揭示时间序列的动态变化趋势，不依赖于其他外部变量。由于其输入特征较为单一，因此深入挖掘特征关系或采用复杂模型进行训练显得尤为重要。

针对单变量预测，可以进一步将其分为两类：一类是先分解后预测的方法，另一类是直接预测的方法。先分解后预测的方法借助成分分析或信号处理等技术，识别并提取时间序列的关键特征，以揭示数据背后的结构和动态。然而，分解过程对数据的特性过分依赖，从而在一定程度上限制了其广泛适用性。直接预测方法则侧重于通过特征提取构建历史时间特征与未来负荷之间的映射关系。虽然这种方法对计算资源的要求较高，但却能更直接地捕捉到时间序列的内在规律。基于此，本节将采用单变量直接预测技术，对电动汽车的时空特性进行精确预测。

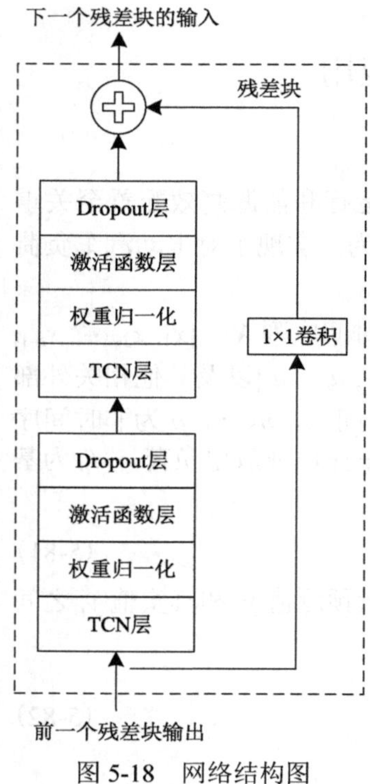

图 5-18　网络结构图

3. 应用流程

1) 神经网络模型介绍

本节采用时间卷积网络(TCN)进行电动汽车充放电负荷预测。TCN 是一种专为处理时间序列数据长期依赖性而设计的深度学习架构[28]，其网络结构包括因果卷积、膨胀卷积和残差连接，已在多个领域展示出卓越的时序预测性能。特别是在电动汽车时空特性预测方面，其网络结构如图 5-18 所示。

(1) 因果卷积。

因果卷积是时间卷积网络的核心架构，如图 5-19 所示。对于一维时间序列输入 $\boldsymbol{X}=[x_0,x_1,x_2,\cdots,x_t,\cdots,x_T]$，在时间 t 时刻处的输出 y_t 仅仅取决于当前时间 x_t 以及之前的输入序列(即 $[x_0,x_1,x_2,\cdots,x_{t-2},x_{t-1}]$)，而与任何未来时间点的输入(即 $[x_{t+1},x_{t+2},x_{t+3},\cdots,x_T]$)无关。这种结构使得 TCN 的预测完全基于历史数据，有效避免了未来信息对过去预测的泄漏。然而，因果卷积的一个局限性是它容易受到感受野大小的限制，这意味着输出预测主要基于较短历史窗口内的信息。

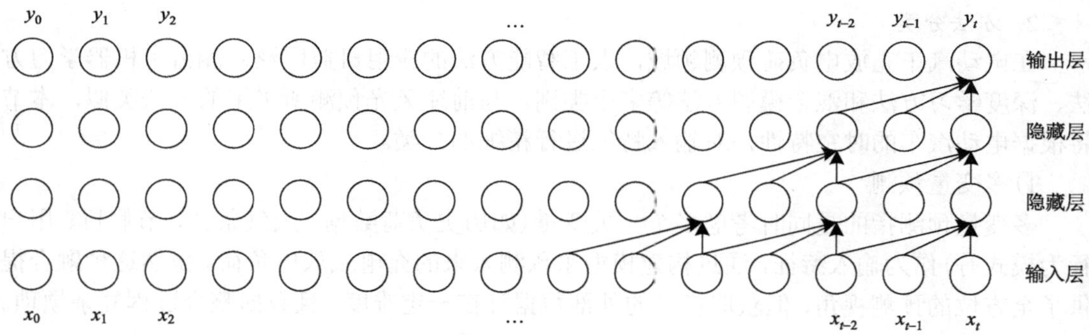

图 5-19　TCN 因果卷积结构图

(2) 膨胀卷积。

为了解决由卷积层感受野的限制所导致的层数增加、梯度消失问题以及训练复杂度的提升问题，TCN 引入了膨胀卷积机制。对于一维时间序列输入特征 $\boldsymbol{X}=[x_0,x_1,x_2,\cdots,x_t,\cdots,x_T]$ 和卷积核 K，膨胀卷积运算 $\boldsymbol{H}(\cdot)$ 在时间序列元素 T 上的定义如式(5-83)所示：

$$\boldsymbol{H}(T)=(\boldsymbol{X}_d * K)(T)=\sum_{i=0}^{k-1}K(i)\cdot x_{T-d\cdot i} \tag{5-83}$$

式中，k 代表卷积核 K 的大小，较大的卷积核能够捕获更长的历史信息，从而直接扩大了感受野；d 代表膨胀因子，它允许卷积以更大的步长对输入序列进行扫描；$T-d\cdot i$ 代表在历史方向上的索引。通过调整 k 和 d 的值，TCN 能够显著增加网络的感受野，从而接收更广泛的输入数据范围。此外，膨胀卷积可以通过并行处理提高模型的运算效率。图 5-20 展示了当 $k=3$ 且 $d=1,2,4$ 时的膨胀卷积结构。

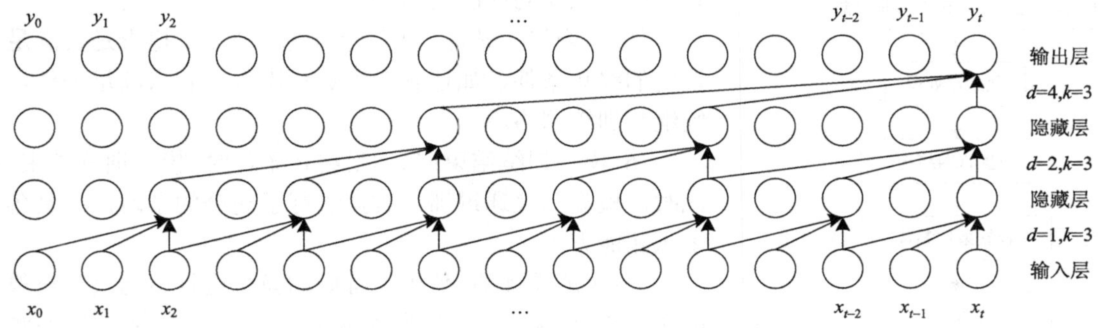

图 5-20　TCN 膨胀卷积结构图

(3) 残差连接。

残差连接可以解决随着网络层数增加而可能出现的梯度消失和训练不稳定问题，这种结构允许输入数据的一部分绕过某些层，直接连接到后续层。TCN 采用残差连接结构来形成残差块，具体如图 5-21 所示。在残差块中，输入信号沿着两条并行路径进行处理：一条路径直接对输入值进行变换，另一条路径则通过 1×1 卷积层来调整特征维度，以确保特征维度在通过残差块前后的一致性。第 h 个残差块的输出 $\boldsymbol{X}^{(h)}$ 如式 (5-84) 所示：

$$\boldsymbol{X}^{(h)}=\delta(F(\boldsymbol{X}^{(h-1)}+\boldsymbol{X}^{(h-1)}) \tag{5-84}$$

式中，$\delta(\cdot)$ 表示激活函数；$F(\cdot)$ 是一个包含膨胀因果卷积层、权重参数层、激活函数层的运算函数。具体来说，膨胀因果卷积层融合了因果卷积和膨胀卷积，有效地提取序列特征并扩大感受野；权重参数层通过不断调整权重，使网络学习到输入数据的有效特征；激活层引入非线性函数，增强了网络的表示能力，使其能够学习更复杂的数据关系。

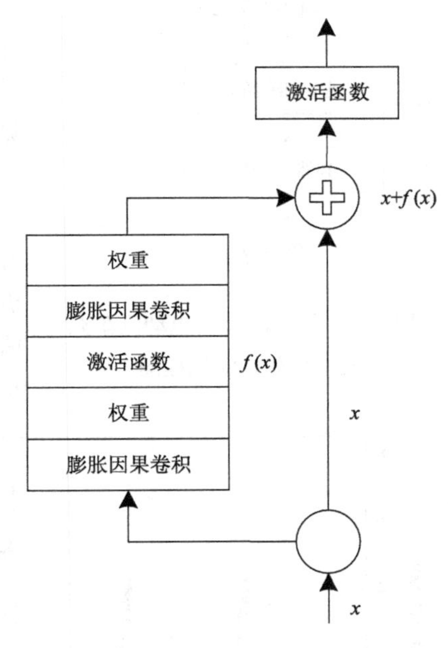

图 5-21　残差块结构

2) 预测步骤介绍

基于 TCN 的电动汽车充放电负荷预测流程图如图 5-22 所示，分为以下步骤。

(1) 数据获取及预处理：首先，收集电动汽车的充放电负荷的时间序列数据。之后，对收集到的数据进行归一化处理，为模型训练做好准备。

(2) 构建网络模型：在数据预处理完成后，构建 TCN 结构，并进行网络结构设置：包括确定网络的层数、每层的卷积核数量和大小，以及其他相关的网络参数。

(3) 训练条件参数设置：设置学习率、批次大小、优化器等条件参数，为模型训练做准备，以确保模型训练的有效性和稳定性。

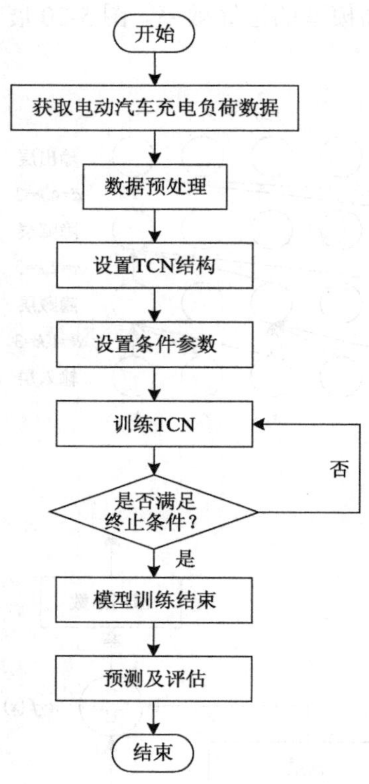

图 5-22　基于 TCN 的电动汽车充放电负荷预测流程图

(4) TCN 网络训练：使用预处理后的数据，在设定的条件参数下训练 TCN。通过不断地迭代更新模型的权重，直到达到预期的性能指标为止。

(5) 检查终止条件：在每个训练周期后，检查是否满足设定的终止条件，如达到最大迭代次数。若未满足条件，则继续训练网络。

(6) 模型训练结束：当满足终止条件时，模型训练结束。此时，模型已经通过训练数据进行了充分的学习，并具备了预测能力。

(7) 预测及评估：使用训练好的模型进行电动汽车充放电负荷的预测，并与实际数据对比，以评估模型的预测性能。

综上所述，本节采用的数据驱动方法结合 TCN 模型的深度学习能力，为电动汽车充放电负荷预测提供了一种科学、有效的解决方案。TCN 模型初始化和训练的核心代码见附录。

4. 典型案例

为了全面评估基于 TCN 的电动汽车充放电负荷预测方法的性能，本节对真实电动汽车充电站数据进行预测分析，如图 5-23 所示。该图直观地展示了 TCN 模型的预测值（点画线所示）与电动汽车充放电负荷的实际值（实线所示）的对比，反映出两者之间的高度一致性和吻合度。

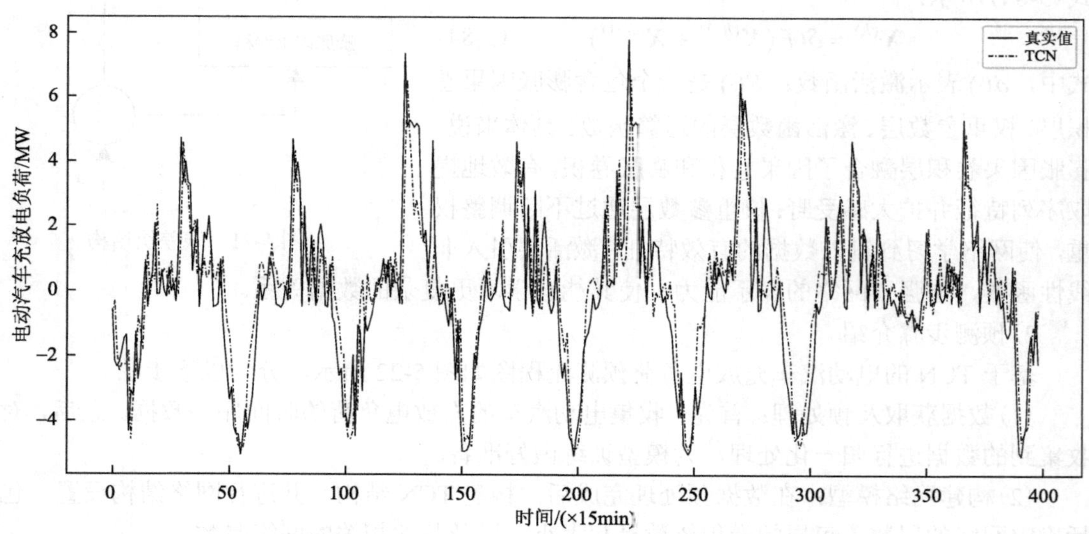

图 5-23　基于 TCN 的电动汽车充放电负荷预测结果图

此外，为了提供一个更全面的视角，本节还对比了其他两种常用的预测模型，包括CNN、LSTM。这些模型的预测效果图如图 5-24 所示，其中 TCN 模型的预测效果在所有模型中表现最为出色。特别是在负荷的波峰和波谷点处，TCN 模型的预测值与真实值最为接近，显示出其卓越的预测效能。在拐点处，TCN 模型能够及时变换趋势，显示出较小的延迟，进一步凸显了其预测的准确性和实时性。

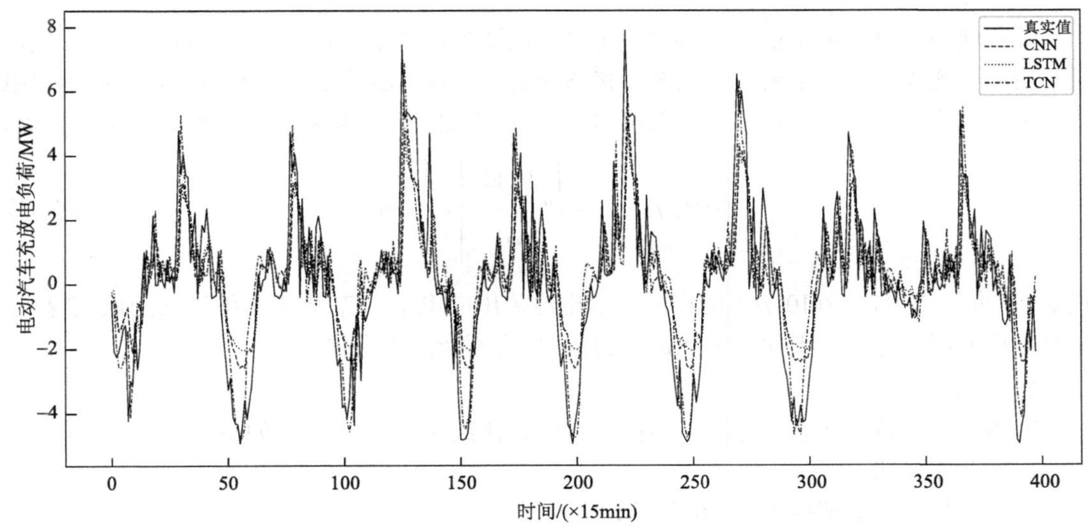

图 5-24 与其他模型对比效果图

通过这些分析，本节不仅验证了 TCN 模型在电动汽车充放电负荷预测方面的优越性，还通过计算 MAE、MSE、RMSE 和 MAPE 等性能评价指标，提供了量化的依据来验证 TCN 模型的优越性能。这些指标的数值如表 5-13 所示，进一步证明了 TCN 模型在电动汽车充放电负荷预测领域的有效性和可靠性。

表 5-13 各模型性能指标对比

性能指标	CNN	LSTM	TCN
MSE	0.01479	0.01339	0.01123
RMSE	0.12162	0.11573	0.10601
MAE	0.09379	0.09134	0.08342
MAPE	27.01%	26.54%	24.38%

5.4 储能状态估计中的应用

锂离子电池作为现代能源系统的重要组成部分，广泛应用于便携式电子设备、电动汽车和储能系统等领域，其性能和寿命直接影响这些设备的可靠性和使用效率。锂电池状态估计的主要目的是通过对电池工作状态的实时监测和分析，提供电池的剩余电量、健康状态和可用寿命等信息。准确的状态估计不仅能保障系统的正常运行，还能延长电池的使用寿命，优化电池管理策略，提高能源利用效率。本节主要基于数据驱动的方法进行锂电池状态分析。

5.4.1 基于组合模型的锂离子电池荷电状态估计

1. *问题描述*

荷电状态(state of charge，SOC)被定义为电池当前剩余电量与最大容量之间的比值，通常用百分比来表示，是衡量电池充电状态的重要参数。通过定期监测 SOC，可以确保电池在使用过程中保持在合理的电量范围内，避免过度充电或放电对电池性能和寿命的影响。

$$\mathrm{SOC}(t)=\left[1-\frac{\int_0^t I(t)\mathrm{d}t}{C_\mathrm{m}}\right]\times 100\% \tag{5-85}$$

式中，I 表示电流，I 在$[0,t]$上的积分表示电池放出的电量；C_m 表示电池当前的最大容量。随着循环使用，电池会老化，电池最大容量 C_m 也不断发生变化。

2. *方法分类*

锂离子电池荷电状态估计方法多样，有库仑计数法、模型法和数据驱动法。

1)库仑计数法

库仑计数法主要依据式(5-86)计算：

$$\mathrm{SOC}(k\Delta T)=\mathrm{SOC}_0-\frac{1}{C_\mathrm{m}}\sum_{i=1}^{k-1}I(i\Delta T)\Delta T \tag{5-86}$$

式中，ΔT 表示采样间隔；SOC_0 表示初始荷电状态。

库仑计数法算法简单，易于实现，计算效率高。然而其十分依赖于初始时刻 SOC 的值，因此会有初值误差的累积。此外，其受传感器测量误差的影响显著，误差会随时间积累。

2)模型法

模型法分为开路电压法与自适应滤波法。开路电压法基于开路电压(open circuit voltage，OCV)与 SOC 之间对应的映射关系来实现。此方法不受传感器动态误差的影响，估计精度较高。然而 OCV 的测取需要将电池离线后进行长时间静置，不适用于实时 SOC 估计，且平台区的 OCV 发生细微变化，对应的 SOC 会有较大的差异。

自适应滤波法通过滤波法将上述提到的库仑计数法与开路电压法两种传统方法进行综合，并与等效电路模型(ECM)结合使用。该方法矫正初始值误差，避免误差积累对 ECM 参数的选择较为敏感。

3)数据驱动法

数据驱动法主要包括传统机器学习和神经网络两种。传统机器学习方法有支持向量机(SVM)、线性回归(LR)、随机森林(RF)等方法。支持向量机是一种监督学习模型，主要用于分类问题，但也可用于回归问题(称为支持向量回归，SVR)。它通过找到最大化两个类别之间间隔的超平面来进行分类或回归分析。在 SOC 估计中，SVM 可以用于建立电池电压与 SOC 之间的关系模型。线性回归是一种统计学方法，用于建立一个或多个自变量与因变量之间的线性关系。在 SOC 估计中，线性回归模型可以通过学习电池电压与 SOC 之间的线性关系来进行估计。随机森林是一种集成学习方法，由多个决策树组成。它通过构建多个决策树并输出平均结果来提高预测的准确性和鲁棒性。在 SOC 估计中，随机森林可以处理电池数据的非线性特征。

神经网络主要有 BP 神经网络(back propagation neural network)、长短期记忆 (LSTM) 网络以及深度学习网络。BP 神经网络是一种多层前馈神经网络，通过“信号向前传递、误差反向传播”的方式进行训练。它通过调整网络权重来最小化预测误差，适用于复杂的非线性问题，如 SOC 估计。长短期记忆(LSTM)网络是一种特殊的循环神经网络(RNN)，能够学习长期依赖关系。它在处理时间序列数据，如电池充放电过程中的 SOC 变化时，表现出色。深度学习网络包括卷积神经网络(CNN)、门控循环单元(GRU)和双向长短期记忆网络(BiLSTM)等。这些网络能够处理更复杂的数据模式，适用于 SOC 的高精度估计。

3. 应用流程

1) 模型介绍

(1) 自编码器神经网络。

自编码器(autoencoder, AE)神经网络是一种使用无监督学习的神经网络，类似于感知器神经网络，它实现了反向传播训练算法，试图在其输出上复制输入。通常，AE 神经网络用于学习输入特征并改变输入维度。AE 神经网络具有一个编码器函数，该函数在接收输入后根据隐藏层神经元的数量改变维度，在大多数情况下，它会减少并提取有用的特征。它还具有一个解码器函数，用于重建输入到输出，该输出转换特征并改变其维度，如输入维度。图 5-25 显示了自编码器神经网络的结构。它常用于图像处理应用程序中，以学习更有用的特征，中间层的维度(h_D)小于输入维度。

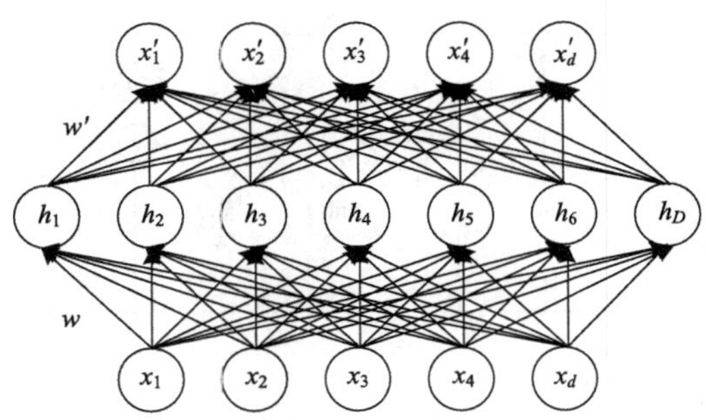

图 5-25　自编码器神经网络的结构

自编码器有不同类型。在最简单的情况下，当网络具有一个隐藏层时，编码器功能接收 X 的输入，并提供如式(5-87)所示的映射输入：

$$h = \sigma(\boldsymbol{W}X + \boldsymbol{b}) \tag{5-87}$$

在式(5-87)中，h 将输入映射到其潜在特征和代码。σ 通常是一个 S 型激活函数，但在本节中，使用了双曲正切(tanh)激活函数。这是因为本节的目标同时包含正负值。因此，与 S 型激活函数相比，双曲正切激活函数在模拟中表现出更好的性能。$\boldsymbol{W}$ 是权重矩阵，$\boldsymbol{b}$ 是偏置向量。在此步骤之后，解码器功能呈现 h 函数的映射以重建类似于输入 X 的 X'，如式(5-88)所示：

$$X' = \sigma(\boldsymbol{W}'h + \boldsymbol{b}') \tag{5-88}$$

(2) LSTM 网络。

LSTM 网络是一种深度神经网络，也是一种特殊类型的循环神经网络，能够学习长期依赖关系。LSTM 神经网络设计实际上是为了解决长期依赖问题。长时间回忆信息是 LSTM 网络的默认行为，它们的结构使它们能够很好地学习远程信息。网络以神经网络模块的重复序列形式存在。在图 5-26(a)所示的标准循环神经网络中，这些重复模块具有一种简单结构，只包含一个双曲正切层。而 LSTM 网络也具有相同的序列或链结构，但重复模块的结构不同。它不仅仅有一个神经网络层，而且包含 4 个相互关联的特殊结构层。图 5-26(b)展示了这种架构。LSTM 网络拥有三个门控单元：输入门、遗忘门和输出门。每个门控单元负责接收信息、清除不必要的信息以及将数据发送到网络输出。LSTM 网络的主要元素是状态单元，实际上是一个位于模块上方的水平线。单元功能是网络上有用信息的存储方式。

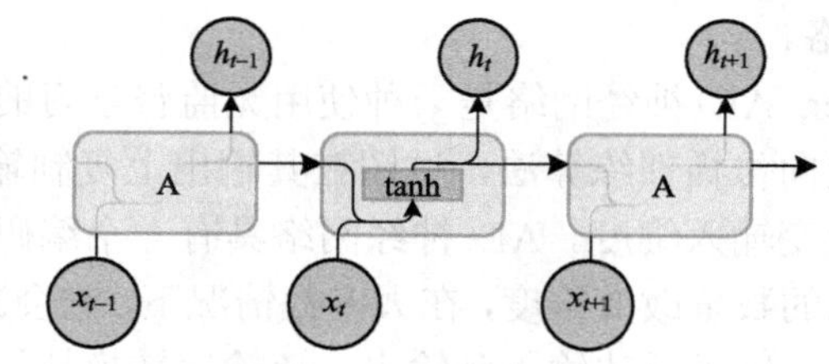

(a) 在标准的循环神经网络中的重复模块

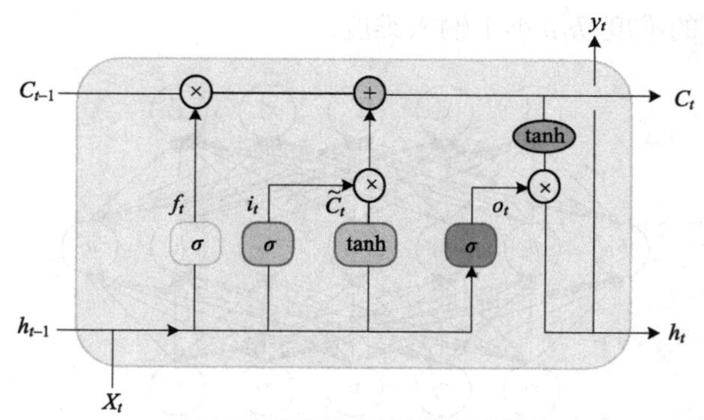

(b) LSTM(长短期记忆)网络的块结构

图 5-26　长短期记忆网络

2) 步骤介绍

图 5-27 展示了用于估算电池 SOC 的自编码器神经网络和 LSTM 网络的组合。SOC 估计的步骤如下。

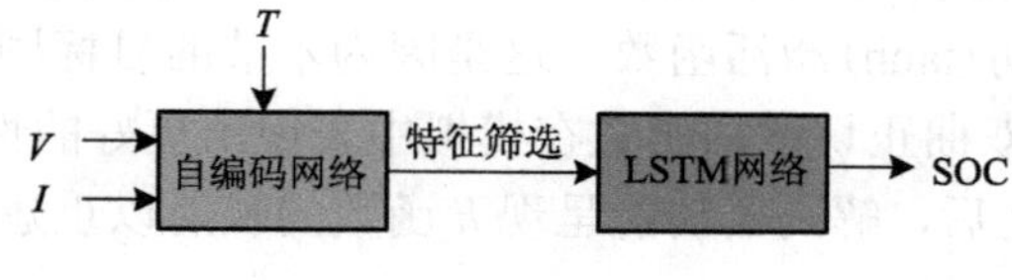

图 5-27　SOC 估计方法

(1) 数据输入准备：数据来源包括电池每秒的电压、电流以及环境温度 $M_t = [V(t), I(t), T]$。这些数据被作为自编码器神经网络的输入，用于提取特征。

(2) 自编码器神经网络训练：自编码器神经网络有一个隐藏层，包含 22 个神经元。随后，从自编码器神经网络的隐藏层提取的特征有 22 维，被视为 LSTM 网络的输入。总体而言，为 LSTM 网络训练提取的数据集为

$$D = \{(\boldsymbol{x}_1, \mathrm{SOC}_1^*)(\boldsymbol{x}_2, \mathrm{SOC}_2^*), \cdots, (\boldsymbol{x}_t, \mathrm{SOC}_t^*)\} \tag{5-89}$$

式中，SOC_t^* 是时刻 t 的 SOC 参考值，通过库仑计数方法获得，$\boldsymbol{x}$ 是时刻 t 的特征矩阵。

(3) LSTM 训练：在 LSTM 的训练过程中，门控(输入门、输出门和遗忘门)允许根据状态单元中给定的输入来遗忘或存储 SOC。最初，状态单元为零，权重随机选择。为了验证算法，70%的数据用于训练网络，30%的数据用于测试网络。

(4) 正则化：在深度神经网络中，由于层数和参数众多，存在过拟合问题，为了解决这个问题，使用了 dropout 和 L2 正则化，在此 dropout 和 L2 正则化的值分别为 0.001 和 0.5

由于网络的复杂性，算法在 GPU 上实现，以提高网络训练的速度。

4. 典型案例

所用数据集为对型号为 INR 18650-20R 的锂离子电池进行的测试数据。该电池的容量为 2000mA·h，电压为 3.6V，电压范围为 2.5～4.2V。动态应力测试(dynamic stress test，DST)驾驶周期和联邦城市驾驶时间表(FUDS)驾驶周期用作所介绍算法的输入数据。这些数据在美国马里兰大学先进生命周期工程中心(CALCE)电池研究小组的实验室收集，涉及算例收集温度为 45℃。CALCE 电池研究小组在电池实验室收集数据，实验室配备了 Arbin BT2000 电池测试系统来控制电池的充电和放电过程，一个用于控制电池环境温度的热室，以及一个带有 Arbin 软件的主计算机用于查看和控制数据。图 5-28 显示了 DST 驾驶周期在充电和放电期间的电池端电压和电流曲线。

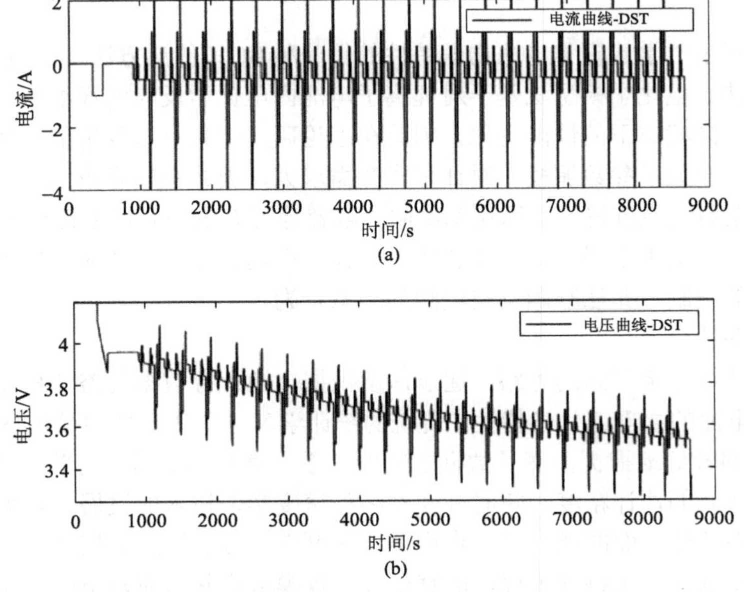

图 5-28　DST 驾驶周期在充电和放电期间的电池端电流(A)和电压(B)曲线

在45℃的DST驾驶周期下，本节介绍的方法与多层感知机(multilayer perceptron, MLP)神经网络的SOC估计结果进行了比较。该方法的MAE为0.51%，MSE为0.52%，结果表明，本节介绍的方法在处理温度变化时具有较高的准确性和可靠性。

5.4.2 基于GRU的锂离子电池健康状态估计

1. *问题描述*

健康状态(state of health，SOH)被定义为电池当前最大电量与额定容量之间的比值，反映了电池当前的容量水平或老化程度。准确的SOH估计对电动汽车的电池安全、经济性评估、更换维护等具有重要意义。

$$\text{SOH}=\frac{C_{\text{actural}}}{C_{\text{new}}}\times 100\% \tag{5-90}$$

式中，C_{actural}为电池当前最大电量；C_{new}为电池额定容量。

2. *方法分类*

锂离子电池SOH的估计方法多种多样，根据原理和技术的不同，可以分为直接测量法、模型法和数据驱动法三大类。

1)直接测量法

直接测量法主要通过对电池性能的直接测试来评估SOH，包括容量法和内阻法两种典型方法。容量法以测量电池的实际容量与额定容量的比值来评估SOH，原理简单且具有较强的适应性，因此可以广泛用于不同类型的电池。然而，容量法对测量设备的精度要求较高，特别是在电池管理系统中难以实际应用。内阻法通过测量电池的内阻变化来判断其健康状态，由于内阻随电池老化而逐渐增大，能够快速提供健康状态信息。尽管如此，内阻法的精度容易受到外部因素(如温度和电池工作状态)的影响，因此在复杂工况下，其准确性和可靠性会有所降低。

2)模型法

模型法是基于数学建模和电池物理特性的另一种SOH估计方法，主要包括电化学模型法和等效电路法。电化学模型法基于对锂离子电池内电化学反应的详细研究，能够高精度地描述电池在不同状态下的性能变化，因此在理论研究中具有重要价值。然而，由于其模型复杂性高，涉及大量参数调校，对计算资源需求大，因此在实际应用中推广性较差。相比之下，等效电路法通过将电池简化为电阻、电容等等效电路元件来估计SOH，其计算量较小，模型简单，适用于嵌入式系统和实时估计。但这种方法的适应性较差，模型的精度易受外界条件的限制，无法准确反映电池的动态行为。

3)数据驱动法

数据驱动法以完全不同的思路，通过深度挖掘电池运行数据的潜在规律，构建预测模型，不再依赖电池的物理或化学特性。传统的统计学习方法如支持向量机(SVM)和随机森林(RF)等，能够较好地捕捉多变量数据之间的关系，模型实现相对简单，同时在多工况条件下也能提供较高的估计精度。随着神经网络和深度学习技术的发展，数据驱动法在捕捉电池非线性动态特性方面的能力进一步增强。深度学习方法通过多层网络结构自动提取数据特征，无需复杂的人工特征工程，能够处理大规模数据并适应复杂的工作条件。这种方法特别适用于电池 SOH 估计中的非线性和多变量输入问题，使得在复杂场景下仍然能够保持高精度预测。此外，与直接测量法和模型法相比，数据驱动法不受理想测量环境或固定模型参数的限制，更适合动态工况下的实时估计。

数据驱动法在复杂工况下的适应性以及对非线性特征的建模能力方面展现出显著优势。尤其是在面对多变量输入、动态变化和复杂环境时，数据驱动法能够充分利用已有数据资源，通过学习电池性能的潜在规律，提供比传统统计学习方法更高的估计精度和更强的鲁棒性。正是这种结合灵活性和准确性的特点，使得数据驱动法成为当前 SOH 估计领域中备受关注的方法。下面将采用门控循环单元(GRU)的思想对 SOH 进行估计。

3. *应用流程*

GRU 结构如图 5-29 所示，其在 RNN 和 LSTM 网络的基础上改进而得，是一种性能强大的循环神经网络变体，其能有效建模和处理序列数据的长期依赖关系，其在时序分析、机器翻译、音频处理等任务中取得了显著成效。

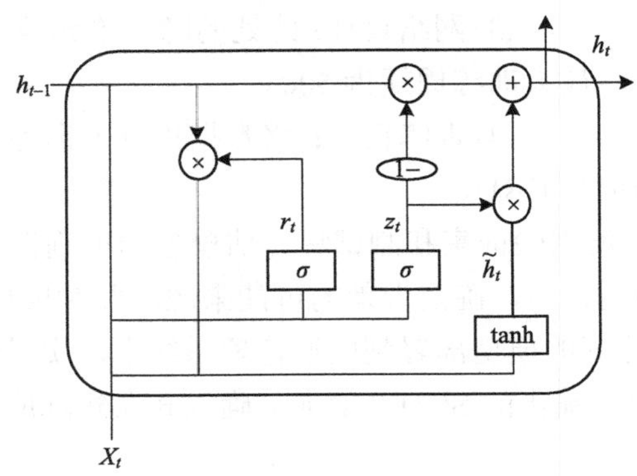

图 5-29　门控循环单元的结构

GRU 的核心思想是引入门控机制，其中包含了重置门(reset gate)和更新门(update gate)。这些门控单元的设计允许 GRU 模型灵活地控制信息的流动，选择性地忘记或保留历史隐藏状态，并利用当前输入动态更新隐藏状态。重置门给出前面的记忆和新的输入信息的结合方式，更新门由 LSTM 网络的遗忘门和输入门合并得到，以实现选择性的记忆和遗忘。因此，GRU 的参数量相较于 LSTM 网络大为减少，训练速度更快，可有效避免过度拟合。

GRU 网络中各门计算公式如式(5-91)～式(5-94)所示。

$$z_t = \sigma(x_t \boldsymbol{w}_z + h_{t-1}\boldsymbol{w}_z + b_z) \tag{5-91}$$

$$r_t = \sigma(x_t \boldsymbol{w}_r + h_{t-1}\boldsymbol{w}_r + b_r) \tag{5-92}$$

$$\tilde{h}_t = \tanh(x_t \boldsymbol{w}_h + r_t \odot h_{t-1}\boldsymbol{w}_h + b_h) \tag{5-93}$$

$$\tilde{h}_t = z_t \odot h_{t-1} + (1 - z_t)\tilde{h}_t \tag{5-94}$$

式中，h_{t-1} 为上个节点传递的记忆；x_t 为当前时刻输入值；z_t 为更新门；r_t 为重置门；$\tilde{h}_t$ 为重置门计算的隐藏状态；h_t 为更新后得到的输出隐藏状态；$\boldsymbol{w}_z$、$\boldsymbol{w}_r$、$\boldsymbol{w}_h$ 为权重矩阵；b_z、b_r、b_h 为偏置项；σ 为 sigmoid 激活函数；$\odot$ 为 Hadmard 积运算。

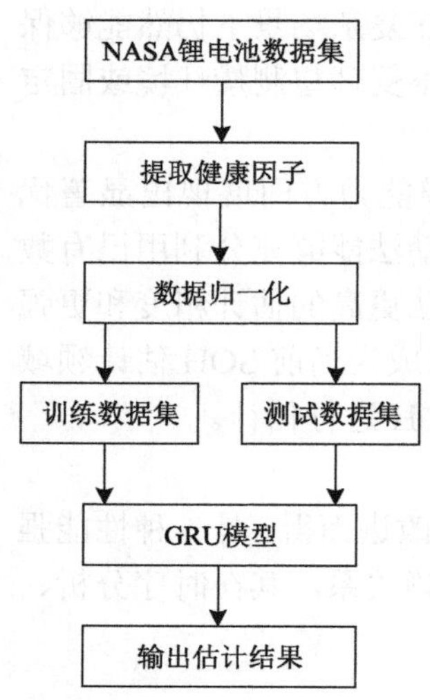

图 5-30　GRU 估计锂离子电池的健康状态流程图

如图 5-30 所示，使用 GRU 估计锂离子电池的健康状态(SOH)可以通过以下步骤进行。

(1) 数据收集与预处理：从电池管理系统 (battery management system，BMS) 中收集锂离子电池的使用数据，包括充电/放电循环数据、电流、电压、温度等。数据清洗：去除异常值和不完整的记录，确保数据质量。数据标准化：对数据进行归一化或标准化处理，以提高神经网络训练的效率和准确性。

(2) 特征选择：基于电池性能影响因素，选取与电池 SOH 估计相关的特征，如循环次数、平均放电深度、温度波动等。特征工程：可能需要构造新的特征或对现有特征进行转换，以更好地反映电池的健康状态。

(3) 网络设计：此处的隐藏单元数目为 32，学习率为 0.001，最大训练周期为 500。

(4) 训练模型：将数据集分为训练集、验证集和测试集。模型训练：使用训练集数据训练 GRU。

(5) 模型评估与验证：使用验证集和测试集评估模型的准确性、稳定性和泛化能力。误差分析：分析模型预测中的误差，确定误差的可能来源，并对模型进行调整。

(6) 模型应用：将训练好的模型部署到电池管理系统中，实时进行 SOH 估计。

(7) 结果监控：监控模型输出的 SOH 估计值，确保其在实际应用中的准确性和可靠性。

4. 典型案例

在本算例分析中，使用牛津大学提供的电池数据集。牛津电池数据集[29]是由牛津大学公开发表的电池老化数据集 3，该数据集常被用来研究锂电池的老化特性。该数据集中共包含 8 块额定容量为 740mA·h、标称电压为 4.2V 的袋装锂离子电池，在环境温度 40℃下测得的老化数据。这些电池的编号分别为 Cell1,Cell2,…,Cell8，详细测试步骤如下。

(1) 使用 2C (C 为电池的容量单位。例如，如果锂离子电池的容量是 2A·h，那么 C 就等于 2A。因此，1C 的电流意味着以 2A 的电流进行充电或放电，电池将在 1h 内充满或放电) 的恒流对电池进行充电。

(2) 使用动态工况对电池进行放电。

(3) 重复步骤 (1) 和 (2)，并每隔 100 次循环使用 1C 的恒流对电池进行充放电。放电截止电压为 2.7V，以此对电池的当前可用容量进行标定。

采用 Cell1～Cell6 号电池的数据作为训练集，对模型进行训练。选择电池恒流充电阶段 4.1～4.2V 等压升充电时间为特征，已有实验证明，其与锂电池健康状态的高度相关性。一旦模型训练完成，使用 Cell7 号电池的数据作为测试集，评估模型的预测性能和适用性。如图 5-31 所示，实现了较为精准的 SOH 估计。

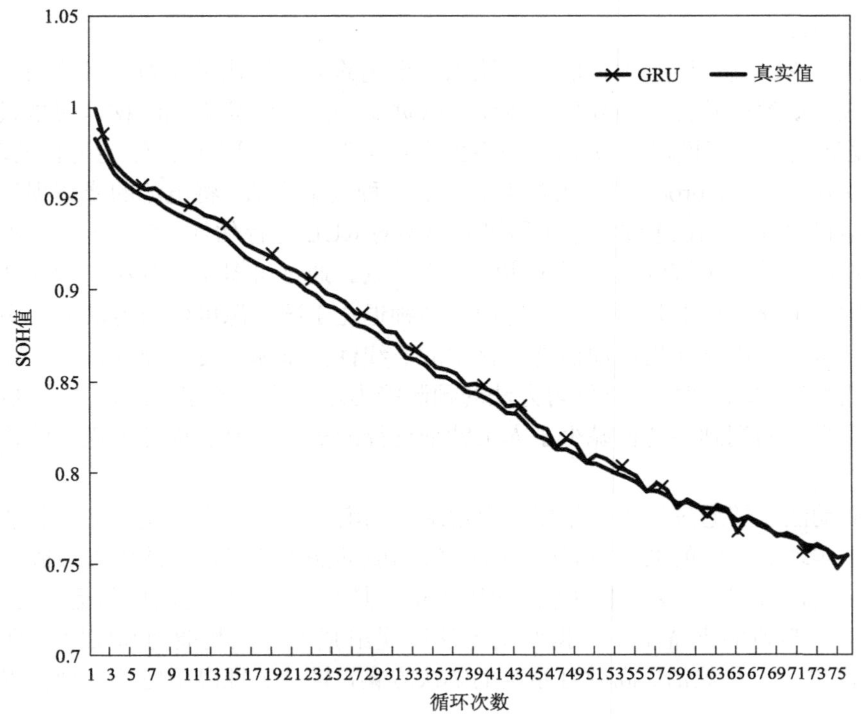

图 5-31　Cell7 的 SOH 估计结果

5.4.3 基于 TCN 的锂离子电池剩余寿命预测

1. 问题描述

剩余寿命(remaining useful life，RUL)指在一定的充放电条件下，电池的最大可用容量衰减到某一规定的失效阈值所需要经历的循环周期数。通过监测和预测 RUL，可以得到电池在未来一段时间内仍能保持良好性能的预期时间，在电池性能开始下降之前采取措施，如更换电池或进行维护，从而延长电池的使用寿命并确保系统的可靠性。在 RUL 预测中，如何从历史容量数据中迅速且有效地提取关键信息成为一项重要任务。

2. 方法分类

RUL 估计主要分为模型法和数据驱动法两大类。

1) 模型法

模型法通过建立描述电池退化行为的数学模型，结合测量数据进行 RUL 预测，具有理论清晰、计算量较小的优点。其中，经验退化模型是典型的方法之一，它利用电池容量随循环次数的退化规律，通过简单的数学关系预测 RUL。这种方法计算简单，适合在线预测，但由于参数固定，无法准确捕捉电池容量在局部再生或波动条件下的变化特性。另一种模型法是自适应滤波器，它结合经验退化模型和滤波算法对预测误差进行动态修正，从而提高 RUL 预测的准确性。然而，这种方法对经验退化模型的精度高度依赖，而经验退化模型的精度往往受内部参数设置和外部环境变化的影响，因此在实际应用中可能出现不稳定性。

2）数据驱动法

在锂离子 RUL 估计中，数据驱动方法以其卓越的非线性建模能力和对复杂工况的适应性，已经成为研究的热点。与模型法相比，数据驱动法不依赖于电池物理模型或经验退化曲线，而是通过对大规模运行数据的深度挖掘和学习，直接捕捉电池性能退化的动态特性。随机过程法（stochastic process）作为数据驱动的一种典型方法，将电池的降解视为依赖于循环次数的随机时间序列，通过状态转移概率模型对 RUL 进行估计。由于该方法不需要复杂的物理假设，计算成本较低且适用于实时应用场景。通过机器学习算法，能够从电池的运行数据中学习退化特性的复杂模式，适用于多种退化工况。深度学习方法通过多层网络结构自动提取特征，能够捕捉电池性能变化中的非线性关系和多变量交互效应。在面对复杂工况或非线性退化场景时，深度学习方法的预测能力远超传统的随机过程法和机器学习法。此外，深度学习的端到端特性减少了人工特征选择的需求，显著提升了模型的鲁棒性和适应性。

数据驱动法能够通过历史数据揭示电池退化的潜在规律，在多变量输入和非线性动态退化场景中实现高精度的 RUL 估计。同时，数据驱动法避免了模型法中参数固定或假设单一带来的限制，使得其在多样化的电池应用场景下具有更广泛的适用性和更强的泛化能力。特别是在深度学习的支持下，数据驱动方法展现出强大的预测能力和实时处理能力，为 RUL 估计提供了一种灵活、高效且精确的解决方案，推动了锂离子电池管理技术的进一步发展。

3. *应用流程*

时间卷积网络（TCN）是一维全卷积网络和因果卷积相结合的网络，可以有效提取出数据之间的关联性，更适用于解决时序问题。扩张卷积网络可对上一层的输入进行扩张采样，提取出间隔较长和非连续时序数据的特征信息。对于因果卷积，某一时刻的输出只与该时刻和更早时间的输入有关。TCN 的主要结构为膨胀因果卷积，如图 5-32 所示。通过增加因果卷积层数，神经网络模型可以实现更广的感受野。然而，增加卷积层数会显著增加模型的复杂性，对训练和计算提出巨大挑战。为在有限的卷积层数内最大化感受野，采用膨胀因果卷积处理序列数据。与普通因果卷积相比，膨胀因果卷积能有效提高模型感受野的增长效率。

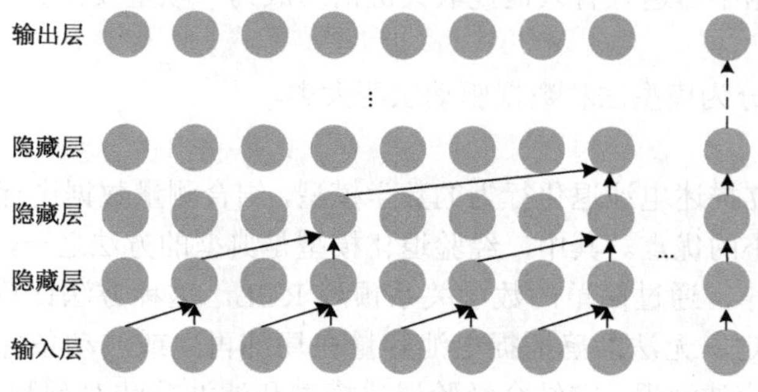

图 5-32　膨胀因果卷积

TCN 处理数据序列的过程和膨胀卷积的处理过程相同。TCN 的卷积层比一般 CNN 的卷积层要多，TCN 不断增减卷积层的个数，从而形成一层比一层更大的膨胀系数和更大的卷积核。

如图 5-33 所示，基于 TCN 的锂电池 RUL 预测可按照如下步骤进行。

图 5-33　基于 TCN 的锂电池 RUL 预测应用流程

1) 网络初始化

网络架构定义如下。

(1) 输入层：接收单一特征输入，即电池的容量数据。

(2) TCN 层：多层 TCN 结构。

(3) 全连接层：将 TCN 的输出映射到预测值。

(4) 回归输出层：产生连续的容量预测值。

(5) 激活函数与参数。

①使用激活函数如 tanh 或 ReLU 以增强模型的非线性学习能力。

②初始化权重和偏置，采用如 He 或 Xavier 等初始化方法来改善模型训练的收敛速度。

2) 数据预处理与训练样本构建

(1) 数据收集：收集足够周期的动力电池容量数据。

(2) 特征工程：根据需要选择合适的特征，如电池的充放电周期、环境温度等。

(3) 序列生成：将历史容量数据转换为序列数据格式。例如，使用前 12 个周期的容量数据预测下一周期的容量。

(4) 数据归一化：应用标准化或归一化技术处理输入数据，以提高模型训练的稳定性和效率。

3) 网络训练与优化

(1) 优化算法：采用 Adam 或 RMSprop 等先进的优化算法，配置适当的学习率和衰减因子。

(2) 正规化技术

①应用 L1、L2 正则化在目标函数中加入权重的绝对值或平方和。

②实施 dropout 技术在每个训练阶段随机丢弃部分神经元，防止网络过拟合。

(3) 批量训练：使用小批量数据进行模型训练，这可以平衡训练速度与内存使用，同时提高模型的泛化能力。

4) 模型评估与验证

(1) 性能评估：使用 MSE 和其他相关指标评估模型在验证集上的表现。

(2) 交叉验证：运用交叉验证技术来确保模型的泛化性。

5) RUL 预测与应用部署

(1) 预测执行：将处理好的测试数据输入到训练好的模型中，执行多步预测直至预测容量低于设定阈值。

(2) 结果分析：分析预测结果的概率密度函数，评估预测的不确定性和可靠性。

(3) 部署与监控：将模型集成到电池管理系统中，实时监测电池状态，并定期更新模型以适应新的操作条件。

4. 典型案例

在本算例分析中，使用NASA艾姆斯研究中心提供的电池数据集[30]中的B0005号电池。NASA艾姆斯研究中心发布了一系列关于锂离子电池的实验数据，这些数据被广泛用于研究电池的老化和寿命预测。在这些数据集中，B0005、B0006和B0007为研究中使用的三个主要电池编号，这些电池均具有相同的物理和化学特性，但经历了不同的测试条件和循环次数。电池的额定容量为2A·h，额定电压为4.2V。三组电池在标准室温条件下进行了一系列标准化测试，包括充电过程(使用1.5A的恒定电流充电至电池电压达到4.2V，随后转为恒定电压充电，直至充电电流降至20mA)、放电过程(使用2A的恒定电流放电，B0005号电池的放电截止电压为2.5V)，以及在频率范围0.1Hz～5kHz内进行电化学阻抗谱扫描的阻抗测量。这三组电池数据共包含168个放电循环周期，为长期电池性能研究提供了丰富的数据资源。数据集不仅包括电池的充电和放电曲线，还包括电池的阻抗特性和详细的循环信息，有助于深入分析电池在不同工作条件下的表现，为电池的RUL预测提供了坚实的数据基础。

在构建和训练TCN进行电池容量预测时，本节首先设置了关键的超参数，包括输入维度、隐藏层维度、卷积层数和输出维度。输入维度为1，表示使用单个特征(如电池的健康状态SOH)作为输入；隐藏层维度设置为128个神经元，以捕捉时间序列中的复杂模式；卷积层数设为4层，增强模型的学习能力；输出维度为1，即单一的预测值。在训练过程中，首先对数据进行预处理，将其缩放到固定范围内，并根据设定的时间窗口将数据分割为训练集和测试集。然后，根据超参数实例化TCN模型，并定义MSE作为损失函数，使用Adam优化器调整模型参数。在每个训练周期，模型接收训练数据，计算预测值与实际值之间的误差，并通过反向传播算法更新模型参数。经过多个训练周期，模型逐渐学会了数据中的模式，误差不断减少。

如图5-34所示，选取B0005号电池前50%的容量数据作为训练集，以训练模型来预测后50%的容量数据。通过这种方法，实现了较为准确的预测效果。

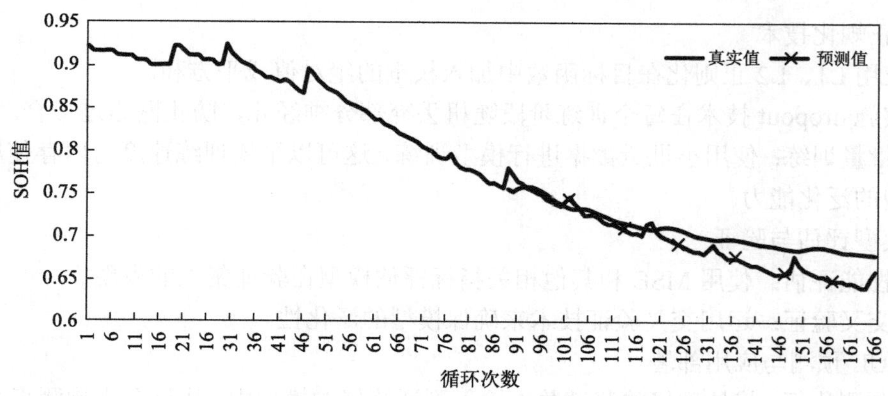

图5-34 B0005电池容量预测结果(50%)

第 6 章　系统侧的典型应用

6.1　系统态势感知中的应用

在当今快速发展的科技时代，人工智能(AI)技术在电力系统态势感知中的应用已成为推动电力行业智能化升级的重要力量。电力系统态势感知是指通过多源数据的采集与分析，实时监控、预测并评估电网运行状态及其潜在风险，为电网的安全运行和优化调度提供决策支持。本节旨在探讨 AI 技术如何在电力系统态势感知的关键领域中发挥作用，具体涵盖电力系统拓扑与参数辨识、电力系统潮流计算以及大电网安全边界生成等方面。

首先，电力系统拓扑与参数辨识是态势感知的基础。通过利用 AI 技术，如机器学习和深度学习算法，可以实现对电力系统拓扑结构的自动识别和参数的精确估算。这不仅能够提高电力系统建模的准确性，还能增强对复杂电网的实时监控能力。其次，电力系统潮流计算是态势感知的核心环节。潮流计算涉及对电力系统中电压、电流和功率的分布进行分析，以确保电力系统的稳定运行。AI 技术，尤其是优化算法和数据驱动模型，能够大幅提升潮流计算的速度和精度，从而为电网运行状态的实时分析和预测提供有力支持。最后，大电网安全边界生成是保障电网安全运行的重要手段。通过引入 AI 技术，可以在海量数据中快速识别潜在的安全隐患，并生成动态的安全边界。这有助于及时预警和防范电力系统中可能出现的故障和风险，提升电网的整体安全性和可靠性。

综上所述，AI 技术在电力系统态势感知中的应用能够显著提升电网的实时监测、预测与决策能力。本节将详细介绍相关技术的原理、应用场景及其在实际电力系统中的成功案例，为进一步推动 AI 在电力系统中的深度应用提供理论基础和实践参考。

6.1.1　基于数据模型混合驱动的拓扑辨识与线路参数联合估计

为消纳更高比例的分布式电源，配电网的发展形态将发生巨大变化。在电力流向上，由于负荷侧的分布式电源注入，配电网由传统的“注入型”向“平衡型”和“上送型”转变。在网络形态上，分布式电源引入的大量电力电子设备使网络结构更加复杂，控制难度加大。在运行模式上，含高比例分布式电源的配电网呈现灵活易变和网状运行趋势。因此，准确的拓扑结构和线路参数是配电网状态估计、最优潮流、安全分析和故障定位等高级应用分析的前提与基础。

1. 问题描述

1)拓扑识别

拓扑识别旨在运用图论等方面的知识对电网的连接关系进行识别，以确定电网中各元件(节点、线路、负荷等)的连接情况和带电状态，反映系统中各元件的物理连接关系，为方便对拓扑连接关系的描述，一般采用邻接矩阵来表示拓扑。对于一个含 n 节点的电力系统，邻接矩阵 $\boldsymbol{A}=(a_{ij})_{n\times n}$ 中的元素定义如式(6-1)：

$$a_{ij}=\begin{cases}1, & j\in N_i\\0, & j\notin N_i\end{cases} \tag{6-1}$$

式中，N_i 代表节点 i 所有的邻居节点集。两节点 i、j 之间处于连接状态则 a_{ij} 和 a_{ji} 为 1，否则为 0。因此，电力系统拓扑辨识问题可以等效为邻接矩阵的计算。

2) 参数估计

电力系统中的线路参数包括传输线的电阻、电感和电容等参数。线路参数估计的基本原理是利用电力系统中的测量数据和数学模型来进行估计，计算出导纳矩阵。由于配电网中邻居节点间的相角差很小，令 $\theta_{ij}\approx 0$，构建估计线路参数初值的线性回归模型，如式(6-2)所示：

$$\begin{bmatrix}\boldsymbol{P}\\\boldsymbol{Q}\end{bmatrix}=\begin{bmatrix}\boldsymbol{G}\\-\boldsymbol{B}\end{bmatrix}[\boldsymbol{U}] \tag{6-2}$$

式中，$\boldsymbol{G}$ 和 $\boldsymbol{B}$ 为线路导纳矩阵；$\boldsymbol{U}$ 可以根据电压量测数据和拓扑邻接矩阵 $\boldsymbol{A}$ 构建，$\boldsymbol{U}$ 中的元素 $u_{ij}=a_{ij}v_j$。

基于上述线性模型，可以通过逐行线性回归估计每个节点的自导纳与互导纳，采用最小二乘方法求解时，所估计的导纳矩阵如式(6-3)所示：

$$\begin{aligned}[\boldsymbol{G}]&=\boldsymbol{P}\boldsymbol{U}^{\mathrm{T}}(\boldsymbol{U}\boldsymbol{U}^{\mathrm{T}})^{-1}\\[\boldsymbol{B}]&=-\boldsymbol{Q}\boldsymbol{U}^{\mathrm{T}}(\boldsymbol{U}\boldsymbol{U}^{\mathrm{T}})^{-1}\end{aligned} \tag{6-3}$$

3) 拓扑和参数的联合估计

在进行联合估计时，一般先进行拓扑识别，然后，在拓扑信息已知之后进行线路参数估计，当独立地量测数据冗余时，就可以基于潮流方程，通过线性回归、最小二乘或迭代优化等方法估计线路参数，最后，利用线路参数的识别结果去修正拓扑，从而获得更准确的拓扑和更高精度的参数。

2. *方法分类*

1) 拓扑识别

配电网拓扑识别可以识别出配电网各元件(包括节点、线路、负荷)的连接情况和带电状态，反映系统中各元件之间的物理连接关系。常用的拓扑识别方法可分为两大类：状态估计法和数据驱动法。

状态估计法：根据对网络实际状态的测量来估计线路或者开关的状态。状态估计法需要足够的量测冗余度以及拓扑和线路参数的先验知识。针对安装有高精度相量量测单元(phasor measurement units，PMU)的配电网，通过在配电网中添加额外的传感或计量设备来获得网络的电流、电压、相角等信息，对网络进行更高效准确的识别。

数据驱动法：利用来自同步相量、智能电表或传统电压和电流测量设备的数据识别拓扑。现有数据驱动法可以分为两大类。第一类方法通过分析节点电压之间的相关水平来识别拓扑连接关系，常用的相关性计算方法有皮尔逊相关系数、互信息、回归系数矩阵等。第二类方法基于多元线性回归来识别拓扑连接的关系，常用的回归计算方法有线性回归、主成分回归等，在回归中设置正则惩罚项以筛选邻居节点。

2) 线路参数估计

除网络拓扑外，线路参数作为电力系统模型另一个重要的组成部分，是电网进行有效安全分析、故障定位的基础。目前，输电网的线路参数大多可以通过实测方式获取，但配电网规模更大、设备更多、拓扑结构变化快、面临的情况更为复杂，且配电网实时监测设备相对于输电网而言要少得多，因此，如何高效准确地对配电网线路参数进行估计，具有重要意义。现有配电网线路参数估计方法包括最小二乘法和回归分析法。

最小二乘法：这类方法基于(加权)最小二乘法以及潮流方程去估计线路参数的最优值。通过最小化观测值与模型预测值之间差的平方和来寻找最佳拟合线，使模型预测值与实际观测值之间的误差总和达到最小，从而得到最优的线路参数值。

回归分析法：这类方法往往是基于量测数据和线路参数的线性关系回归获取线路参数。通过建立一个或多个自变量与因变量之间的线性关系模型，利用样本数据来估计模型参数，从而预测或解释线路参数的变化。

3) 拓扑和线路参数联合估计

长期以来，配电网拓扑识别和线路参数识别是分为两项工作分别进行的。拓扑识别是在信息完全未知情况下分析电网识别拓扑，往往需要海量的数据才能获取高准确度的拓扑。线路参数是在拓扑信息已知时进行估计，当独立地量测数据冗余时，就可以基于潮流方程，通过线性回归、最小二乘或迭代优化估计线路参数。近年来，学者们将两者结合在一起进行估计，二者之间出现了良好的促进作用，准确的拓扑能提高线路参数的识别精度，线路参数的识别结果反过来可以修正拓扑，提高拓扑识别准确度。

3. 应用流程

针对拓扑与参数联合估计问题，本节将介绍基于偏相关分析的拓扑和线路参数的联合估计方法。首先，基于偏相关分析解决拓扑识别问题[31]，其次，在拓扑初步识别的基础上，基于线性回归进行线路参数和相角的初值估计，最后，基于牛顿法对初步拓扑、线路参数和相角初值进行优化[32]。本节所介绍方法的主要框架如图 6-1 所示，分为初步识别和优化校正两个步骤。

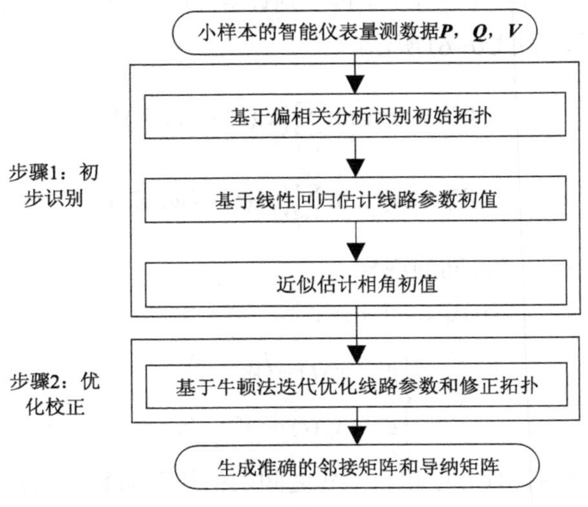

图 6-1　配电网拓扑和线路参数联合估计流程图

初步识别阶段主要实现了拓扑和线路参数初步估计。根据配电网拓扑的稀疏结构特征，设计基于偏相关分析的邻居节点筛选机制，以识别配电网初始拓扑。然后，基于线性化潮流方程，结合初始拓扑，采用线性回归估计各支路的线路参数。最后，根据初始拓扑和线路参数初值，通过潮流计算近似估计相角初值。

优化校正阶段主要对初步识别的结果进行优化校正。将初步识别得到的初始拓扑、线路参数和相角初值通过牛顿迭代进行优化和校正。特别地，引入解耦的线性潮流模型简化了雅可比矩阵，可以在不丧失计算精度的前提下提高牛顿迭代方法的速度。接下来给出本节所介绍方法的具体细节。

1)基于偏相关分析识别初始拓扑

在一个 n 节点的配电网中，每个时间断面的节点电压和功率量测数据满足如式(6-4)所示的节点电压方程：

$$\dot{I}_i = \dot{V}_i y_{ii} - \sum_{k \in N_i} \dot{V}_k y_{ik} \tag{6-4}$$

式中，$\dot{I}_i$ 是节点 i 的注入电流；$\dot{V}_i$ 是节点 i 上的电压；$\dot{V}_k (k \in N(i))$ 是节点 i 邻居节点上的电压；y_{ii}、y_{ik} 分别代表自导纳与互导纳。但在进行极坐标变换以及相邻节点间相角差很小等一系列合理近似假设后，可以通过推导得到节点电压幅值的近似线性关系，如式(6-5)：

$$V_i \approx \sum_{k \in N_i} \lambda_{ik} V_k + \varepsilon \tag{6-5}$$

式中，λ_{ik} 可以近似看作实数；ε 为干扰项。

如果两节点 i 和节点 k 不相连，那么 $\lambda_{ik} = 0$，即非邻居节点上的电压在给定邻居节点电压时本质上是近似条件独立的，如果两节点互为邻居，那么两节点上的电压幅值始终是近似线性相关的。偏相关分析能对这一近似线性相关关系进行量化，使得邻居节点之间的偏相关系数接近 1，非邻居节点之间的偏相关系数接近 0，从而可以根据系数大小对节点之间的连接情况进行判断。

对于任意两个时间序列 $x_i(t)$ 和 $x_j(t)$，首先令 $Z = X \setminus \{x_i, x_j\}$，表示变量集合 X 中除 $x_i(t)$ 和 $x_j(t)$ 外的其他所有变量的集合，再分别计算 $x_i(t)$ 和 Z 之间的回归系数 W_i^*，$x_j(t)$ 和 Z 之间的回归系数 W_j^*，如式(6-6)所示：

$$\begin{cases} W_i^* = \arg\min\limits_{w} \sum\limits_{t=1}^{N} \left(x_i(t) - \langle \boldsymbol{w},\ Z\rangle\right)^2 \\ W_j^* = \arg\min\limits_{w} \sum\limits_{t=1}^{N} \left(x_j(t) - \langle \boldsymbol{w},\ Z\rangle\right)^2 \end{cases} \tag{6-6}$$

式中，$\langle \boldsymbol{w},\ Z\rangle$ 是向量 $\boldsymbol{w}$ 和 Z 之间的内积。

然后计算残差 $\boldsymbol{e}_i$ 和 $\boldsymbol{e}_j$，如式(6-7)所示：

$$\begin{cases} \boldsymbol{e}_i = x_i(t) - \langle W_i^*, Z\rangle \\ \boldsymbol{e}_j = x_j(t) - \langle W_j^*, Z\rangle \end{cases} \tag{6-7}$$

在给定控制变量 Z 时，$\{x_i(t)\}$ 和 $\{x_j(t)\}$ 之间的偏相关系数即为 e_i 和 e_j 之间的皮尔逊相关系数，偏相关系数计算公式如式(6-8)所示：

$$\rho_{ij} = \frac{\boldsymbol{e}_i^{\mathrm{T}} \boldsymbol{e}_j}{\|\boldsymbol{e}_i\| \cdot \|\boldsymbol{e}_j\|} \tag{6-8}$$

因此，当给定 n 个节点的电压量测数据时，可以生成一个 $n \times n$ 的节点电压偏相关系数矩阵 $\boldsymbol{\rho}$：

$$\boldsymbol{\rho} = \begin{bmatrix} \rho_{11} & \rho_{12} & \cdots & \rho_{1n} \\ \rho_{21} & \rho_{22} & \cdots & \rho_{2n} \\ \vdots & \vdots & & \vdots \\ \rho_{n1} & \rho_{n2} & \cdots & \rho_{nn} \end{bmatrix}_{n \times n} \tag{6-9}$$

基于式(6-9)得到的偏相关系数矩阵，构建拓扑初步识别“OR”规则。如果节点 i 和 j 相连，那么节点 i 是节点 j 的一个邻居，节点 j 也一定是节点 i 的一个邻居。因此，为了不遗漏回路，对于可能相连的邻居节点，ρ_{ij}、ρ_{ji} 其中一个大于阈值即认为节点 i 和 j 满足“OR”规则，它们互为邻居节点，如式(6-10)所示：

$$\max(\tilde{\rho}_{ij}, \tilde{\rho}_{ji}) > \gamma_1 \tag{6-10}$$

式中，γ_1 是一个阈值，在 0.1~0.3 范围波动，用于确定两节点是否相连。

2) 线路参数初值和相角初值估计

配电网有如下两个特点：①节点电压幅值趋近于 1p.u；②配电网邻居节点之间的相角差很小。因此，原始的非线性潮流模型可以近似为解耦的线性潮流模型（decoupled linear power flow，DLPF），如式(6-11)所示：

$$\begin{cases} p_i = \sum\limits_{j \in \{N_i, i\}} G_{ij} v_j + B_{ij} \theta_{ij} \\ q_i = \sum\limits_{j \in \{N_i, i\}} G_{ij} \theta_{ij} - B_{ij} v_j \end{cases} \tag{6-11}$$

式中，p_i 和 q_i 是节点 i 上的有功和无功功率注入；v_i 是节点 i 上的电压幅值；θ_{ij} 是节点 i 和 j 之间的相角差。本节使用智能仪表的 p、q 和 v 量测数据去识别拓扑和估计线路参数，主要思路是：先估计线路参数初值，再进行迭代优化。

(1) 基于线性回归的线路参数初值估计。

由于配电网邻居节点之间的相角差很小，直接令 $\theta_{ij} \approx 0$，来构建估计线路参数初值的线性回归模型，如式(6-12)所示：

$$\begin{cases} p_i = \sum\limits_{j \in \{N_i, i\}} G_{ij} v_j \\ q_i = -\sum\limits_{j \in \{N_i, i\}} B_{ij} v_j \end{cases} \tag{6-12}$$

其矩阵形式如式(6-13)所示，假设观测到 M 组数据，则有

$$\begin{bmatrix} \boldsymbol{P} \\ \boldsymbol{Q} \end{bmatrix}_M = \begin{bmatrix} \boldsymbol{G} \\ -\boldsymbol{B} \end{bmatrix} [\boldsymbol{U}]_M \tag{6-13}$$

式中，$\boldsymbol{P} = [p^1, p^2, \cdots, p^M]^{\mathrm{T}}$，$\boldsymbol{Q} = [q^1, q^2, \cdots, q^M]^{\mathrm{T}}$，$\boldsymbol{U} = [u^1, u^2, \cdots, u^M]^{\mathrm{T}}$，分别代表各自对应的列向量。基于上述线性模型，可以通过逐行线性回归估计每个节点的自导纳与互导纳。

至此，本节计算了初步拓扑中所有线路的电导和电纳初值。

(2)相角初值估计。

配电网并不总配备有微型同步相量测量单元(micro-phasor measurement units，μPMU)，因此实际中节点电压相角无法获取。在基于牛顿法进行迭代优化时，每个时间尺度的节点相角彼此独立，很难直接通过优化准确计算各节点相角。本节基于近似的配电网模型，由潮流计算估计相角初值。

先前已经基于节点之间的相关性分析生成了拓扑邻接矩阵 $\boldsymbol{A}$，并通过近似的线性模型采用回归得到拓扑的线路导纳矩阵 $\boldsymbol{G}$ 和 $\boldsymbol{B}$，因此可以构建相应的配电模型。当给定量测数功率数据时，就可以通过潮流计算估计每个时刻的相角。首先，将导纳参数转换为阻抗参数，令矩阵 $\boldsymbol{A}$ 中节点 i 和 j 之间的导纳按照式(6-14)处理：

$$\begin{aligned} g_{ij} &= -(G_{ij} + G_{ji}) / 2 \\ b_{ij} &= -(B_{ij} + B_{ji}) / 2 \end{aligned} \tag{6-14}$$

基于支路导纳，分别计算各支路的阻抗，如式(6-15)所示：

$$\begin{aligned} r_{ij} &= \mathrm{Re}\left(\frac{1}{g_{ij}+jb_{ij}}\right) \\ x_{ij} &= \mathrm{Im}\left(\frac{1}{g_{ij}+jb_{ij}}\right) \end{aligned} \tag{6-15}$$

式中，$\mathrm{Re}(\cdot)$ 和 $\mathrm{Im}(\cdot)$ 分别表示求复数的实部函数和求复数的虚部函数。

基于拓扑邻接矩阵和线路阻抗参数构建相应的配电网节点、支路模型，将除参考节点之外的节点视作 PQ 节点，并为各节点赋值量测得到的功率数据，可以通过潮流计算近似估计各节点各时刻的相角初值。此时的拓扑和线路参数接近真实值，因此所获得的相角也接近真实值，将它们作为牛顿法的输入有助于迭代快速收敛。此外，随着拓扑和线路参数的优化和修正，配电网模型也将越来越接近实际，相角初值也将更接近真实值。

3)基于牛顿法的线路参数估计与优化

本节首先构建了基于非线性潮流方程的线路参数估计模型。然后，基于牛顿法对初步拓扑、线路参数和相角初值进行迭代优化和修正。整体流程如图 6-2 所示。

(1)线路参数估计模型。

给定拓扑的邻接矩阵和各节点的智能仪表量测数据 p、q 和 v，线路参数在数学上应该满足原始的非线性潮流方程：

$$\begin{cases} p_i = \sum\limits_{j\in\{N_i,i\}} v_i v_j (G_{ij}\cos\theta_{ij} + B_{ij}\sin\theta_{ij}) \\ q_i = \sum\limits_{j\in\{N_i,i\}} v_i v_j (G_{ij}\sin\theta_{ij} - B_{ij}\cos\theta_{ij}) \end{cases} \tag{6-16}$$

式中，当 $j \neq i$ 时，G_{ij} 和 B_{ij} 表示节点 i 和节点 j 之间的电导和电纳，也记作 g_{ij} 和 b_{ij}；当 $j = i$ 时，G_{ii} 和 B_{ii} 表示节点 i 的自导纳，$G_{ii} = \sum\limits_{j\in N_i} g_{ij}$，$B_{ii} = \sum\limits_{j\in N_i} b_{ij}$。采用 g_{ij}、b_{ij} 和 $\theta_i - \theta_j$ 替换掉方程(6-16)中的 G_{ii}、B_{ii} 和 θ_{ij}，则

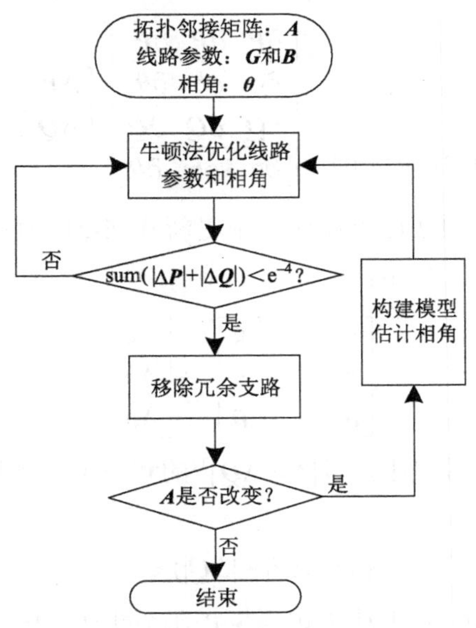

图 6-2　牛顿法优化线路参数和修正拓扑框图

$$\begin{cases} p_i = \sum\limits_{j\in N_i} (v_i^2 - v_i v_j \cos(\theta_i - \theta_j))g_{ij} - v_i v_j \sin(\theta_i - \theta_j) b_{ij} \\ q_i = \sum\limits_{j\in N_i} -v_i v_j \sin(\theta_i - \theta_j) g_{ij} - (v_i^2 - v_i v_j \cos(\theta_i - \theta_j)) b_{ij} \end{cases} \tag{6-17}$$

线路参数估计中，电纳、导纳和相角为未知量。令 $x=\{g, b, \theta\}$ 表示待求量，$F(x)$ 表示通过计算所得的功率估计值，$Y=\{p, q\}$ 表示真实的功率量测数据。则估计值和真实值之间的关系为

$$Y = F(x) + \varepsilon \tag{6-18}$$

上述问题可以转换为最小二乘问题，即所估计的最优 x 应该使得实际量测量和估计值的差的平方最小：

$$\min \| Y - F(x) \|_{\Sigma}^2 \tag{6-19}$$

求解上述模型，就可以估计邻接矩阵 $\boldsymbol{A}$ 中各支路的线路参数。

(2) 基于牛顿法的线路参数优化。

本节采用牛顿法求解上述优化问题，对于 M 组量测数据，牛顿法修正方程的矩阵形式为

$$\begin{bmatrix} \Delta \boldsymbol{P} \\ \Delta \boldsymbol{Q} \end{bmatrix}_{[1\times(2M\cdot n)]} = \begin{bmatrix} \dfrac{\partial \boldsymbol{P}}{\partial g} & \dfrac{\partial \boldsymbol{P}}{\partial b} & \dfrac{\partial \boldsymbol{P}}{\partial \boldsymbol{\theta}} \\ \dfrac{\partial \boldsymbol{Q}}{\partial g} & \dfrac{\partial \boldsymbol{Q}}{\partial b} & \dfrac{\partial \boldsymbol{Q}}{\partial \boldsymbol{\theta}} \end{bmatrix} \cdot \begin{bmatrix} \Delta g \\ \Delta b \\ \Delta \boldsymbol{\theta} \end{bmatrix}_{[1\times(2m+M\cdot(n-1))]} \tag{6-20}$$

式中，$\Delta \boldsymbol{P} = [\Delta p^1, \Delta p^2, \cdots, \Delta p^M]^{\mathrm{T}}$；$\Delta \boldsymbol{Q} = [\Delta q^1, \Delta q^2, \cdots, \Delta q^M]^{\mathrm{T}}$；$\boldsymbol{\theta} = [\theta^1, \theta^2, \cdots, \theta^M]^{\mathrm{T}}$。当雅可比矩阵不是方块矩阵时，可以采取 Moore-Penrose 广义逆计算其伪逆，如式(6-21)所示：

$$\begin{bmatrix}\Delta g\\ \Delta b\\ \Delta\boldsymbol{\theta}\end{bmatrix}_{[1\times(2m+M\cdot(n-1))]}=\begin{bmatrix}\dfrac{\partial\boldsymbol{P}}{\partial g} & \dfrac{\partial\boldsymbol{P}}{\partial b} & \dfrac{\partial\boldsymbol{P}}{\partial\boldsymbol{\theta}}\\ \dfrac{\partial\boldsymbol{Q}}{\partial g} & \dfrac{\partial\boldsymbol{Q}}{\partial b} & \dfrac{\partial\boldsymbol{Q}}{\partial\boldsymbol{\theta}}\end{bmatrix}^{\dagger}\begin{bmatrix}\Delta\boldsymbol{P}\\ \Delta\boldsymbol{Q}\end{bmatrix}_{[1\times(2M\cdot n)]} \tag{6-21}$$

式中，† 表示广义求逆。牛顿法可以在迭代中更新式(6-21)中的线路参数和电压相角，直至线路参数的值接近真实值，如下：

$$\begin{bmatrix}g\\ b\\ \boldsymbol{\theta}\end{bmatrix}^{k+1}=\begin{bmatrix}g\\ b\\ \boldsymbol{\theta}\end{bmatrix}^{k}+\begin{bmatrix}\Delta g\\ \Delta b\\ \Delta\boldsymbol{\theta}\end{bmatrix} \tag{6-22}$$

迭代收敛判据为目标函数最小，即 $[\Delta\boldsymbol{P}\ \Delta\boldsymbol{Q}]^{\mathrm{T}}$ 的和小于一个接近于 0 的阈值，本节中牛顿法迭代收敛的阈值设置为

$$\mathrm{sum}(|\Delta\boldsymbol{P}|+|\Delta\boldsymbol{Q}|)<e^{-4} \tag{6-23}$$

输入初值 $x_0=\{g_0,b_0,\theta_0\}$，上述牛顿模型将在不断迭代中修正线路参数和相角。利用牛顿法求解出修正后的线路参数，量测数据量需满足式(6-24)和式(6-25)：

$$2M\cdot n\geqslant 2m+M(n-1) \tag{6-24}$$

$$M\geqslant\frac{2m}{n+1} \tag{6-25}$$

那么牛顿法就可以求解。系统是一个规则和稀疏的复杂网络，每个节点所连的支路数量有限，因而 m/n 通常小于 2。在本节中，所介绍的拓扑和线路参数联合估计方法在 IEEE 33 节点系统、实际 49 节点系统、IEEE 69 节点系统、IEEE 123 节点系统进行测试，将 CER 数据集[33]的真实负荷数据用作算例中各节点的功率注入，并在有功功率和无功功率量测数据中分别添加 0.2%的高斯噪声。初始识别阶段选取了 50 个时间尺度的量测数据输入，牛顿法迭代过程中选取了这 50 个量测数据中的最后 6 个时间尺度的量测数据作为输入。定义式(6-26)中的相对误差以评估本节方法对线路参数估计的性能。

$$\begin{aligned}\mathrm{Error}(g)&=\frac{1}{|\varepsilon|}\sum_{\varepsilon_{ij}\in\varepsilon}\left|\frac{\tilde{g}_{ij}-g_{ij}}{g_{ij}}\right|\times 100\%\\ \mathrm{Error}(b)&=\frac{1}{|\varepsilon|}\sum_{\varepsilon_{ij}\in\varepsilon}\left|\frac{\tilde{b}_{ij}-b_{ij}}{b_{ij}}\right|\times 100\%\end{aligned} \tag{6-26}$$

式中，ε 表示所估计的支路集合；$|\varepsilon|$ 表示算例中支路的数量；ε_{ij} 表示连接节点 i 和节点 j 的支路；$\tilde{g}_{ij}$、$\tilde{b}_{ij}$ 表示支路 ε_{ij} 估计的电导和电纳；g_{ij}、b_{ij} 表示支路 ε_{ij} 真实的电导和电纳。

在不同算例中的测试的结果如表 6-1 所示。

从初步识别结果中可以发现，基于 50 个量测数据，本节方法初步识别拓扑的结果包含少量冗余的错误支路，线路参数初步估计中包含 5%～90%的误差。此时的拓扑和线路参数已和真实拓扑和线路参数相对接近，将其作为牛顿迭代流程中的输入，经过 5 次迭代后，电导和电纳的平均误差小于 1%，十分接近真实值。基于优化的线路参数可以很容易地修正拓扑中的冗余支路。所介绍的方法在 33 节点、49 节点、69 节点、123 节点系统中都保

持着准确的拓扑识别结果和高精度线路参数估计结果，这验证了优化后的方法在不同规模的径向、网状系统中的有效性。

表6-1　在不同算例中的测试结果

算例	支路数	初步识别结果			优化后的结果		
		错误支路	Error (g)	Error (b)	错误支路	Error (g)	Error (b)
IEEE 33 节点系统(径向)	32	1	20.27%	33.90%	0	0.47%	0.39%
IEEE 33 节点系统(网状)	37	4	19.91%	31.90%	0	0.73%	0.84%
实际 49 节点系统(径向)	48	2	7.91%	20.01%	0	0.30%	0.19%
IEEE 69 节点系统(径向)	68	6	42.60%	31.34%	0	0.24%	1.20%
IEEE 123 节点系统(径向)	122	2	89.80%	38.70%	0	0.60%	0.23%
IEEE 123 节点系统(网状)	125	1	91.27%	38.70%	0	0.53%	0.16%

6.1.2　基于模型指导的深度极限学习机潮流计算方法

1. 问题描述

潮流计算是在给定电力系统网络拓扑、元件参数和发电、负荷参量条件下，确定电力系统各部分稳态运行状态参数的计算。潮流模型由基尔霍夫电流定律推导得到，每个节点的功率平衡方程可以公式化为如下等式：

$$
\begin{aligned}
p_i &= v_i \sum_{j=1}^{n} v_j (g_{ij}\cos\theta_{ij} + b_{ij}\sin\theta_{ij}) \\
q_i &= v_i \sum_{j=1}^{n} v_j (g_{ij}\sin\theta_{ij} - b_{ij}\cos\theta_{ij})
\end{aligned}
\tag{6-27}
$$

式中，p_i和q_i分别表示节点i注入的有功功率和无功功率；g_{ij}和b_{ij}分别表示支路i-j上的线路电导和电纳；v_i表示节点i的电压幅值；θ_{ij}是节点i和节点j之间的相角差。

2. 方法分类

1) 模型驱动

传统的潮流模型驱动方法普遍采用以节点导纳矩阵为基础的高斯-赛德尔迭代法(以下简称导纳法)。研究人员之后提出了以阻抗矩阵为基础的逐次代入法(以下简称阻抗法)，通过构建阻抗矩阵并逐步代入节点电压来求解系统潮流分布，改善系统潮流计算问题的收敛性。后来又发展出以阻抗矩阵为基础的分块阻抗法，将系统分割成多个小块并分别计算，弥补阻抗法在内存和计算速度方面的缺点。

目前，基于模型的系统潮流求解主要分为牛顿-拉弗森法(Newton Raphson method，NRM)和前推回代（forward backward substitution，FBS）法两大类。NRM依据系统运行特点构建网络的潮流计算模型，通过不断迭代来求解电力系统中各节点电压和功率分布的非线性方程组。FBS法从电网的源头开始，逐步向前推进，计算节点电压和功率流，直到整个电网的潮流分布被确定，适用于求解辐射状潮流。

2) 数据驱动

随着各种量测装置与设备在电力系统中的接入，电力系统历史数据的获取使得研究人员利用系统中可用的量测开发了模型驱动以外的数据驱动方法。根据数据驱动方法采用的数学模型及原理的不同，将基于数据驱动的潮流求解方法分为两类：数据驱动的线性回归潮流模型求解和数据驱动的非线性回归潮流模型求解。

数据驱动的线性回归潮流模型求解侧重于通过历史运行数据计算潮流模型参数(线路参数、节点导纳矩阵等)来实现潮流的求解。潮流线性化回归模型本质上是以一种高维超平面来表征电网潮流模型，常见的方法包括岭回归、最小二乘、偏最小二乘、贝叶斯回归等，如表 6-2 所示。

表 6-2 数据驱动的线性回归潮流模型求解相关方法

采用方法	解决思路
岭回归	通过在损失函数中添加正则化项来解决过拟合问题
最小二乘	通过最小化电网状态方程的误差，优化电压幅值和相角的估计，求解电网的稳态潮流解
偏最小二乘	通过提取自变量和因变量的潜在结构建立回归模型，处理多重共线性问题和高维数据
贝叶斯回归	利用贝叶斯推断原理估计模型参数，处理参数的不确定性，并通过迭代求解参数的最大后验分布

从表 6-2 可以看出，潮流线性化回归模型本质上是以一种高维超平面来表征电网潮流模型，基于线性潮流模型的数据驱动方法非线性适应性差，存在建模不充分、刻画不同运行状态下潮流差异性不足的问题，因此，可采用人工智能的非线性回归方法进行潮流建模与计算，常见方法如表 6-3 所示。

表 6-3 数据驱动的非线性回归潮流模型求解相关方法

采用方法	解决思路
径向基函数神经网络	结合了邻近算法和伪逆法以优化网络参数，建立电力系统的非线性映射模型来提高计算精度
卷积神经网络	通过处理电网的时空数据，利用卷积层提取电压等变量的空间特征，建立运行状态的映射关系
支持向量回归	通过利用历史潮流数据，建立电力系统输入与输出之间的映射关系，实现对潮流状态的高效预测
去噪自动编码器	建立输入特征与状态之间的非线性映射，实现对节点电压和功率流的预测

与线性回归相比，基于数据驱动的非线性回归专注于历史量测数据，对潮流计算的输入和输出之间的映射规则进行建模，利用机器学习和深度学习的方法导出高分辨率的潮流数值解，从而弥补了数据驱动的线性潮流模型求解的缺陷。

3. 应用流程

本节介绍了一种基于模型指导的深度极限学习机潮流快速计算方法，首先，构建深度极限学习机，在提高原始神经网络的非线性拟合能力的基础上实现潮流模型的在线快速计算；然后，在训练过程中引入物理模型指导损失函数，进一步提高神经网络的可解释性和泛化能力。整体框架如图 6-3 所示。

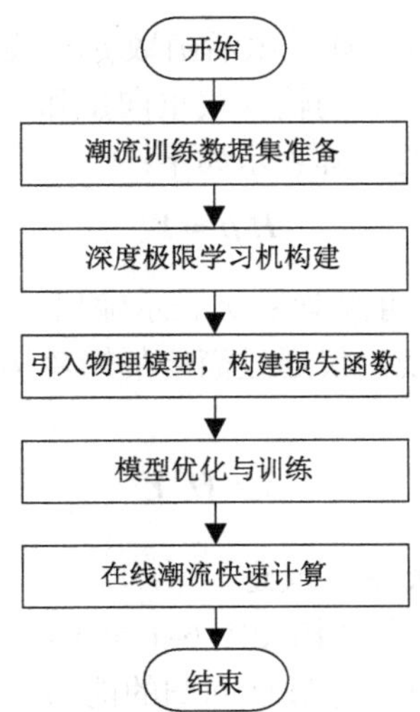

图 6-3　模型指导下潮流快速计算方法整体框架

1) 构建深度极限学习机模型

极限学习机(ELM)是一种单隐藏层前馈神经网络，其基本结构如图 6-4 所示，由输入层、隐藏层和输出层构成。极限学习机被认为是对各种前馈神经网络及其反向传播算法的改进，其特点是隐藏层神经元节点的权重是随机给定的，且不需要更新，学习过程仅计算输出权重，在学习速率和泛化能力方面具有较大优势。首先设置隐藏层节点数，随机生成输入层和隐藏层之间的输入权重 $\boldsymbol{W}$ 和偏置向量 $\boldsymbol{b}$，接下来将样本数据输入隐藏层中，得到输出矩阵，最终以最小化误差为限制条件，利用广义逆求出输出权重 $\boldsymbol{\beta}$。具体来说，具有 l 个隐藏节点的单隐藏层前馈神经网络如式(6-28)所示：

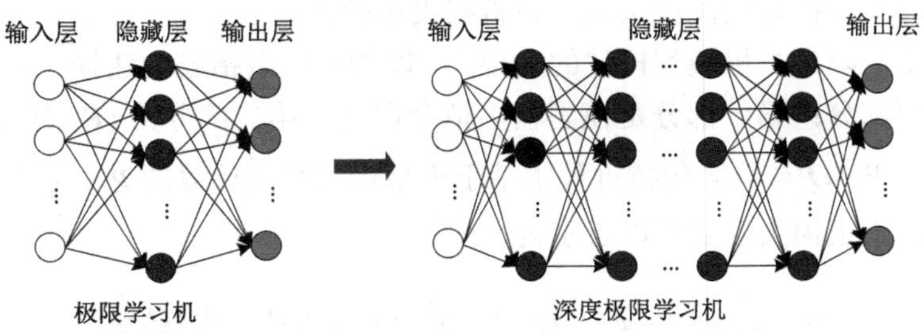

图 6-4　从极限学习机到深度极限学习机

$$\hat{\boldsymbol{f}}_l\left(\boldsymbol{x}_{\text{in}}\right)=\sum_{i=1}^{l} g_i\left(\boldsymbol{x}_{\text{in}}, \boldsymbol{w}_i, b_i\right) \cdot \boldsymbol{\beta}_i \tag{6-28}$$

式中，$\boldsymbol{w}_i \in \mathbb{R}^d$；$b_i, \boldsymbol{\beta}_i \in \mathbb{R}$；$\boldsymbol{x}_{\text{in}}$ 表示训练样本的输入特征向量；$\boldsymbol{f}$ 表示训练样本的输出特征向量；$\boldsymbol{w}_i$ 表示从输入层到隐藏层神经元 i 的权重向量；b_i 表示隐藏层神经元 i 的偏置；$\boldsymbol{\beta}_i$ 表示从隐藏层神经元 i 到输出层的权重向量；l 表示极限学习机的隐藏层的神经元个数；$g(\cdot)$ 表示极限学习机隐藏层激活函数。由前述内容可知，$\boldsymbol{w}_i$ 和 b_i 均为预先设定的，因此，极限学习机的训练过程相当于对权重向量 $\boldsymbol{\beta}_i$ 的训练。

训练样本从输入层到隐藏层中，通过激活函数 $g(x)$ 得到输出矩阵 $\boldsymbol{H}=g(\boldsymbol{W}\boldsymbol{X}_{\text{in}}+\boldsymbol{b})$，该矩阵中 $\boldsymbol{W}$ 和 $\boldsymbol{b}$ 分别表示 ELM 随机生成的输入权重向量和偏置向量，$\boldsymbol{X}_{\text{in}}$ 表示训练样本的输入特征矩阵。隐藏层与输出层之间的矩阵表示如下：

$$\boldsymbol{H}\boldsymbol{\beta}=\boldsymbol{Y} \tag{6-29}$$

式中，$\boldsymbol{\beta}$ 表示隐藏层与输出层的权重矩阵；$\boldsymbol{Y}$ 表示输出特征向量。

此时的极限学习机为线性系统，仅通过简单的矩阵运算即可高效构建。上述线性系统的最小二乘解为

$$\boldsymbol{\beta}=\boldsymbol{H}^{\dagger}\boldsymbol{Y} \tag{6-30}$$

式中，$\boldsymbol{H}^{\dagger}$ 是矩阵 $\boldsymbol{H}$ 的 Moore-Penrose 广义逆。

本节介绍深度 ELM 模型，模型结构如图 6-4 所示，通过在每个阶段建立新的隐藏层，扩展原有的神经网络结构，以提高其非线性回归的能力，获得期望的网络输出。深度 ELM 的计算步骤如下。

步骤 1：随机生成权重矩阵 $\boldsymbol{W}_{\text{eq}}$ 和偏置向量 $\boldsymbol{b}_{\text{eq}}$；

步骤 2：计算输出矩阵 $\boldsymbol{H}_{\text{eq}}=g(\boldsymbol{W}_{\text{eq}}\boldsymbol{X}_{\text{in}}+\boldsymbol{b}_{\text{eq}})$；

步骤 3：计算输出权重；

步骤 4：第二隐藏层的输出矩阵 $\boldsymbol{H}_2=\boldsymbol{Y}\boldsymbol{\beta}_{\text{eq}}^{\dagger}$；

步骤 5：根据步骤 3、步骤 4 计算第一隐藏层和第二隐藏层之间的参数 $\boldsymbol{\Phi}_1=[\boldsymbol{b}_1\ \boldsymbol{W}_1]$；

步骤 6：计算并更新第二隐藏层的实际输出 $\boldsymbol{H}_2$；

步骤 7：更新输出权重矩阵；

步骤 8：循环步骤 4～步骤 7，更新第三隐藏层的实际输出 $\boldsymbol{H}_3$ 并更新输出权重矩阵；

步骤 9：如果隐藏层数 $k>3$，则循环 $k-1$ 次步骤 4～步骤 8。

2）基于物理模型指导的深度极限学习机损失函数构建

本节在深度极限学习机模型构建的基础上，以物理模型指导构建损失函数，更新参数。损失函数分为两部分：第一部分是模型输出拟合误差，第二部分 $J_p(\boldsymbol{P},\hat{\boldsymbol{P}})$ 和 $J_q(\boldsymbol{Q},\hat{\boldsymbol{Q}})$ 分别是真实节点注入 $\boldsymbol{P}$、$\boldsymbol{Q}$ 与反向传播过程中基于模型输出潮流计算的 $\hat{\boldsymbol{P}}$ 、$\hat{\boldsymbol{Q}}$ 误差。因此基于物理模型指导的修正损失函数可以表示为

$$L=\frac{1}{2m}\left\|\boldsymbol{Y}-f_{\boldsymbol{\Phi}}^{l}(\cdots f_{\boldsymbol{\Phi}}^{1}(\boldsymbol{X}_{\text{in}}))\right\|_2^2+J_p(\boldsymbol{P},\hat{\boldsymbol{P}})+J_q(\boldsymbol{Q},\hat{\boldsymbol{Q}}) \tag{6-31}$$

式中，$J_p(\boldsymbol{P},\hat{\boldsymbol{P}})=\|\boldsymbol{P}-\hat{\boldsymbol{P}}\|_2^2/(2m)$；$J_q(\boldsymbol{Q},\hat{\boldsymbol{Q}})=\|\boldsymbol{Q}-\hat{\boldsymbol{Q}}\|_2^2/(2m)$；$m$ 表示样本数；l 表示神经网络中隐藏层的个数；$\boldsymbol{Y}$ 表示归一化后的输出特征向量；$\boldsymbol{X}_{\text{in}}$ 表示归一化后的输入特征向量；$\boldsymbol{P}$ 和 $\boldsymbol{Q}$ 分别表示归一化后的实际注入功率；$\hat{\boldsymbol{P}}$ 和 $\hat{\boldsymbol{Q}}$ 分别表示反向传播过程计算的注入功率。损失函数反向传播梯度计算如下：

$$\begin{aligned}\boldsymbol{d}(L)&=\boldsymbol{d}_1+\boldsymbol{d}_2+\boldsymbol{d}_3\\&=\boldsymbol{d}(\boldsymbol{Y}-\hat{\boldsymbol{Y}})+\frac{\boldsymbol{P}-\hat{\boldsymbol{P}}}{\text{std}(\boldsymbol{P})}\odot\frac{\partial\boldsymbol{P}/\text{std}(\boldsymbol{P})}{\partial\hat{\boldsymbol{Y}}/\text{std}(\boldsymbol{Y})}+\frac{\boldsymbol{Q}-\hat{\boldsymbol{Q}}}{\text{std}(\boldsymbol{Q})}\odot\frac{\partial\boldsymbol{Q}/\text{std}(\boldsymbol{Q})}{\partial\hat{\boldsymbol{Y}}/\text{std}(\boldsymbol{Y})}\end{aligned} \tag{6-32}$$

式中，$\boldsymbol{d}(\cdot)$ 表示修正损失函数对神经网络输出的导数；std(·)表示标准差；⊙表示 Hadamard

乘积（对应位置元素相乘）。通过控制 $\boldsymbol{d}_2$ 和 $\boldsymbol{d}_3$ 对不同输出特征向量的贡献，以此来分别控制不同特征向量在反向传播过程中的更新梯度和更新方向，并利用经验公式(6-33)确定其中的系数：

$$\begin{aligned} \boldsymbol{d}_v(L) &= \boldsymbol{d}_{1v} + 0.5\times\frac{\max(\text{abs}(\boldsymbol{d}_{1v}))}{\max(\text{abs}(\boldsymbol{d}_{2v}+\boldsymbol{d}_{3v}))}\times(\boldsymbol{d}_{2v}+\boldsymbol{d}_{3v}) \\ \boldsymbol{d}_\theta(L) &= \boldsymbol{d}_{1\theta} + 0.5\times\frac{\max(\text{abs}(\boldsymbol{d}_{1\theta}))}{\max(\text{abs}(\boldsymbol{d}_{2\theta}+\boldsymbol{d}_{3\theta}))}\times(\boldsymbol{d}_{2\theta}+\boldsymbol{d}_{3\theta}) \end{aligned} \tag{6-33}$$

式中，max(·)表示返回最大值函数；abs(·)表示绝对值函数。具体来说，潮流模型指导神经网络的训练过程主要体现在对输出特征向量偏微分方程的计算上。

4. *典型案例*

本节在 IEEE 33 和实际 49 节点系统上随机选择三个节点接入容量为 260kW 的风电场，随机选择另外三个节点接入容量为 200kW 的光伏电站。对于 IEEE 69 节点系统，随机选择五个节点接入容量为 330kW 的风电场，随机选择另外五个节点接入容量为 250kW 的光伏电站。表 6-4 列出了这些比较方法和相应的意图，超参数设置如表 6-5 所示，对比算例设置如下。

M0：原始 ELM 模型+参数随机初始化；

M1：深度 ELM 模型+参数随机初始化；

M2：深度 ELM 模型+本节介绍的参数初始化方法；

M3：深度 ELM 模型+本节介绍的参数初始化方法+本节介绍的物理模型引导的修正损失函数；

M4：传统的基于 NRM 的潮流算法，视为基准。

表 6-4　比较方法及意图

方法	比较意图
M0 和 M1	验证所介绍的深度 ELM 算法对计算精度提升的有效性
M2 和 M3	验证物理模型引导的修正损失函数对训练精度的影响

表 6-5　不同算例下的超参数设置

算例系统	超参数设置	训练数据
IEEE 33 节点系统	[66 100 100 100 66]	10000
实际 49 节点系统	[98 200 200 200 98]	10000
IEEE 69 节点系统	[138 300 300 300 138]	20000

1）深度 ELM 算法精度提升验证

本小节中，对单隐藏层 ELM 和具有多隐藏层的深度 ELM 进行综合比较及分析，以评估它们在不同训练情况下的精度表现。不同算例系统下潮流变量训练精度的最大误差和平均误差如表 6-6 所示。

表 6-6 不同算例系统下潮流变量训练精度对比

算例系统	对比方法	电压幅值 v		电压相角 θ	
		最大误差	平均误差	最大误差	平均误差
IEEE 33 节点系统	M0	0.0034	0.0032	0.1144	0.0550
	M1	4.9838×10^{-4}	1.9325×10^{-4}	0.0050	0.0021
实际 49 节点系统	M0	0.0039	0.0033	0.1142	0.0555
	M1	0.0013	3.9472×10^{-4}	0.0191	0.0048
IEEE 69 节点系统	M0	0.0048	0.0033	0.1979	0.0413
	M1	0.0040	6.0119×10^{-4}	0.0376	0.0047

从表 6-6 中可以看出，在不同的算例系统中，深度 ELM 模型相较于传统 ELM 模型，计算精度有了明显的提升。深度 ELM 更能准确预测节点电压的幅值和相角，其各节点潮流变量的计算准确率较单层 ELM 有了明显的增加。这一性能差距的主要原因是深度 ELM 多层结构的深度特征提取能力，多个隐藏层使得深度 ELM 能够学习到更加抽象和复杂的数据表示，从而在面对复杂数据结构时具有更好的泛化能力。

2) 模型指导的训练精度对比

本小节中，探讨了潮流模型指导对神经网络训练的影响，旨在评估这种引导策略在提高训练精度方面的有效性。不同算例系统下模型 M2 和 M3 的各节点潮流变量误差分布如图 6-5 和图 6-6 所示。

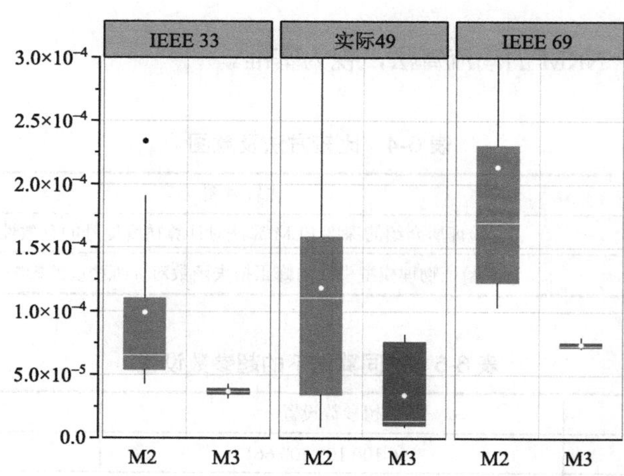

图 6-5 不同算例系统下节点系统电压幅值训练精度对比

实验结果表明，在引入潮流模型引导后，神经网络的训练精度有了显著提高，通过嵌入潮流模型，神经网络可以学习到更具普适性的规律和模式，从而提高了模型的泛化能力，使得其在测试集数据上也能够取得更好的预测效果。

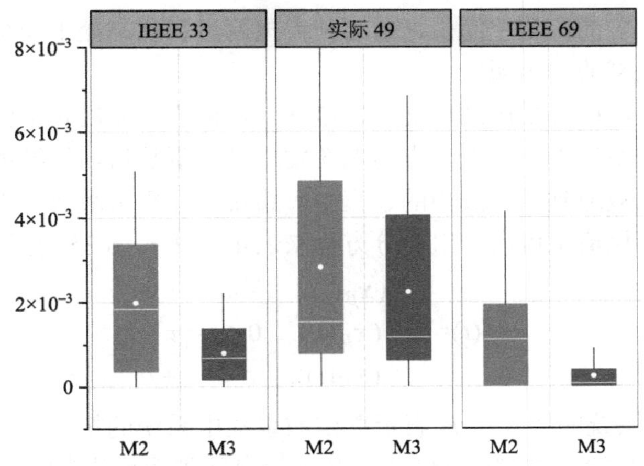

图 6-6　不同算例系统下节点系统电压相角训练精度对比

6.1.3　基于生成对抗网络的大电网安全边界生成方法

基于生成对抗网络的大电网安全边界生成方法

1. 问题描述

电网安全域方法是在逐点法基础上发展起来的一种新的方法学，它从域的角度考虑问题，描述的是整体上可安全稳定运行的区域，能够给出电网运行状态的整体评价，包括运行点的稳定状态、安全裕度、优化控制方向等信息，如图 6-7 所示。

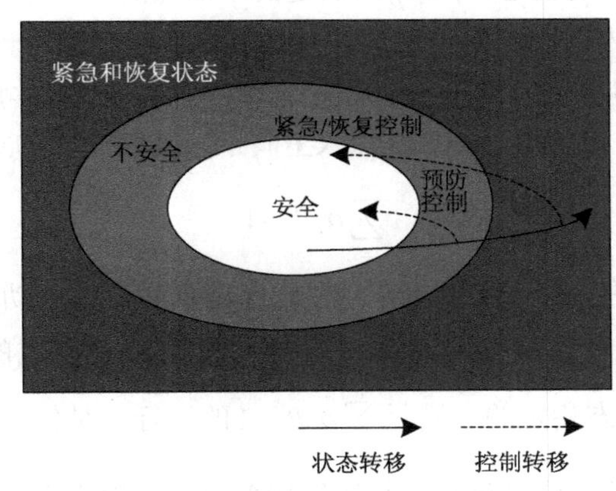

图 6-7　安全域应用示意图

一般情况下，给定系统的网络拓扑后，系统的运行状态可由决策变量确定，决策变量包括发电机的有功注入、电压幅值以及负荷的有功和无功注入。定义如下决策变量为决策空间：

$$\boldsymbol{x}_\beta \overset{\text{def}}{=} (V_0,\theta_0,P_1,\cdots,P_n,Q_{n_g+1},\cdots,Q_n,V_1,\cdots,V_{n_g})^{\mathrm{T}} \in \mathbb{R}^{2n+2} \tag{6-34}$$

式中，$\boldsymbol{x}_\beta$ 表示决策空间；(V_0,θ_0) 表示选定参考节点的电压幅值和相角，在潮流计算中是定值；n_g 表示发电机的数量；n 表示发电机和负荷的总数；P 表示有功注入；Q 表示无功注入；V 表示电压幅值。

在该决策变量对应的决策空间内，所有使得电网运行状态处于安全状态的决策变量所组成的空间便称为电网的安全域。

工程实际应用中，广泛采用高压交流输电网，可以假设无功功率就地平衡，所以动态安全域定义在有功功率注入空间上。电力系统发生既定事故后，经继电保护装置识别并进行故障清除。在发生故障到清除故障的过程中，系统将经历事故前、事故中、事故后三个阶段，系统的状态变化情况可用一组微分方程来表示，如式(6-35)所示：

$$\dot{\boldsymbol{x}}_\beta(t)=\begin{cases} f_i(\boldsymbol{x}_\beta(t)), & -\infty < t < 0 \\ f_F(\boldsymbol{x}_\beta(t)), & 0 \leqslant t < \tau \\ f_j(\boldsymbol{x}_\beta(t)), & \tau \leqslant t < +\infty \end{cases} \tag{6-35}$$

式中，i表示事故前系统的拓扑；F表示既定的事故中系统的拓扑；j表示事故后系统的拓扑；τ表示的是事故清除时刻；$f(\cdot)$表示从决策空间到系统状态的映射关系。

若事故后系统的解从初始状态渐近稳定在稳定平衡点，则称系统是暂态稳定的，反之亦然。因此，可以借助事故后系统的暂态稳定域来定义事故前系统的动态安全域：动态安全域用定义在决策空间上的集合$\Omega_d(i,j,\tau)$表示，即电力系统经历一大扰动事件后，仍能保持暂态稳定，那么事故前注入空间中所有满足该稳定条件的点集称为动态安全域。

$$\Omega_d(i,j,\tau)\overset{\text{def}}{=}\{\boldsymbol{x}_\beta \mid \boldsymbol{x}_d(\boldsymbol{x}_\beta)\in A(\boldsymbol{x}_\beta)\} \tag{6-36}$$

式中，$\boldsymbol{x}_\beta$表示事故前注入空间的运行点；$\boldsymbol{x}_d(\boldsymbol{x}_\beta)$表示事故清除瞬间的系统状态；$A(\boldsymbol{x}_\beta)$是事故后状态空间上环绕着的由运行点$\boldsymbol{x}_\beta$所决定的平衡点的暂态稳定域。

在工程实用的范围内，动态安全域的边界$\partial\Omega_d(i,j,\tau)$，可由一个或多个光滑的子表面组成，每个子表面由超平面 HP(hyperplane)近似表示，称为实用动态安全域(practical dynamic security region，PDSR)，在n维注入空间下，其表达式如式(6-37)所示：

$$\sum_{i=1}^{n}\alpha_i P_i = 1 \tag{6-37}$$

式中，α_i是超平面方程的常系数；$(P_1,\cdots,P_n)$为保证事故后暂态功角稳定的事故前注入空间下的临界有功注入向量。根据已有理论基础可得动态安全域的特性，通常认为满足$\sum_{i=1}^{n}\alpha_i P_i < 1$的运行点是暂态稳定的，满足$\sum_{i=1}^{n}\alpha_i P_i > 1$的运行点是暂态不稳定的。

实用动态安全域的关键信息包含于其边界超平面，而生成实用动态安全域边界的关键在于如何准确快速地获取位于边界上的足量临界点。随着系统规模扩大，注入空间维数呈爆炸式增加，所需搜索临界点个数和边界计算时间都会剧增。因此，如何准确快速地获得大量运行临界点成为大电网安全边界生成的关键。

2. *方法分类*

目前，动态安全域边界的求解方法主要分为拟合法、解析法和数据驱动方法。下面将简要介绍这三种方法。

1)拟合法

拟合法通过时域仿真计算得到大量暂态临界稳定运行点，进一步拟合动态安全域边界。在拟合法的研究过程中，发现动态安全域边界可以由一个或多个光滑的超平面近似表示，这大大简化了边界的描述形式。拟合法的具体计算过程如下。

首先确定系统拓扑结构和运行方式，给定既定事故类型、故障点、故障持续时间等参数。根据注入功率上下限确定参考运行点，通过时域仿真确定参考运行点的暂态稳定性，通常情况下，参考运行点是稳定的。为保证选点的均匀和具有代表性，并减少时域仿真次数，根据拟正交选点法确定临界点的搜索方向。以拟 Hadamard 矩阵的每一行相对于参考运行点的方向作为搜索方向，基于时域仿真法判定其暂态稳定性。当找到不稳定点时，则可在该不稳定点与参考运行点即稳定点之间基于二分法搜索初始临界运行点。根据初始临界运行点和 Hadamard 矩阵确定拓展搜索空间，继续改变运行点的有功注入，根据时域仿真和二分法搜索计算临界点。直到完成所有搜索方向的计算或搜索到足够数量的临界运行点。最后基于最小二乘法和大量临界点拟合动态安全域边界，获取各个注入节点的超平面系数。

2）解析法

解析法是通过数值仿真的方法求解故障的临界切除时间，进而获取临界注入功率，在临界点周围做小扰动分析，得到超平面系数之间的比例关系，进而得到与某一失稳模态相关的超平面形式边界。基于解析法计算动态安全域边界的理论基础在于暂态稳定域的特殊性质，即当事故前注入功率在动态安全域边界上发生微小扰动时，对应于事故后的一组暂态稳定域边界具有相互平行的关系，暂态稳定域边界的超平面法矢量可以由对应溢出点处的临界能量界面的梯度向量近似表示。解析法的具体计算过程如下。

首先确定系统拓扑结构和运行方式，给定事故类型、故障点、故障持续时间 τ 等参数。给定注入功率 $\boldsymbol{p}$，采用时域仿真的方法计算其故障临界切除时间 t_{cr}。若临界切除时间 t_{cr} 不等于故障持续时间 τ，则该注入功率 $\boldsymbol{p}$ 不是临界功率。更改注入功率 $\boldsymbol{p}$ 直到寻找到临界切除时间 t_{cr} 等于给定故障持续时间 τ 的临界注入功率 $\boldsymbol{p}_{cr}$。由于故障后系统轨迹的方向和暂态稳定域上的溢出点处的临界能量界面相切，根据结构保留模型的线性化理论，可转换为系统轨迹的切向量和溢出点处的临界能量界面的法向量的内积之和为零，即可得到某一失稳模态下的实用动态安全域边界的超平面表达式。为求取完整的安全域边界，需要重复上述步骤，直到计算出所有失稳模态下对应的超平面表达式。

3）数据驱动方法

逐渐成熟的数据驱动方法是通过获取电力系统实时/历史运行数据或关系型数据，根据从中筛选得到的足够代表性的样本或数据，进行数据挖掘或分析，找到一个或者一组模型的组合使得它和真实的情况非常接近，直接实现数据到数据或数据到模型的跨越。其在电网系统安全域生成上的研究内容主要可以分为特征的提取与选择和模型的构建两个部分。

一方面，数据驱动方法在安全域的特征提取和选择方面可以评估特征重要性，进而压缩数据并减小计算压力。支持向量机（SVM）、Fisher 判别器、随机森林（RF）算法、主成分分析法（PCA）、部分共同信息（PMI）和皮尔逊相关系数（PCC）、共同信息指数和泛化误差都被用于选择关键的安全域边界特征。深度强化学习和深度卷积网络得益于其良好的自动特征提取能力和高度泛化性能，也被广泛应用于安全域生成模型训练数据预处理。

另一方面，数据驱动方法相对于传统物理方法具有更好的非线性拟合能力，可以适应复杂电力网络动态安全域模型生成的需求。机器学习已被证明在电力系统动态安全域生成是有效的，如支持向量机（SVM）被用于生成拟合动态安全域边界的超平面。已有研究中提出了各种数据驱动方法在此方面的应用，如人工神经网络（ANN）、极限学习机（ELM）、决策树(DT)、随机森林(RF)、卷积神经网等，上述方法在电力系统的安全稳定运行方面能够有效地做出决策和控制。与浅层机器学习的传统人工神经网络相比，深度神经网络(DNN)具有更多的隐藏层，进而具有更强大的表示复杂映射关系的能力，可以高效地挖掘数据之间的隐含关系，评估样本特征的重要程度，从而提高训练样本的质量并增强安全域生成模型的性能。

基于数据驱动的实用动态安全域生成方法还处于初步研究阶段，在PDSR边界生成中主要应用于对数据进行降维和训练神经网络作为PDSR边界两个方面。具体地，对数据进行降维即选取全部维度中与系统暂态稳定状态密切相关的关键特征，以该少量关键特征表征系统状态和结构信息，基于精度更高的拟合法，缩短计算每一个临界点的过程所消耗的时间。训练神经网络作为PDSR边界通常采用SVM模型，利用海量标记运行点训练SVM模型，进而得到PDSR边界显式表达式。

3. 应用流程

本节介绍一种基于生成对抗网络的实用动态安全域边界快速生成方法[34,35]。首先，基于Relief和空间划分的混合数据驱动方法仿真计算少量临界点。其次，基于此少量临界点，在不依赖其他先验经验的情况下，计算临界运行点训练样本，通过深度学习网络WGAN-GP(Wasserstein generative adversarial nets gradient penalty)对临界运行点训练样本的数据分布进行学习，实现完整临界点样本集的获取。最终基于完整的临界点数据，利用最小二乘法拟合得到超平面形式的实用动态安全域边界。其流程如图6-8所示。

1)基于Relief算法和空间划分的临界点计算方法

首先运用Relief算法对输入特征进行评估和选择，识别与系统稳定性关系紧密的关键机组，进而降低搜索空间数据维数。其次根据Hadamard矩阵，采用二分法和时域仿真搜索初始临界点。再根据初始临界点和安全域的微分拓扑特性进行空间划分，将运行空间划分为三个区域，分别为稳定运行区域、不稳定运行区域和大量临界运行点存在的临界运行区域。临界点的搜索计算只需在临界运行区域内进行，进而压缩需要暂态仿真判稳的空间范围。最后通过二分法结合时域仿真搜索计算，得到用以训练对抗网络的少量临界点。其流程图如图6-9所示。

在Relief算法识别关键特征的训练过程中，首先从训练集中随机选择一个样本R，再从R的同类型样本中找到k个最邻近样本M，称为Near-same，从R的不同类型样本中找到k个最邻近样本H，称为Near-diff。按照如下规律更新各个特征的权重：若某特征下样本R和Near-same的距离小于样本R与Near-diff的距离，则该特征对分类有利，可增加该特征权重；若某特征下样本R和Near-same的距离大于样本R与Near-diff的距离，则该特征对分类不利，可减小该特征权重。最后根据权重更新式(6-38)得到各个特征的平均权重。

$$W(A)^i = W(A)^{i-1} - \frac{\sum_{j=1}^{k} \mathrm{diff}(A,R,H_j)}{mk} + \frac{\sum_{j=1}^{k} \mathrm{diff}(A,R,M_j)}{mk} \tag{6-38}$$

式中，i表示第i次迭代公式；m表示共迭代m次；A表示某特征；$W(A)$表示该特征的权重；$\mathrm{diff}(A,R,H_j)$表示两个样本R、H_j在特征A下的距离。其中$\mathrm{diff}(A,R,H_j)$的计算公式如下：

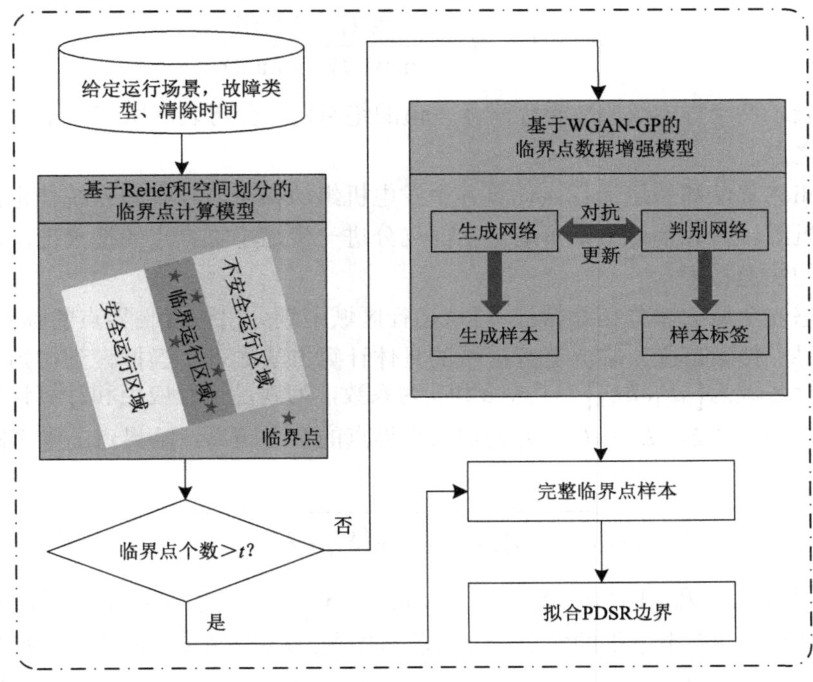

图 6-8　基于生成对抗网络的 PDSR 边界快速生成方法流程图

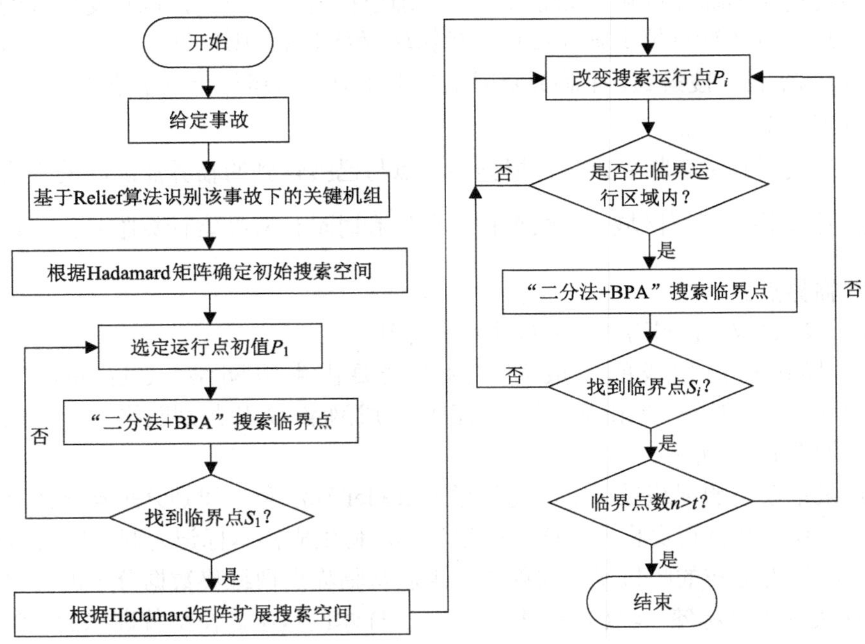

图 6-9　混合数据驱动方法流程图

$$\mathrm{diff}(A,R,H_j)=\frac{|R[A]-H_j[A]|}{\max(A)-\min(A)} \tag{6-39}$$

式中，分子表示两个样本 R、H 的特征 A 差值的绝对值，分母表示所有样本中特征 A 最大值和最小值之差。

基于 Relief 算法和系统运行点计算各个发电机组的权重，识别与系统稳定性密切相关的关键发电机组。在此基础上，可通过空间划分进一步缩小临界点的搜索范围，实现系统临界运行点的快速搜索。

基于动态安全域的微分拓扑特征，可从运行区域中划分出包含临界点的临界运行区域，从而缩小临界点搜索范围。临界运行区域的具体计算方法如下。当搜索到初始临界点后，初始临界运行区域为 $[aD_1, bD_1]$。其中 a 和 b 为系数，为满足工程应用和计算误差要求，一般取 a 为 0.8，b 为 1.2，$D_1=d_1$，d_1 为初始临界点的参考距离。临界点的参考距离计算公式如下：

$$d_i=\sqrt{\left(S_{G_1}-P_{i-G_1}\right)^2+\cdots+\left(S_{L_1}-P_{i-L_1}\right)^2+\cdots} \tag{6-40}$$

式中，$\boldsymbol{S}=0.5\left(\boldsymbol{P}_{\max}+\boldsymbol{P}_{\min}\right)=\left[S_{G_1},S_{G_2},\cdots,S_{G_i},S_{L_1},\cdots,S_{L_{r-i}}\right]$，$\boldsymbol{P}_{\max}$ 是功率上限，$\boldsymbol{P}_{\min}$ 是功率下限，参考点 $\boldsymbol{S}$ 是功率上下限的中点；P_i 表示临界点，i 表示第 i 个临界点。每当搜索到一个新的临界点时，根据参考点与已搜索到的临界点之间的平均欧氏距离 $D_j=\sum_{k=1}^{j}d_k/j$ 更新临界运行区域，其中 j 表示目前临界点总数。

进一步根据初始临界点和 Hadamard 矩阵确定扩展搜索空间，以正交矩阵的每一行作为搜索运行点，若运行点位于临界运行区域 $[aD_n, bD_n]$ 内，则根据二分法和时域仿真搜索计算临界点。D_n 表示搜索到 n 个临界点时的参考距离。若运行点位于临界运行区域以外，则仿真计算下一个运行点。

最后，当搜索到 i 个临界点时，根据参考点与已搜索到的临界点之间的平均欧氏距离 $D_i=\frac{1}{i}\sum_{k=1}^{i}d_k$ 更新临界运行区域。继续根据二分法和时域仿真搜索计算临界点，直到搜索到所需数量的临界点。

2）基于 WGAN-GP 网络的临界样本增强方法

用于临界运行点生成的生成对抗网络主要由生成网络 (generator) 和判别网络 (discriminator) 两个神经网络组成，在后面记作生成网络 G 和判别网络 D。生成对抗网络的基本原理如图 6-10 所示。

临界点采集模型的训练过程中，先将通过 Relief 算法和空间划分采集到的真实临界点样本进行归一化，并将真实临界点样本标记为真，将生成样本标记为假。生成器 G 可将一组服从简单的正态分布的随机噪声映射为一组服从临界点训练集数据分布的临界点。判别器 D 接收两类样本及标签，输出给定样本为真实样本的概率。在交替训练的过程中，根据上述损失函数采用 Adam 优化器反向传播对生成器和分类器的参数进行更新。在更新生成器 G 的参数时，以生成器可以生成与真实临界点无异且可以使判别器无法分辨的样本为目标。而在更新判别器 D 的参数时，以使得判别器可以准确分辨给定样本是真实样本还是生成样本为目标。其具体的训练过程如下。

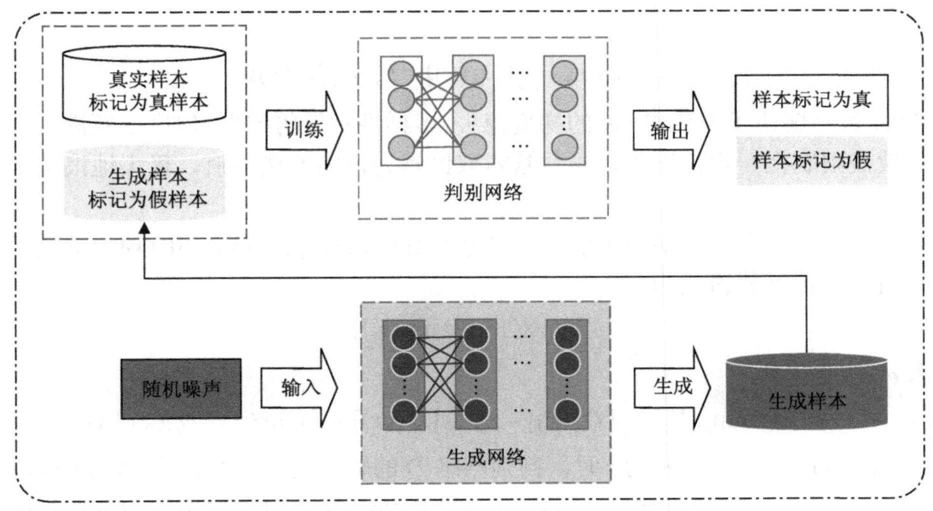

图 6-10 生成对抗网络结构图

首先固定生成网络 G，训练判别网络 D。判别网络 D 的损失函数为

$$L_D = \max_D V_D(D,G) = \max_D(E_{x\sim P_{\text{data}}} \log(D(x)) + E_{z\sim P_z} \log(1-D(G(z)))) \tag{6-41}$$

式中，P_{data} 表示真实样本数据分布规律；P_z 表示生成样本数据分布规律；$D(x)$ 表示输入为 x 时，判别网络 D 的输出，用于衡量 x 为真实样本的概率。当输入样本服从真实样本数据分布 P_{data} 时，$D(x)$ 为 1；当输入样本服从生成样本数据分布 P_z 时，$D(x)$ 为 0。最大化该损失函数即提高判别网络 D 对真实样本和生成样本做出准确区分的能力。

然后固定判别网络 D，生成网络 G 的损失函数如下：

$$L_G = \min_G V_G(D,G) = \max_G(E_{z\sim P_z} \log(1-D(G(z)))) \tag{6-42}$$

式中，$G(z)$ 表示输入为 z 时生成网络 G 的输出，即生成样本。为了最大化该损失函数，当输入样本 z 服从分布 P_z 时，$D(G(z))$ 应该尽可能接近 1，从而使得判别网络 D 判定 $G(z)$ 为真实样本，即训练生成网络 G，使生成数据的分布 $P_G(z)$ 尽可能接近真实数据样本分布 $P_{\text{data}}(x)$。

结合上述公式，判别网络 D 和生成网络 G 的总损失函数为

$$L = \min_G \max_D V_D(D,G) = \min_G \max_D(E_{x\sim P_{\text{data}}} \log(D(x)) + E_{z\sim P_z} \log(1-D(G(z)))) \tag{6-43}$$

WGAN-GP 模型中 Wasserstein 距离又称推土机距离，即 Earth-Mover(EM) 距离，用于衡量从一种概率分布转换成另一种不同的概率分布的最小移动距离，其定义为

$$W(P_{\text{data}}, P_G) = \inf_{\gamma\sim\prod(P_{\text{data}},P_G)} E_{(x,y)\sim\gamma}[\|x-y\|] \tag{6-44}$$

式中，P_{data} 和 P_G 表示两个不同的概率分布；$\prod(P_{\text{data}}, P_G)$ 表示 P_{data} 和 P_G 联合分布的集合；γ 是所有联合分布中可能的一种分布；换言之，$\prod(P_{\text{data}}, P_G)$ 的每一个边缘分布都是 P_{data} 和 P_G。其中，(x,y) 服从 γ 分布，$\|x-y\|$ 表示 $x-y$ 的二范数。Wasserstein 距离即 $x-y$ 二范数的期望，在所有可能的联合分布中，可以取到的距离下界。

构造一个包含有上界变量 ω 的判别网络 D_ω，化简 WGAN 模型的损失函数如式(6-45)

所示：

$$L = \max E_{x\sim P_{\text{data}}}[D_{\omega}(x)] - E_{x\sim P_G}[D_{\omega}(x)] \tag{6-45}$$

WGAN 虽然解决了传统 GAN 的梯度消失、多样性不足等问题，但由于要满足 Lipschitz 连续，参数被限制在一定范围内，参数基本取值都为范围的边界值，极大地浪费了调整参数的空间。

WGAN-GP 通过在损失函数中引入梯度惩罚(gradient penalty，GP)项，解决了参数裁剪存在的问题，梯度惩罚项为

$$\lambda \max(\| \nabla_x D_{\omega}(x) \|, 1) \tag{6-46}$$

代入 ω 的取值为

$$\omega^* = \arg\min_{\omega} E_{x\sim P_{\text{data}}}[D_{\omega}(x)] - E_{x\sim P_G}[D_{\omega}(x)] + \lambda \max(\| \nabla_x D_{\omega}(x) \|, 1) \tag{6-47}$$

式中，$\| \nabla_x D_{\omega}(x) \|$ 表示当输入为 x 时，判别网络 D 的输出的二范数。当 $\| \nabla_x D_{\omega}(x) \|$ 小于等于 1 时，梯度惩罚项只剩下常数 λ，求 ω^* 时可以忽略不计，即退化成了 WGAN 模型的函数形式。当 $\| \nabla_x D_{\omega}(x) \|$ 大于 1 时，梯度惩罚项变成 $\lambda \| \nabla_x D_{\omega}(x) \|$。求取 ω^* 时，梯度越大，惩罚项越大。从而把梯度限制在 1 以内。

取任意点 $\hat{x}$，式中 x^{data} 服从真实数据分布，x^G 服从生成网络 G 的分布，$\hat{x}$ 即为两个样本之间的随机取样。将 $\hat{x}$ 代入 ω^* 后可得

$$\omega^* = \arg\min_{\omega} E_{x\sim P_{\text{data}}}[D_{\omega}(x)] - E_{x\sim P_G}[D_{\omega}(x)] + \lambda E_{\hat{x}\sim p(\hat{x})} \max(\| \nabla_{\hat{x}} D_{\omega}(\hat{x}) \|, 1) \tag{6-48}$$

将 ω^* 代入 WGAN-GP 的损失函数可得

$$L = \max E_{x\sim P_{\text{data}}}[D_{\omega}(x)] - E_{x\sim P_G}[D_{\omega}(x)] - \lambda E_{\hat{x}\sim p(\hat{x})} \max(\| \nabla_{\hat{x}} D_{\omega}(\hat{x}) \|, 1) \tag{6-49}$$

训练完毕后，WGAN-GP 模型即可针对特定故障，由少量临界点提供准确完整的临界点样本集。

3) 最小二乘法拟合 PDSR

获得大量运行临界点后，基于最小二乘法可以拟合实用动态安全域边界超平面。

基于最小二乘法可以拟合实用动态安全域边界。在 n 维节点注入空间中，超平面表达式如式(6-50)所示：

$$\sum_{i=1}^{n} \alpha_i x_i = \alpha_1 x_1 + \alpha_2 x_2 + \cdots + \alpha_n x_n = y \tag{6-50}$$

式中，$\boldsymbol{\alpha}=[\alpha_1,\cdots,\alpha_n]^{\mathrm{T}}$ 为对应于各节点的超平面系数，是一个 $n\times 1$ 待求列向量；$\boldsymbol{x}=[x_1,\cdots,x_n]^{\mathrm{T}}$ 为临界有功注入功率向量，是已知的常数列向量。y 是衡量值，通常取常数 1。

设共搜索到 m 个临界运行点 $(x_{j1}, x_{j2}, \cdots, x_{jn}), j=1,2,\cdots,m$，用 $\boldsymbol{X}$ 表示。代入式(6-50)，可得误差方程为

$$\boldsymbol{Y} - \boldsymbol{X\alpha} = \boldsymbol{\varepsilon} \tag{6-51}$$

式中，$\boldsymbol{Y}$ 为 $m\times 1$ 衡量值指标向量；$\boldsymbol{\alpha}$ 是 $n\times 1$ 安全域系数常向量；$\boldsymbol{\varepsilon}$ 是 $m\times 1$ 误差向量。由最小二乘法可得，应使偏差的平方和最小，即

$$\|\boldsymbol{\varepsilon}\|^2 = (\boldsymbol{Y} - \boldsymbol{X\alpha})^{\mathrm{T}}(\boldsymbol{Y} - \boldsymbol{X\alpha}) \to \min \tag{6-52}$$

令式(6-52)对 $\boldsymbol{\alpha}$ 求偏导数可得式(6-53)：

$$\frac{\partial\|\boldsymbol{\varepsilon}\|^2}{\partial\boldsymbol{\alpha}}=\frac{\partial\left(\boldsymbol{Y}^{\mathrm{T}}\boldsymbol{Y}-2\boldsymbol{Y}^{\mathrm{T}}\boldsymbol{X}\boldsymbol{\alpha}+\boldsymbol{\alpha}^{\mathrm{T}}\boldsymbol{P}^{\mathrm{T}}\boldsymbol{X}\boldsymbol{\alpha}\right)}{\partial\boldsymbol{\alpha}}=-2\boldsymbol{Y}^{\mathrm{T}}\boldsymbol{X}+2\boldsymbol{\alpha}^{\mathrm{T}}\boldsymbol{X}^{\mathrm{T}}\boldsymbol{X}=0 \tag{6-53}$$

可得超平面系数 $\boldsymbol{\alpha}$ 的最小二乘估计值为

$$\boldsymbol{\alpha}_{\mathrm{LS}}=\left(\boldsymbol{X}^{\mathrm{T}}\boldsymbol{X}\right)^{-1}\boldsymbol{X}^{\mathrm{T}}\boldsymbol{Y} \tag{6-54}$$

由最小二乘法求得的超平面系数 $\boldsymbol{\alpha}$ 只是真实、实用动态安全边界的近似形式，为此，采用拟合误差 err_m 衡量这种近似计算的精度。拟合误差 $\mathrm{err}=\left[\mathrm{err}_1,\cdots,\mathrm{err}_m\right]^{\mathrm{T}}$ 描述的是临界点到超平面形式边界的距离和临界点模值的比例关系，其计算公式为

$$\mathrm{err}_m=\frac{\left|\sum_{i=1}^{n}\alpha_i X_{mi}-1\right|}{\sqrt{\sum_{i=1}^{n}\alpha_i^{\ 2}}\cdot\sqrt{\sum_{i=1}^{n}X_{mi}^2}} \tag{6-55}$$

取 err_m 中最大的定义为最大拟合误差，来表示实用动态安全域超平面形式边界的近似计算精度，最大拟合误差越小，则近似计算精度越高。

4. 算例分析

如图 6-11 所示，以新英格兰 10 机 39 节点系统为例对本节方法进行验证。

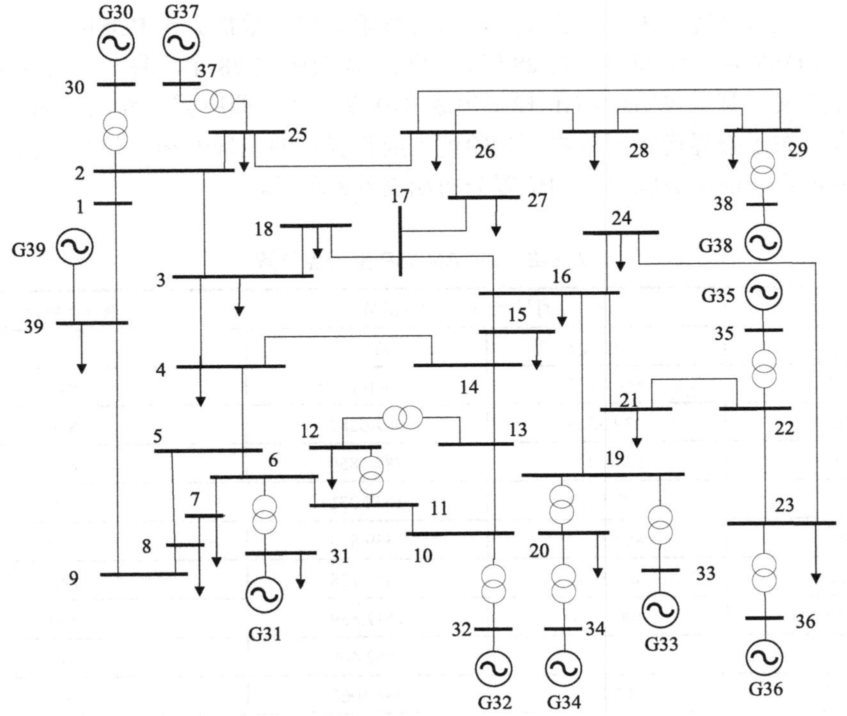

图 6-11　新英格兰 10 机 39 节点系统

选择发电机 31 节点作为平衡节点，其余节点的注入功率上、下限如表 6-7 所示。设置故障形式为对电力系统稳定性危害最大的金属性三相短路，持续时间为 0.12s，清除方式是

断开故障线路。

表 6-7 各节点最大与最小注入功率

节点	最大注入功率/MW	最小注入功率/MW	节点	最大注入功率/MW	最小注入功率/MW
G30	275.0	75.0	L15	352.0	0
G32	715.0	195.0	L16	362.3	0
G33	695.2	189.6	L18	173.8	0
G34	558.8	152.4	L20	748.0	0
G35	715.0	195.0	L21	301.4	0
G36	616.0	168.0	L23	272.3	0
G37	594.0	162.0	L24	339.5	0
G39	1100.0	300.0	L26	152.9	0
L3	354.0	0	L27	309.1	0
L4	550.0	0	L28	309.1	0
L7	257.2	0	L29	311.6	0
L8	574.2	0	L31	10.1	0
L12	20.0	0	L39	1214.0	0

为了保证拟合精度，采用拟正交选点法时搜索临界点数需大于 PDSR 注入空间维数。本节算例中 PDSR 注入空间维数为 28 维，即至少需要确定 28 个临界点。为保证计算精度和具备统计意义，基于 WGAN-GP 模型生成 840 个样本，即所需临界点数的 30 倍。由于真实临界点分布于临界运行区域内，为验证生成临界点的准确性和有效性，需分析其所处位置，含风机系统的生成临界点的位置分布如表 6-8 所示。

表 6-8 WGAN_GP 生成点位置

故障线路	临界运行区域的上、下限/kW		在临界区域内个数
1-2	677.3722	1028.602	840
1-39	860.1767	1306.194	840
2-25	439.6576	667.6282	840
3-4	584.9027	888.1856	840
3-18	689.5212	1047.051	840
8-9	882.3157	1339.813	840
9-39	984.5966	1495.128	840
14-15	1006.151	1527.859	840
15-16	699.6342	1062.408	840
16-17	617.7772	938.1062	840
16-21	683.5261	1037.947	840
16-24	642.1996	975.1921	840
17-18	836.4505	1270.166	840
17-27	654.7233	994.2095	840

续表

故障线路	临界运行区域的上、下限/kW		在临界区域内个数
21-22	698.1585	1060.167	840
22-23	994.0885	1509.542	840
23-24	940.1698	1427.665	840
25-26	624.9297	948.9673	840
26-27	613.5143	931.6329	840
26-28	405.4687	615.7117	840
26-29	521.8492	792.4377	840
28-29	400.8729	608.733	840

可以看出，本节方法生成的样本点全部位于临界运行区域，与真实临界点在运行空间中所处的区域一致。换而言之，本节方法对于两个系统的生成临界点具备准确性和有效性。

不同故障下，将本节方法和拟合法的最大拟合误差进行对比，如表 6-9 所示。可以看出，本节方法的最大拟合误差在 1.0×10^{-6} 的数量级。说明本节方法计算精度较高，在系统中可以保证 PDSR 边界计算的准确性，符合应用要求。

表 6-9　本节方法和拟合法最大拟合误差对比

故障线路	拟合法最大拟合误差	本节方法最大拟合误差	故障线路	拟合法最大拟合误差	本节方法最大拟合误差
1-39	3.00×10^{-5}	1.81×10^{-7}	16-24	8.30×10^{-5}	1.02×10^{-7}
1-2	6.70×10^{-5}	3.60×10^{-8}	17-18	3.50×10^{-5}	2.13×10^{-7}
2-25	2.49×10^{-4}	8.14×10^{-8}	17-27	2.66×10^{-4}	1.87×10^{-6}
3-4	7.60×10^{-5}	3.19×10^{-8}	21-22	2.76×10^{-4}	2.60×10^{-6}
3-18	9.70×10^{-5}	3.42×10^{-6}	22-23	0.00	1.73×10^{-16}
8-9	0.00	3.42×10^{-6}	23-24	1.64×10^{-4}	2.37×10^{-7}
9-39	0.00	4.63×10^{-8}	25-26	1.67×10^{-4}	1.37×10^{-6}
14-15	0.00	1.94×10^{-8}	26-27	6.80×10^{-5}	2.07×10^{-6}
15-16	2.20×10^{-5}	1.60×10^{-7}	26-28	4.60×10^{-4}	2.90×10^{-6}
16-17	7.70×10^{-5}	2.07×10^{-7}	26-29	0.00	2.99×10^{-8}
16-21	1.44×10^{-4}	2.10×10^{-7}	28-29	5.13×10^{-4}	2.02×10^{-6}

由于搜索计算临界点的过程中，搜索确定临界点的过程需反复调用逐点法对运行点进行稳定性判定，这个过程十分耗时。所以实用动态安全边界的计算过程中，总搜索点数是一个与计算快速性紧密相关的重要指标。不同故障下，将拟合法和本节所方法的总搜索点数进行对比，结果如表 6-10 所示。可以看出，本节方法相对于拟合法可以大规模减少搜索点个数，最少减少搜索点 502 个，最多减少搜索点 2236 个，平均减少搜索点 777 个，平均减少搜索点占拟合法总搜索点的百分比可达 77.76%。

表 6-10　本节方法和拟合法总搜索点数对比

故障线路	拟合法总搜索点数	本节方法总搜索点数	减少个数	减少个数百分比
1-2	439	122	317.00	72.21%
1-39	450	129	321.00	71.33%
2-3	450	149	301.00	66.89%
2-25	387	79	308.00	79.59%
4-14	526	148	378.00	71.86%
5-6	446	116	330.00	73.99%
5-8	445	123	322.00	72.36%
6-7	446	114	332.00	74.44%
6-11	419	150	269.00	64.20%
7-8	592	137	455.00	76.86%
8-9	406	131	275.00	67.73%
9-39	506	124	382.00	75.49%
10-11	477	146	331.00	69.39%
10-13	424	120	304.00	71.70%
13-14	565	118	447.00	79.12%
14-15	571	124	447.00	78.28%
15-16	663	122	541.00	81.60%
16-17	474	116	358.00	75.53%
16-19	887	243	644.00	72.60%
16-21	396	97	299.00	75.51%
16-24	678	106	572.00	84.37%
17-18	453	127	326.00	71.96%
17-27	451	135	316.00	70.07%
21-22	539	94	445.00	82.56%
22-23	919	203	716.00	77.91%
23-24	414	88	326.00	78.74%
25-26	373	77	296.00	79.36%
26-27	471	79	392.00	83.23%
26-28	616	172	444.00	72.08%
26-29	567	186	381.00	67.20%

6.2　系统运行控制中的应用

随着新能源大规模接入电网，电力系统运行控制面临着越来越多的挑战。一方面，大规模的风电和光伏发电接入要求电网实时运行过程中快速自适应新能源出力的不确定性；另一方面，新能源场站高比例电力电子装置渗透入电网可能会对电网的频率和电压稳定性造成影响，增加了电网运行的复杂性。上述因素导致电力系统不确定性和复杂性的提高，传统的基于物理模型的优化方法难以建立精确模型和进行实时快速求解。相比之下，深度强化学习(DRL)能够通过历史经验自适应地学习系统调控策略并做出实时决策。该方法避免了复杂的建模过程，采用数据驱动的形式来应对更高的不确定性和复杂性。

6.2.1 问题描述

目前，电力系统机组组合(unit commitment，UC)、经济调度(economic dispatch，ED)和最优潮流(optimal power flow，OPF)问题是电力系统运行控制中的 3 个关键问题，正经历从传统模型驱动向数据-机理融合范式的深刻变革。传统方法在应对高维异构系统建模、复杂不确定性表征及实时计算效率等方面存在显著瓶颈：新能源渗透导致的维度爆炸使 UC 问题模型误差达工程阈值上限，风光预测的非高斯特性挑战 ED 问题的随机优化框架，OPF 的混合整数非线性特性导致计算耗时突破分钟级响应要求。

在此背景下，人工智能技术通过多层次创新有望实现突破性进展。在机组组合领域，算法架构经历了三阶段演进：早期分布式 Q 学习通过状态-动作映射表实现局部优化，但受限于离散空间维度；中期全连接神经网络将光伏随机性嵌入连续状态空间，突破表格限制；近期柔性执行者-评论者(soft actor-critic，SAC)算法与数学规划求解器的混合架构，通过策略网络生成启停计划、Cplex 求解实时出力，实现高维决策空间分解优化，计算效率提升达 47 倍。

经济调度研究呈现三大技术跃迁：从策略迭代强化学习的多阶段建模，到深度强化学习的仿真预训练机制，再到异步优势动作评价(asynchronous advantage actor-critic，A3C)算法的多场景协同训练。特别地，基于联络线功率-风电出力联合表征的异步学习框架，使调度策略在 85%风电渗透率场景下的实时适应性提升 32%，验证了数据驱动方法对高波动性环境的适应优势。

最优潮流领域的技术突破聚焦安全-经济多目标协同：早期深度确定性策略梯度(deep deterministic policy gradient，DDPG)算法通过拉格朗日解析实现基础约束处理；中期领域知识引导的 A3C 算法将 N-1 准则融入奖励函数，故障场景下的约束满足率提升至 98.7%；近期复分析型 Actor-Critic 算法采用约束违规惩罚与策略熵联合优化机制，使复杂约束条件下的可行解搜索效率提高 2.3 倍，验证了物理约束与数据驱动深度融合的技术路径。

该技术演进揭示三大方法论创新：①维度处理从离散状态空间扩展到神经网络函数逼近，最终形成混合架构分层决策；②不确定性建模从静态策略迭代发展为数据驱动的预训练-并行学习双机制；③安全约束处理实现从基础梯度推导到准则集成，再到复分析松弛的三阶跃升。研究证实，深度强化学习通过实时决策闭环与自修正机制，可有效解决新型电力系统“高维-随机-强约束”三重挑战。未来研究需着力构建物理模型嵌入的混合强化学习架构，并探索跨时间尺度优化机制，以实现“秒级响应-分钟级优化-小时级规划”的全周期协同控制。

6.2.2 方法分类

动态规划是早期强化学习算法的基础，通过将问题分解为子问题并使用值函数迭代求解最优策略。蒙特卡罗方法通过采样轨迹来估计值函数，时序差分学习结合了动态规划和蒙特卡罗方法的优点，可以实时更新值函数。Q 学习是基于值函数的强化学习算法，通过优化动作值函数来选择最优动作。DQN 模型将卷积神经网络(CNN)与传统 Q 学习算法结合，充分利用神经网络的数据挖掘能力，可以实现复杂情境下的高效决策。

近些年来，强化学习领域涌现了一系列基于策略梯度的高级算法，如深度确定策略梯度(DDPG)、双延迟深度确定策略梯度(twin delayed deep deterministic policy gradient，TD3)、柔性执行者-评论者(soft actor-critic，SAC)、近端策略优化(PPO)和 A3C (asynchronous advantage actor-critic)等。这些算法在解决连续动作空间和高维状态空间下的强化学习问题时展现出了显著的优势。策略梯度方法直接优化策略函数，而非值函数，通过梯度上升的方式来更新策略，特别适用于处理连续动作空间和高维状态空间的问题。DDPG 算法结合了深度学习和确定性策略梯度方法，通过经验回放和目标网络来提高算法的稳定性和收敛速度。TD3 在 DDPG 的基础上引入了双重 Q 网络和目标策略噪声，以减少过估计和提高算法的稳定性，进一步优化了算法的性能。SAC 算法是基于最大熵强化学习框架的算法，通过最大化环境的不确定性来提高探索性，并同时优化策略和值函数，适用于需要平衡探索和利用的问题。PPO 算法是一种近端策略优化算法，通过对策略更新的约束和采样策略与更新策略之间的重叠来提高算法的性能和稳定性，适用于大规模并行化训练和在线学习的场景。A3C 算法通过异步并行的方式来提高训练效率和稳定性。

这些高级算法的不断发展和创新为强化学习在复杂任务中的应用提供了更多可能性，同时也为人工智能领域带来了新的挑战和机遇。针对不同的电力系统运行控制问题选择合适的算法来解决特定问题是至关重要的。电力系统运行控制领域中常用的深度强化学习方法见表 6-11。

表 6-11　电力系统运行控制领域中常用的深度强化学习方法

研究领域	决策变量类型	常用方法
机组组合	离散+连续	DQN、PPO、SAC
经济调度	连续	DDPG、A3C、PPO
最优潮流	连续	DDPG、A3C、PPO

6.2.3　应用流程

当将深度强化学习应用于电力系统运行控制问题时，大体需要依据如下应用流程。

(1)数据收集与处理：收集电力系统的历史运行数据，包括负荷数据、发电数据、电网拓扑结构等。对数据进行清洗、标准化处理，以满足深度强化学习模型的输入要求。

(2)环境建模：构建电力系统运行的仿真环境，该环境能够模拟电力系统的动态行为，为 DRL 算法提供交互的平台。环境代表着复杂的电力系统，包括各种发电设备、输电线路、负荷需求等元素，智能体需要在这种环境中做出决策。

(3)状态空间与动作空间的定义：定义智能体可以观察到的状态变量集合，以及在每个状态下可以执行的动作集合。状态空间和动作空间的定义直接影响 DRL 算法的性能。状态描述了环境的各个方面，包括设备的实时状态、环境参数的变化等，这些信息将影响智能体的决策。动作是智能体可以执行的操作，如调整发电机输出功率、控制储能装置的充放电等，这些动作会直接影响电力系统的运行。

(4) 奖励函数设计：设计奖励函数以评价智能体执行动作的好坏，奖励是智能体根据其动作所获得的反馈，通常用于指导智能体学习优化策略，例如，通过最小化系统运行成本、最大化新能源利用、维持电压频率稳定等目标来定义奖励函数。

(5) 智能体选择与算法设计：选择合适的 DRL 算法，如 Q 学习、DQN、策略梯度(policy gradient)、策略-评价方法等。设计智能体的神经网络架构，包括输入层、隐藏层和输出层。智能体作为决策者，需要具备对环境的感知和决策能力，其行为会直接影响电力系统的运行状况。

(6) 训练与评估：在仿真环境中训练智能体，通过与环境的交互学习最优策略。使用如折扣因子、探索率等超参数调整学习过程。评估智能体的性能，确保其能够在各种情况下做出有效的控制决策。

(7) 策略优化与调整：根据评估结果对策略进行优化和调整，可能包括调整网络结构、学习率、奖励函数等。

通过清晰定义这些要素，可以有效地应用深度强化学习技术解决电力系统运行控制问题，提高系统的运行效率和可靠性。

6.2.4　算例分析

本节将聚焦电力系统运行控制领域的最优潮流问题，以此为例详细阐述一种基于强化学习的安全约束最优潮流模型，采用基于专家经验的近端策略优化算法，以确定机组的功率分配、电压优化和储能机组的充放电功率方案。

1. 问题描述

安全约束最优潮流(SCOPF)是指在满足电力系统安全性约束的前提下，以最小化系统购电成本为优化目标，制定多时段机组发电计划的一种功能。

1）优化目标

调度计划需要根据实际电力需求和电力供应的变化，调整电力生产和发电策略的运行计划，以确保电力系统能够持续平衡和稳定。在含大规模新能源的电力系统中，为实现节能减排目标，调度计划应在保证电网安全稳定运行的前提下，最小化运行成本和最大化新能源消纳率。本算例的指令调度对象包括机组的有功功率分配方案、机组的无功电压优化方案和电储能的充放电功率。使用下标 $t \in T$ 来索引时间间隔，$n \in N$ 来索引火力发电机组，$m \in M$ 来索引新能源发电机组，$s \in S$ 来索引储能电池组，其中 T、N、M 分别表示调度总时段、火力发电机组集合和新能源机组集合。机组运行成本以及新能源弃风率函数可分别由式(6-56)和式(6-57)表示，其中，运行成本包括机组运行费用和储能调节费用。

$$f_1(P_{i,t}^G)=\sum_{t\in T}\sum_{n\in N}\left(a_n(P_{n,t}^G)^2+b_nP_{n,t}^G+c_n\right)+\sum_{t\in T}\sum_{s\in S}\left(a_s\left|P_{s,t}^{ES}\right|+b_s\right) \tag{6-56}$$

$$f_2(P_{i,t}^G)=\sum_{t\in T}\left(1-\frac{\sum\limits_{m\in M}P_{m,t}^G}{\sum\limits_{m\in M}P_{m,t}^{G,\max}}\right) \tag{6-57}$$

式中，$P_{n,t}^G$ 和 $P_{m,t}^G$ 分别表示火力发电机 n 和新能源发电机 m 在 t 时刻的出力；$P_{s,t}^{ES}$ 为储能机组的充放电功率；a、b、c 表示成本特性系数；$P_{m,t}^{G,\max}$ 表示新能源发电机 m 的出力上限。

2）约束条件

使用下标 $k\in K$ 来索引网络节点，$l\in L$ 来索引线路，$q\in Q$ 来索引负荷，其中，K、L 和 Q 分别表示网络节点集、线路分支集和负荷集合。对于 SCOPF 问题，需要满足式(6-58)～式(6-65)所示的约束条件：

$$\sum_{n\in N} P_{n,t}^{G} + \sum_{m\in M} P_{m,t}^{G} = \sum_{q\in Q} P_{q,t}^{D} \tag{6-58}$$

$$P_{i,t}^{G,\min} \leqslant P_{i,t}^{G} \leqslant P_{i,t}^{G,\max}, \quad \forall i\in N\cup M \tag{6-59}$$

$$-\sigma_n^d \Delta t \leqslant \Delta P_{n,t}^{G} \leqslant \sigma_n^u \Delta t, \quad \forall n\in N \tag{6-60}$$

$$V_k^{B,\min} \leqslant V_{k,t}^{B} \leqslant V_k^{B,\max}, \quad \forall k\in K \tag{6-61}$$

$$\underline{P}_l \leqslant P_{l,t}^{L} \leqslant \overline{P}_l, \quad \forall l\in L \tag{6-62}$$

$$\begin{aligned} P_{l,t}^{L} = & \sum_{n\in N} S_{nk} P_{n,t}^{G} + \sum_{m\in M} S_{mk} P_{m,t}^{G} \\ & - \sum_{q\in Q} S_{qk} P_{q,t}^{D}, \quad \forall l\in L \end{aligned} \tag{6-63}$$

$$\underline{P}_s^{ES} \leqslant P_{s,t}^{ES} \leqslant \overline{P}_s^{ES}, \quad \forall s\in S \tag{6-64}$$

$$C_s^{ES,\min} \leqslant C_{s,t}^{ES} \leqslant C_s^{ES,\max}, \quad \forall s\in S \tag{6-65}$$

式中，式(6-58)为功率平衡约束，式(6-59)和式(6-60)分别为出力上、下限约束和爬坡速率约束，$P_{i,t}^{G}$ 表示机组 i 在 t 时刻的出力，$P_{i,t}^{G,\max}$ 和 $P_{i,t}^{G,\min}$ 分别为机组的出力上、下限，σ_n^d 和 σ_n^u 分别为机组 i 的向下和向上最大调节速率；式(6-61)为母线节点电压约束，$V_k^{B,\max}$ 和 $V_k^{B,\min}$ 分别为节点 k 的最大和最小电压限值；式(6-62)和式(6-63)为线路传输功率约束，$P_{l,t}^{L}$ 为线路 l 在 t 时刻的传输功率，$\overline{P}_l$ 和 $\underline{P}_l$ 分别为线路 l 的正、反向最大传输功率，S_{nk}、S_{mk}、S_{qk} 分别为节点 n、m、q 对线路 k 的灵敏度；式(6-64)和式(6-65)分别为储能装置的充放电功率和储能容量限制，$\overline{P}_s^{ES}$ 和 $\underline{P}_s^{ES}$ 分别为储能装置的最大充、放电速率，$C_s^{ES,\min}$ 和 $C_s^{ES,\max}$ 分别为储能装置的最小、最大储能容量。

2. 马尔可夫决策过程

对 SCOPF 问题进行马尔可夫建模的一个主要挑战是如何处理约束。在大多数无模型方法中，约束被建模为马尔可夫决策过程(MDP)框架中的负奖励，并使用惩罚方法。但是确定惩罚系数来平衡约束违反和奖励是困难的，面对大规模优化问题时，往往不能实现有效的约束，甚至可能导致智能体无法收敛。为了解决这个问题，本节给出一个针对 SCOPF 问题的 MDP 框架。

1）动作空间和观测空间

PPO 作为新型的策略梯度算法，其实质是将策略 π 用参数为 $\boldsymbol{\theta}$ 的神经网络进行表示，通过神经网络和环境的交互，形成包含 L 个步骤的序列 $\boldsymbol{\tau}$，见式(6-66)：

$$\boldsymbol{\tau} = \left\{\boldsymbol{s}_1, \boldsymbol{a}_1, \boldsymbol{s}_2, \boldsymbol{a}_2, \boldsymbol{s}_3, \boldsymbol{a}_3, \cdots, \boldsymbol{s}_L, \boldsymbol{a}_L\right\} \tag{6-66}$$

式中，$\boldsymbol{s}_L$ 为当前环境的状态向量；$\boldsymbol{a}_L$ 为状态 $\boldsymbol{s}_L$ 对应神经网络的动作输出向量。由于在同一个状态下，神经网络输出的动作满足参数为 $\boldsymbol{\theta}$ 的概率分布，因此序列 $\boldsymbol{\tau}$ 是不确定的，序列$\boldsymbol{\tau}$发生的概率见式(6-67)：

$$
\begin{aligned}
p_{\theta}(\boldsymbol{\tau}) &= p(\boldsymbol{s}_1)p_{\theta}(\boldsymbol{a}_1|\boldsymbol{s}_1)p(\boldsymbol{s}_2|\boldsymbol{s}_1,\boldsymbol{a}_1)p_{\theta}(\boldsymbol{a}_2|\boldsymbol{s}_2)p(\boldsymbol{s}_3|\boldsymbol{s}_2,\boldsymbol{a}_2)\cdots \\
&= p(\boldsymbol{s}_1)\prod_{t\in T}p_{\theta}(\boldsymbol{a}_t|\boldsymbol{s}_t)p(\boldsymbol{s}_{t+1}|\boldsymbol{s}_t,\boldsymbol{a}_t)
\end{aligned} \tag{6-67}
$$

式中，$p(\boldsymbol{s}_1)$为当前环境初始状态为$\boldsymbol{s}_1$的概率；$p_{\theta}(\boldsymbol{a}_t|\boldsymbol{s}_t)$为在环境状态为$\boldsymbol{s}_t$、参数为$\boldsymbol{\theta}$的神经网络中，输出动作为$\boldsymbol{a}_t$的概率；$p(\boldsymbol{s}_{t+1}|\boldsymbol{s}_t,\boldsymbol{a}_t)$为在状态为$\boldsymbol{s}_t$下执行动作$\boldsymbol{a}_t$时，新的环境状态为$\boldsymbol{s}_{t+1}$的概率。

所选择的电网状态观测量$\boldsymbol{s}_t$见式(6-68)，包括上一时段火力机组和新能源机组的有功出力$P_{n,t-1}^{G}$和$P_{m,t-1}^{G}$、节点电压值$V_{n,t-1}^{G}$和$V_{m,t-1}^{G}$、上一时段电储能有功出力$P_{s,t-1}^{ES}$、当前时段机组有功出力调整值上限$\overline{P}_t$和下限$\underline{P}_t$、当前时段各支路电流负载率$\rho_{l,t}^{L}$和下一时段负荷有功功率预测值$P_{q,t+1}^{D}$。

$$
\boldsymbol{s}_t=\left\{P_{n,t-1}^{G},P_{m,t-1}^{G},V_{n,t-1}^{G},V_{m,t-1}^{G}P_{s,t-1}^{ES},\overline{P}_t,\underline{P}_t,\rho_{l,t}^{L},P_{q,t+1}^{D}\right\} \tag{6-68}
$$

式中，机组i有功出力调整值下限$\underline{P}_{i,t}$和上限$\overline{P}_{i,t}$的计算公式见式(6-69)和式(6-70)：

$$
\underline{P}_{i,t}=\begin{cases}\max(P_i^{G,\min},P_{i,t}^{G}-\sigma_n^{d}\Delta t), & \forall i\in N\\ 0, & \forall i\in M\end{cases} \tag{6-69}
$$

$$
\overline{P}_{i,t}=\begin{cases}\min(P_i^{G,\min},P_{i,t}^{G}+\sigma_n^{u}\Delta t), & \forall i\in N\\ P_i^{G,\max}, & \forall i\in M\end{cases} \tag{6-70}
$$

在本算例建立的电力系统最优潮流模型中，动作空间集合$\boldsymbol{a}_t$见式(6-71)，包括火电机组和新能源机组的有功功率分配方案$P_{n,t}^{G}$和$P_{m,t}^{G}$、火电机组和新能源机组所在节点的电压值$V_{n,t}^{G}$和$V_{m,t}^{G}$、储能机组的充放电功率$P_{s,t}^{ES}$。

$$
\boldsymbol{a}_t=\left\{P_{n,t}^{G},\ P_{m,t}^{G},\ V_{n,t}^{G},\ V_{m,t}^{G},\ P_{s,t}^{ES}\right\} \tag{6-71}
$$

2）奖励函数

每个阶段都对应一个特定的奖励，序列$\boldsymbol{\tau}$的奖励可以通过计算在策略π的情况下获得的期望奖励来表示。深度强化学习的训练目标为寻找最优策略使序列$\boldsymbol{\tau}$的期望奖励最大。为了能够在单个回合中与环境进行有效互动并快速找到最优策略以最小化运行成本，定义第t个时间段与环境互动所产生的即时奖励值，见式(6-72)：

$$
r(t)=\mathrm{e}^{-\left(\sum\limits_{n\in N}\left(a_n(P_{n,t}^{G})^2+b_nP_{n,t}^{G}+c_n\right)+\sum\limits_{s\in S}\left(a_s|\Delta p_i|+b_s\right)\right)}-1 \tag{6-72}
$$

本算例构建的 SCOPF 模型见图 6-12。

3. 基于专家经验的引导式训练

首先介绍智能体的参数更新方法，定义策略-评价网络的损失函数。同时，为了指导智能体快速满足安全约束并提高新能源的消纳量，本算例引入专家经验以指导智能体的训练。

1） 智能体的参数更新方法

优势函数(advantage function)是一种计算当前状态$\boldsymbol{s}_t$下某一动作$\boldsymbol{a}_t$相对于平均水平的优势值的函数。优势函数可以将状态行为值函数映射到与值函数相同的基线上，实现了对

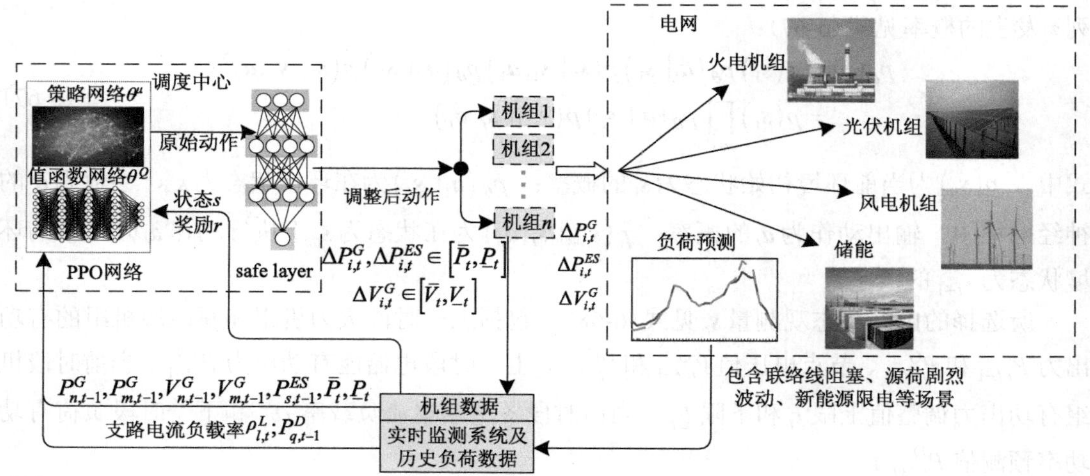

图 6-12　基于安全强化学习的 SCOPF 模型

状态行为值函数的归一化处理，这有助于提高智能体的学习效率，减小方差以避免方差过大带来的过拟合。本算例采用 GAE 作为优势函数的估计方式，其表达式见式(6-73)和式(6-74)：

$$\begin{aligned}\hat{A}_t&=\sum_{l=0}^{\infty}(\gamma\lambda)^l\delta_{t+l}=\delta_t+\sum_{l=1}^{\infty}(\gamma\lambda)^l\delta_{t+l}\\&=\delta_t+\gamma\lambda\sum_{l=0}^{\infty}(\gamma\lambda)^l\delta_{t+l+1}=\delta_t+\gamma_\lambda\hat{A}_{t+1}\end{aligned}\tag{6-73}$$

$$\delta_t=r_t+\gamma_v\left(\boldsymbol{s}_{t+1}\right)-v\left(\boldsymbol{s}_t\right)\tag{6-74}$$

式中，λ 为超参数，用于调节方差与偏差之间的平衡。

选取变量 β 来控制约束项和目标项之间的权重关系，将 KL 散度作为惩罚项并将其加入目标函数中，合并后的目标函数也称为演员网络的损失函数，数学表达式见式(6-75)：

$$J(\boldsymbol{\theta})=\frac{1}{N}\sum_{t=1}^{N}\left(\frac{\pi_{\boldsymbol{\theta}}\left(\boldsymbol{a}_t|\ \boldsymbol{s}_t\right)}{\pi_{\boldsymbol{\theta}_{\text{old}}}\left(\boldsymbol{a}_t|\ \boldsymbol{s}_t\right)}\hat{A}_t-\beta y_{\text{KL}}\left(\pi_{\boldsymbol{\theta}_{\text{old}}}\left(\cdot|\ \boldsymbol{s}_t\right),\pi_{\boldsymbol{\theta}}\left(\cdot|\ \boldsymbol{s}_t\right)\right)\right)\tag{6-75}$$

式中，$\dfrac{\pi_{\boldsymbol{\theta}}\left(\boldsymbol{a}_t|\ \boldsymbol{s}_t\right)}{\pi_{\boldsymbol{\theta}_{\text{old}}}\left(\boldsymbol{a}_t|\ \boldsymbol{s}_t\right)}$ 为新老策略概率的比例；$\boldsymbol{\theta}_{\text{old}}$ 为策略未更新前的参数；$y_{\text{KL}}\left(\pi_{\boldsymbol{\theta}_{\text{old}}}\left(\cdot|\ \boldsymbol{s}_t\right),\pi_{\boldsymbol{\theta}}\left(\cdot|\ \boldsymbol{s}_t\right)\right)$ 为 KL 散度项，表示新老策略之间的差距，主要是限制新老策略的更新幅度。

评价(critic)网络用于评估当前状态的价值函数，PPO 算法更新 Critic 网络参数使用的损失函数，见式(6-76)：

$$L(\boldsymbol{\Phi})=-\sum_{t=1}^{N}\left(\sum_{t'>t}\gamma^{t'-t}r_{t'}-V_{\boldsymbol{\Phi}}\left(\boldsymbol{s}_t\right)\right)^2\tag{6-76}$$

2) 引入专家经验

为引导智能体在对机组进行负荷分配时学会优先消纳新能源，引导智能体将搜索寻优方向限制在电力系统的可行运行区域内，在强化学习训练过程中嵌入专家知识以引导智能体的训练，降低新能源弃用率，提高可收敛性。具体做法如下。

引入基于专家经验知识的正则化项至策略(actor)网络的损失函数中，该正则化条件包含功率平衡和新能源消纳奖励。Actor 的损失函数更新为由动作价值函数和两个正则化项组成，见式(6-77)：

$$J'(\boldsymbol{\theta}) = w_q \cdot J(\boldsymbol{\theta}) + \frac{1}{N}\sum_{t=1}^{N}\sum_{r=1}^{2} w_r \cdot \text{reg}_{r,t} \tag{6-77}$$

式中，w_q、w_1 和 w_2 为正则项权重；$\text{reg}_{1,t}$ 为 t 时刻和功率平衡约束相关的正则项；$\text{reg}_{2,t}$ 为 t 时刻和新能源消纳率相关的正则项。两个正则化项的详细解释如下。

$\text{reg}_{1,t}$ 表示 t 时刻电力系统总负荷和机组总出力之间差值的平方。将 $\text{reg}_{1,t}$ 纳入损失函数，可引导智能体的训练以满足电网发电和负荷消耗之间的平衡，表达式见式(6-78)：

$$\text{reg}_{1,t} = \left(\sum_{i \in S_D} (P_{i,t-1}^{D} + \Delta P_t^{D}) - \sum_{i \in S_U} (P_{i,t-1}^{G} + \Delta P_{i,t}^{G}) \right)^2 \tag{6-78}$$

式中，ΔP_t^D 为系统在 t 时刻负荷和 t–1 时刻负荷的差值；$\Delta P_{i,t}^G$ 为发电厂 i 在 t 时刻出力相较于 t–1 时刻出力的实时调整量；$P_{i,t-1}^G$ 为机组 i 在 t–1 时刻的出力；$P_{i,t-1}^D$ 为机组 i 在 t–1 时刻的有功消耗。

$\text{reg}_{2,t}$ 表示 t 时刻的新能源弃用率。在保证电网安全运行的前提下，采用 $\text{reg}_{2,t}$ 指标引导智能体以最大化消纳新能源，从而降低弃风率，表达式见式(6-79)：

$$\text{reg}_{2,t} = 1 - \frac{\sum_{i \in S_R} (P_{i,t-1}^{G} + \Delta P_{i,t}^{G})}{\sum_{i \in S_R} P_{i,t}^{G,\max}} \tag{6-79}$$

对 Actor-Critic 进行训练时，Actor 网络可按照优化后的损失函数，即式(6-79)进行网络更新。

4. 算法训练流程

深度强化学习使用环境中感知到的动态信息进行序列决策。智能体与环境通过不断地交互迭代以增强决策效果，每当智能体与环境完成一次交互，就会进行一次模型参数的学习。本算例使用的基于知识引导的安全约束近端策略优化算法(constrained proximal policy optimization algorithm with expert knowledge，EK-CPPO)训练流程如下。

(1)初始化训练环境：初始化策略网络参数、值函数网络参数和神经网络参数，智能体与环境进行交互时，对观测量进行标准化得到状态信息，将其作为策略网络输入，输出动作信息。

(2)基于专家经验的引导式训练：在策略网络参数的梯度中添加正则项，从经验回放池中随机选择一定数量的转移过程，基于专家经验对智能体(agent)进行训练，更新目标为最大化每次交互获得的奖励值。

5. 典型案例

采用修改后的 IEEE 118 节点系统开展算例分析。改造后的 IEEE 118 节点系统包含 54 台机组，其中有 36 台常规机组和 18 台新能源机组，拓扑图见图 6-13。所构造的数据集以 5min 为控制间隔，包含 1 年 10 万个交流潮流断面，满足多种场景需求，具备联络线阻塞、源荷剧烈波动、新能源限电等电网运行典型场景。测试案例采用 Python 语言，基于 PyTorch 框架实现，计算机硬件条件为 Corei7-1165CPU，2.8GHz。训练迭代回合数 Epochs 为 5×10^4，每个周期包含 288 个时段，对应一天的时间长度。

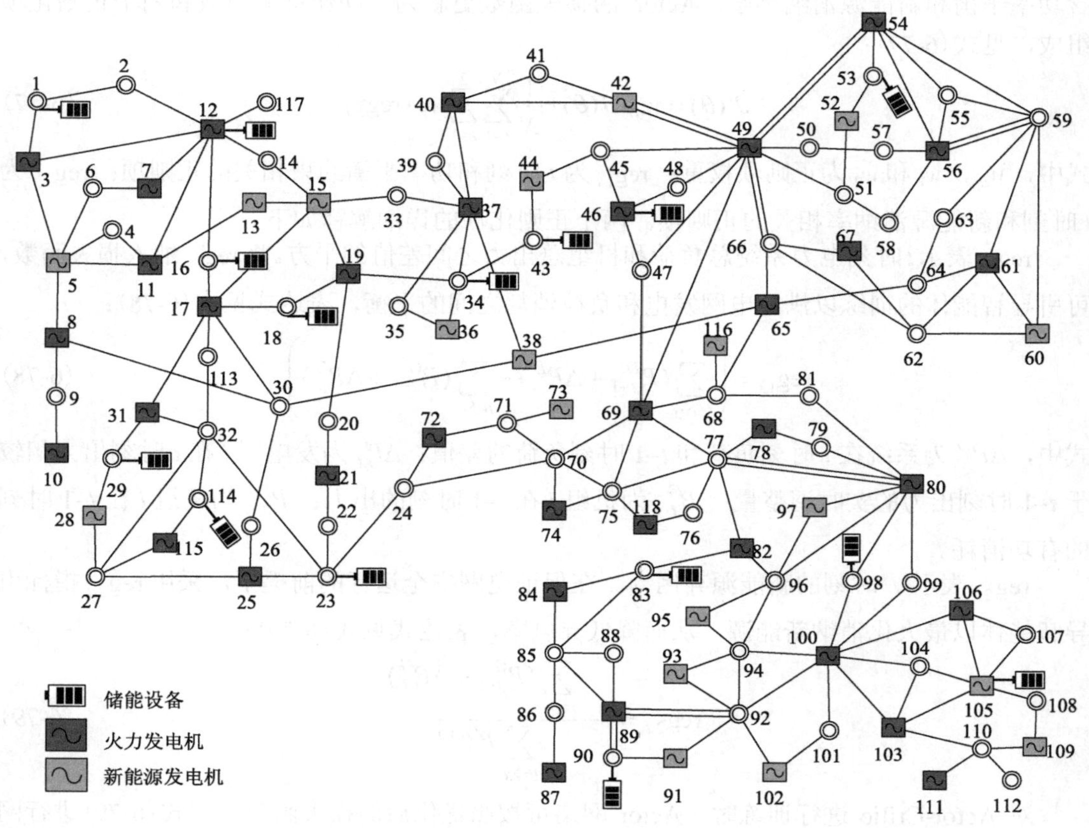

图 6-13　改造后的 IEEE 118 节点系统拓扑图

考虑到状态、动作空间维度分别为 438 和 54，为此设置 Actor 和 Critic 网络均有 3 层隐含层神经元，神经元个数分别为 1024、512 和 256。除 Actor 最后一层采用 tanh 激活函数外，Actor 和 Critic 网络其他神经层均采用 ReLU 激活函数。另外，神经网络的训练受到超参数的影响，不同的超参数适合不同的电网规模，本节选择训练效果较好的一组参数，见表 6-12。

表 6-12　参数选择

超参数	数值	超参数	数值
归一化因子	2×10^5	训练样本数量	64
经验缓存区容量	1×10^6	折扣因子	0.9
调度需求权重 1	2	软更新参数	1×10^{-3}
调度需求权重 2	1	值函数网络学习率	0.001
正则项权重 1	5	策略网络学习率	0.0001
正则项权重 2	1		

1）训练表现

通过比较以下 5 种算法的调度效果以突出本算例所介绍的 EK-CPPO 算法的优势：DDPG 算法、TD3 算法、PPO 算法、基于知识引导的 PPO 算法(EK-PPO)、本节所介绍的基于知识引导的 CPPO 算法(EK-CPPO)。为避免单次实验的偶然性，比较了 5 种方法在 10 个不同的随机种子下进行独立运行时调度性能的表现。使用带置信区间的性能曲线绘制图 6-14，其中各个子图分别表示回合数增加时，Critic 网络损失函数值、Actor 网络损失函数值、每回合迭代步数、回合奖励值以及新能源消纳的变化趋势。

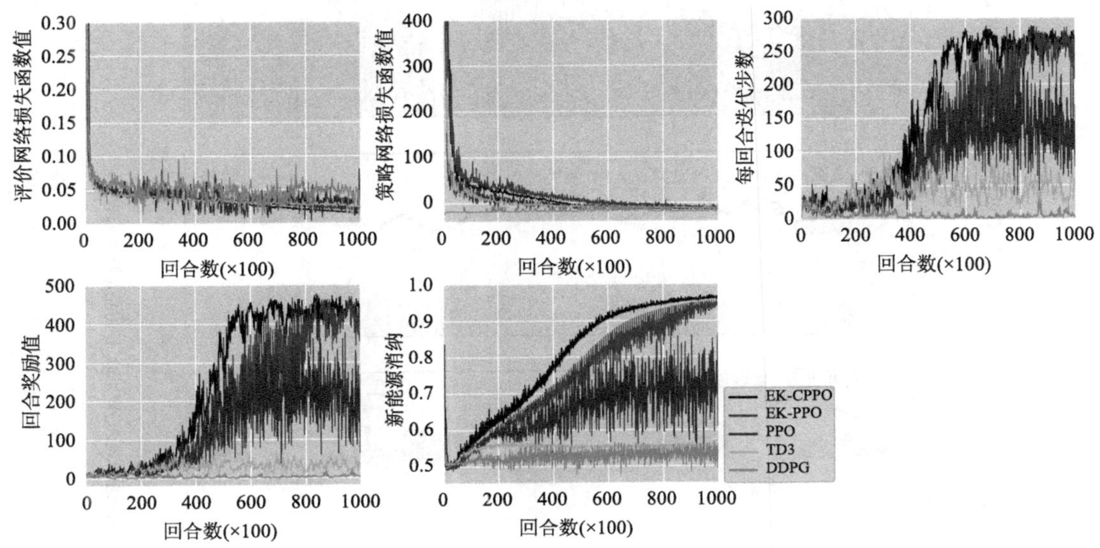

图 6-14　智能体训练迭代过程

统计结果表明：①DDPG 和 TD3 算法不能进行有效的梯度训练，智能体收敛失败。未加入知识引导的 PPO 算法虽然能够收敛，但是调度效果波动大，智能体输出的动作容易因为违反安全运行策略导致回合提前结束；②加入知识引导的 EK-PPO 算法和本算例所介绍的 EK-CPPO 算法能够进行充分的梯度训练，调度效果逐渐提高；③相较于 EK-PPO(仅满足供需平衡约束)，EK-CPPO 算法由于学习到更优的大电网安全运营策略(满足供需平衡约束和线路传输容量约束等条件)，调度效果更加稳定，鲁棒性更强。

2) 测试表现

EK-CPPO 在 IEEE 118 节点系统上连续运行 4 天的结果见图 6-15。结果表明，在所测试系统包含机组数量较多、动作空间较大的情况下，EK-CPPO 算法仍能够成功学习到高效的策略，以协同运行火力机组、新能源机组和储能电池等设备，保障电力系统的安全运行和经济效益。储能装置在非用电高峰时段或新能源资源较为丰富的时候充电，在用电高峰或新能源资源较为匮乏时段放电，这与实际生产和生活场景相符合。本算例所设计的智能体输出的电压动作策略，能够有效维持电力系统中各个节点电压在[0.95,1.05]的合理范围内。

3) 对比分析

为验证所介绍算法的有效性，采用四种算法进行对比分析，结果见表 6-13。其中，第一种算法为基于调整量最小的安全约束最优潮流方法，通过在模型中加入机组出力限值的松弛约束，并将 MIP 问题转化为线性规划问题，调用商业求解器 IPOPT 进行求解。结果表明：IPOPT 算法基于调整量最小的原则对发电机出力进行调整，未开启足够机组提供备用来应对风电不确定性，故其运行成本最低；基于安全强化学习的 EK-CPPO 算法能够动态地对源荷随机变化做出响应，在所有算法中，新能源利用率最高，达 97.8%；此外，在求解效率上，EK-CPPO 算法明显快于 IPOPT 算法。

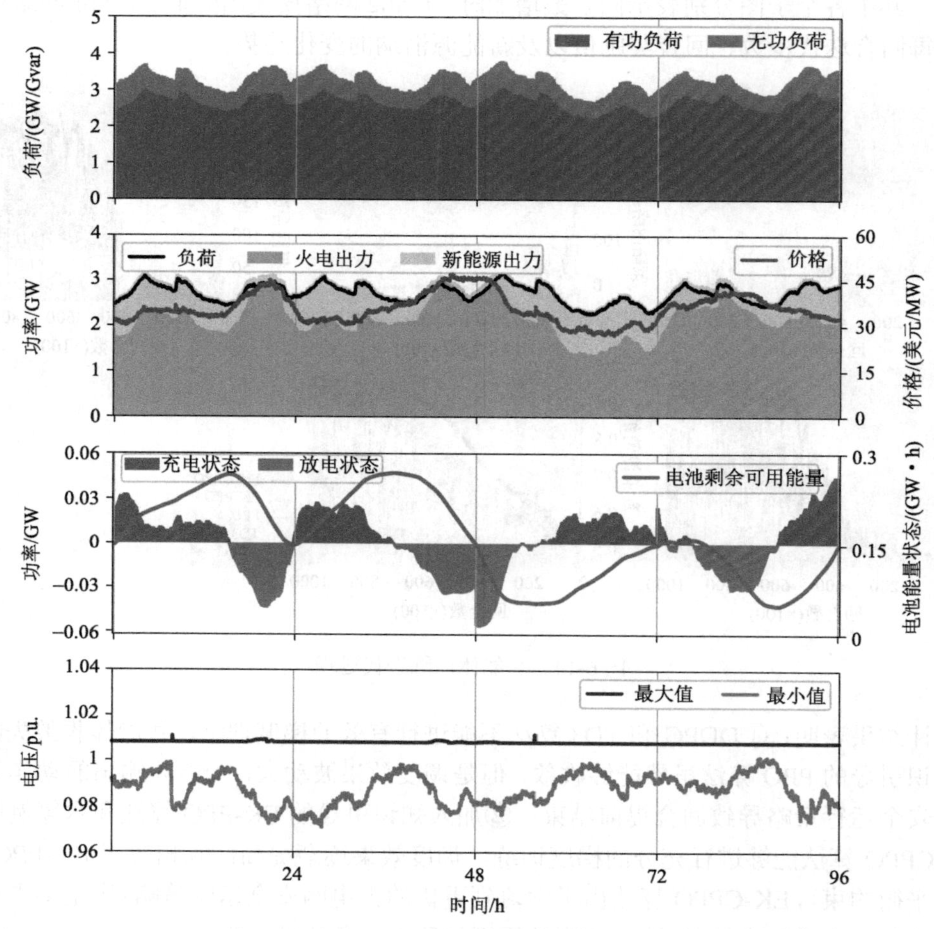

图 6-15　电力系统运行状态

表 6-13　综合评价结果比较

算法	IPOPT	PPO	EK-PPO	EK-CPPO
每回合交互数	287	120	274	287
成本/元	53890.2	61548.3	57547.3	54013.4
新能源消纳率/%	96.9	72.1	97.2	97.8
单步奖励值	1.491	0.720	1.470	1.490
回合奖励值	428.2	86.4	402.8	427.6
离线运行时间	4.5min	<20s	<20s	<22s

实验结果表明，使用 EK-CPPO 算法确定机组的有功功率分配方案、机组的无功电压优化方案和储能机组的充放电功率，能够自适应间歇性电源和负荷的不确定变化，使调度策略严格遵守安全约束条件，使智能体能够通过安全的动作探索机制学习成本效益高的操作策略，在保障电力系统调度经济性和保证电网正常运行的同时，最大化新能源消纳率，有效提高对新能源的消纳能力。

本算例介绍的算法完全基于数据驱动实现，不依赖于任何物理模型、统计模型或数学编程优化器，佐证了能源大数据与人工智能在电力系统运行控制领域的应用可行性和有效性。

6.3　能源交易市场中的应用

现代电力市场是一个涉及电网调度和运行、系统监控和反馈、市场机制以及市场参与者的交易行为的复杂网络市场。电力市场的相关研究往往将市场参与者视为电网的一部分，假设其交易目标与电网运行目标一致。实际上，电网运行的目标是系统的经济调度，而交易行为的目的是最大化参与者的利润，其受经济激励或其他信念的影响。在设计市场机制时应考虑匹配电网运行效率和参与者利润，但它们是不同的。因此，独立的交易行为建模对于研究电力市场是必要的。

1. 问题描述

交易行为建模的一个难点在于没有明确的法律或定义良好的数学映射来描述参与者的行为。一方面，很难直接识别参与者的内部状态，如意图、目标、偏好、个性，从而使得行为模型的框架和参数难以观察。另一方面，交易行为通常不遵循理性的经济人假设，受认知和计算能力的限制。在某些极端情况下，市场参与者甚至会表现出非理性的特征，如对自身偏好缺乏理解。

一种典型的交易行为建模方法是构建满足理性经济人假设的参与者利润函数。电力市场中的参与者会以最大化利润为目标优化其报价策略。最优策略是电力市场清算的纳什均衡。这种典型方法通常涉及强假设，限制了其实用性。减少模型假设的数量是提高模型实用性的关键。

相比之下，实验经济学和计算机模拟通过诱导价值定理来建模交易行为。可以通过经济实验发现交易行为的模式。基于实验结果，可以使用计算技术生成代理以复制实验。这种结合既保留了实验经济学的优势，又克服了实验规模的限制。然而，计算机模拟只能确保模型生成的行为在实验中的统计一致性，而不能很好地反映人类参与者的真实行为模式。

随着计算和数据科学的发展，多智能体建模(multi-agent modelling)和强化学习等机器学习方法已应用于交易行为建模中。例如，有某些研究采用 Q 学习来建模负荷代理商的行为，用于空调负荷需求响应研究模型。然而，由于非解释性，机器学习方法不能直接应用于大多数工业决策中。工业应用需要一种结合机器学习精度和人类可解释性的方法。

可解释性是指人类理解决策机制的程度。实际中的决策者应对模型的结果负责，模型训练、部署和预测应当可信。只有在充分理解模型的运作机制时，决策者才能通过调整相应的参数或重构来改进模型。有一些固有可解释性的模型，如短决策树和稀疏线性模型。大多数机器学习模型是高度非线性的，拥有大量的节点参数，使得模型成为黑箱，需要在训练后进行解释。

混合实验学习(hybrid experimental learning, HEL)是一种结合经济实验和机器学习方法的可解释交易行为建模方法，其主要包含混合实验、生成式机器学习模型和解释方法三个模块，具有：①对人类行为假设少；②基于历史数据和人机交互实验结果进行模型训练；③对人类局部可解释等优势。本节以我国广东省试行现货市场规则为基础，应用生成对抗网络(GAN)和与模型无关的局部可解释性的解释(local interpretable model-agnostic explanations, LIME)作为HEL的生成和解释方法，来展示对燃气发电机报价行为的建模和解释。

2. 基于混合实验学习的交易行为建模框架

混合实验学习(HEL)，包括图6-16所示的三个模块：人机混合实验、生成模型和解释方法。混合实验的参与者是人类和计算机代理，其将在仿真环境中扮演市场参与者。在电力市场中，仿真环境由理论模型(如最优潮流模型)描述，而交易行为的潜在影响变量包括市场清算规则、交易成本、风险测量和利润计算。

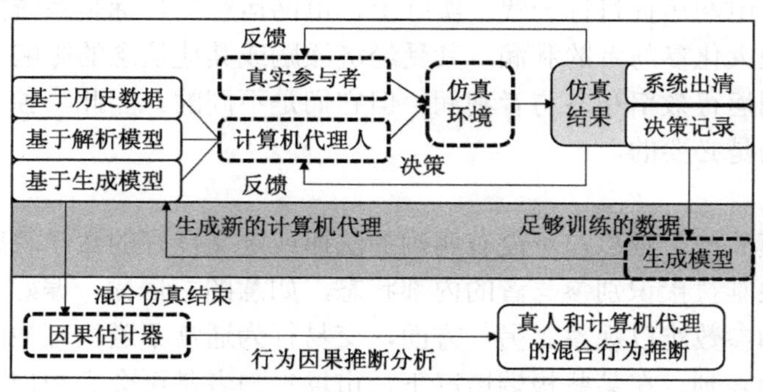

图6-16　混合实验学习的框图和组成部分

人类参与者有必要理解市场机制如何工作，并且在实验过程中需要以严肃的态度最大化其角色的利润。

计算机代理主要有三类：基于历史数据的代理由真实历史数据驱动，在市场中充当经验丰富的外部参与者。基于解析模型的代理则基于优化或控制理论来获得策略。由于在电力市场中缺乏成熟的报价理论，实际训练中省略了基于解析模型的代理。在第一阶段训练中，这两类代理与人类参与者按一定比例混合进行实验。基于GAN的生成模型(以下简称“生成模型”)的训练数据主要来自人类参与者，并通过少量历史数据进行调整。值得注意的是，基于GAN的生成模型代理不参与第一阶段实验，第一阶段的实验是为该模型积累数据的。

生成模型的训练在多轮混合实验中收集到足够的数据后进行。根据不同情况，模型可以在线或离线训练。训练完成后，一些人类参与者可以被模型替代。当生成模型替代了特定数量的人类参与者时，基于数据驱动的行为建模就完成了，可以从实验数据中获得一组交易行为模型。这种方法的优势在于，生成模型不仅确保了决策的专业性，还降低了经济实验的成本。

生成模型本质上是一个无法通过显式公式表示的逆概率密度函数，因为机器学习方法通常是不可解释的。由于一些研究或实际应用追求行为模型的可解释性，因此在生成模型训练后，可以采用相应的神经网络解释方法进行行为解释和分析。这样便可以得到一个分析行为模型，解释混合实验中的交易行为动机和机制。如果混合实验的目的仅仅是模拟市场，则可以省略该步的解释方法。

1) 生成对抗网络

生成对抗网络(GAN)是一种无监督学习方法，由两个在零和博弈中进行训练的神经网络——生成网络(G)和判别网络(D)构成。其中，生成网络负责生成假数据，而判别网络负责识别假数据，如图 6-17 所示。基本思想是利用生成网络和判别网络之间的竞争来训练生成模型。生成网络以噪声数据为输入，生成假数据，其概率分布与实践中收集的真数据不同。判别网络像警察一样，将真数据标记为 1，假数据标记为 0，而生成网络试图生成“无差别”的假数据来欺骗判别网络。

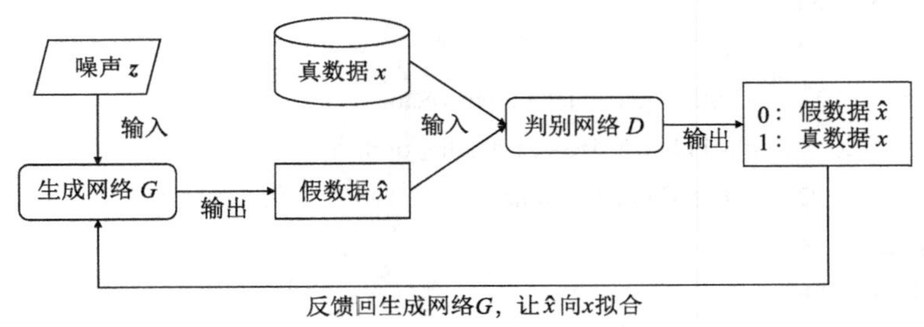

图 6-17　HEL 中 GAN 训练示意图

GAN 的数学公式描述如下：生成网络记为$G(\bullet)$，输入是给定先验概率 $p_z(z)$ 的噪声向量 z，G 是一个可微函数。判别网络也是可微的，记为$D(\bullet)$，输入可以是来自实践的真数据 x 或由 G 生成的假数据 $\hat{x}$。D 的训练目标是将 x 标记为 1，将 $\hat{x}$ 标记为 0。记 D 和 G 博弈的评估函数为$V(G,D)$，GAN 的训练可以表示为一个极小极大优化问题：

$$\min_G \max_D V(G,D) = E_X(\log D(x)) + E_Z(\log(1-D(G(z)))) \tag{6-80}$$

式中，E_X 和 E_Z 是真实样本 x 和随机噪声 z 的样本期望值。

在电力市场中，真数据和假数据通常是由 $2N$ 维向量定义的策略报价行为，其中，N 是市场规则要求的报价段数，一般来说，N 项用于报价电量结算，另外 N 项用于相应的价格。电力市场中的真数据和假数据的数学定义可以表示为

$$\begin{aligned} \boldsymbol{x} &= (x_1, x_2, \cdots, x_N, x_{N+1}, \cdots, x_{2N}) \\ \hat{\boldsymbol{x}} &= (\hat{x}_1, \hat{x}_2, \cdots, \hat{x}_N, \hat{x}_{N+1}, \cdots, \hat{x}_{2N}) \end{aligned} \tag{6-81}$$

判别网络 D 的训练过程可表示为

$$\begin{aligned} D(\boldsymbol{x}) &\to 1 \\ D(\hat{\boldsymbol{x}}) &\to 0 \end{aligned} \tag{6-82}$$

式中，$\to$ 表示 D 的训练趋向某个数值。

在 Python3 中，已利用 pandas 库轻松创建了一个 GAN，并基于真假数据库中的数据进行迭代训练，具体代码如下：

```
import pandas as pd
import numpy as np
```

```
import torch
import torch.nn as nn
import torch.nn.functional as F
import torch.optim as optim
import matplotlib.pyplot as plt

# Model params
g_input_size = 16       # Random noise dimension coming into generator, per output vector
g_hidden_size1 = 128      # Generator complexity
g_hidden_size2 = 256
g_hidden_size3 = 256
g_hidden_size4 = 192
g_output_size = 120       # size of generated output vector
d_input_size = 120        # Minibatch size - cardinality of distributions
d_hidden_size1 = 192      # Discriminator complexity
d_hidden_size2 = 216
d_hidden_size3 = 128
d_hidden_size4 = 64
d_output_size = 1         # Single dimension for 'real' vs. 'fake'
minibatch_size = int(d_input_size / 10)

d_learning_rate = 2e-4
g_learning_rate = 2e-4
optim_betas = (0.9, 0.999)
num_epochs = 4000
print_interval = 10
d_steps = 1
# 'k' steps in the original GAN paper. Can put the discriminator on higher training freq than generator
g_steps = 1

# Load the hybrid data from historical data and HEL (3:2)
# The first 5 columns are prices and the last 5 are corresponding power.
data_mix = pd.read_csv('training data.csv',header = None)
data = np.array(data_mix)

# Standarize the data into [0,1]:
data_max = data.max(0)  # x_max_in x's colomn
data_min = data.min(0)  # x_min_in x's colomn
interval = data_max - data_min
```

```
data_pro = (data - data_min) / interval  # f(x) when denominator is not 0
place_nan = np.isnan(data_pro)
data_pro[place_nan] = 1   # f(x) when denominator is 0

# Add a Gaussian noise to the integer term
for i in range(data_pro.shape[0]):
    for j in range(data_pro.shape[1]):
        if data_pro[i,j] == 0:
            data_pro[i,j] += abs(np.random.randn()) * 10**(-6)
        elif data_pro[i,j] == 1:
            data_pro[i,j] -= abs(np.random.randn()) * 10**(-6)

train_mix = torch.FloatTensor(data_pro)
data_size = train_mix.size()[0]

class Generator1(nn.Module):
    def __init__(self, input_size, hidden_size1, hidden_size2, hidden_size3, hidden_size4, output_size):
        super(Generator1, self).__init__()
        self.map1 = nn.Linear(input_size, hidden_size1)
        self.map2 = nn.Linear(hidden_size1, hidden_size2)
        self.map3 = nn.Linear(hidden_size2, hidden_size3)
        self.map4 = nn.Linear(hidden_size3, hidden_size4)
        self.map5 = nn.Linear(hidden_size4, output_size)

    def forward(self, x):
        x = F.sigmoid(self.map1(x))
        x = F.sigmoid(self.map2(x))
        x = F.sigmoid(self.map3(x))
        x = F.sigmoid(self.map4(x))
        return F.sigmoid(self.map5(x))

class Discriminator(nn.Module):
    def __init__(self, input_size, hidden_size1, hidden_size2, hidden_size3, hidden_size4, output_size):
        super(Discriminator, self).__init__()
        self.map1 = nn.Linear(input_size, hidden_size1)
        self.map2 = nn.Linear(hidden_size1, hidden_size2)
        self.map3 = nn.Linear(hidden_size2, hidden_size3)
        self.map4 = nn.Linear(hidden_size3, hidden_size4)
        self.map5 = nn.Linear(hidden_size4, output_size)
```

```
    def forward(self, x):
        x = F.sigmoid(self.map1(x))
        x = F.sigmoid(self.map2(x))
        x = F.sigmoid(self.map3(x))
        x = F.sigmoid(self.map4(x))
        return F.sigmoid(self.map5(x))

G = Generator1(input_size=g_input_size, hidden_size1=g_hidden_size1,
hidden_size2=g_hidden_size2, hidden_size3=g_hidden_size3,
hidden_size4=g_hidden_size4, output_size=g_output_size)
D = Discriminator(input_size=d_input_size, hidden_size1=d_hidden_size1,
hidden_size2=d_hidden_size2, hidden_size3=d_hidden_size3,
hidden_size4=d_hidden_size4, output_size=d_output_size)
criterion = nn.BCELoss()  # Binary cross entropy
d_optimizer = optim.Adam(D.parameters(), lr=d_learning_rate, betas=optim_betas)
g_optimizer = optim.Adam(G.parameters(), lr=g_learning_rate, betas=optim_betas)

g_inf = torch.Tensor([355,1009,360,1000,100,600,500,1237.5])
                                        # vc fc capacity p_cap p_floor link1 link2 max_nodal_load
nml = torch.Tensor([500,45000,1200,10000,10000,1000,1000,3000]) # normalized term
inf_inp = torch.div(g_inf,nml)

# Record the error term
dRealError = np.array([])
dFakeError = np.array([])
gError = np.array([])

np.set_printoptions(suppress=True)

for epoch in range(num_epochs):

    sample_box = np.random.choice(data_size, data_size, replace=False)

    for run in range(0,data_size,minibatch_size):

        train_box = sample_box[run:run+minibatch_size]
        train_data = train_mix[train_box].view(d_input_size)
```

```
        for d_index in range(d_steps):
            # 1. Train D on real+fake
            D.zero_grad()

            #  1A: Train D on real
            d_sampler = train_data
            d_real_data = d_sampler
            d_real_decision = D(d_real_data)
            d_real_error = criterion(d_real_decision, torch.FloatTensor([1]))  # ones = true
            d_real_error.backward() # compute/store gradients, but don't change params

            #  1B: Train D on fake
            d_gen_input = torch.cat((inf_inp,torch.randn(8))) # noise creator
            d_fake_data = G(d_gen_input)
            d_fake_decision = D(d_fake_data)
            d_fake_error = criterion(d_fake_decision, torch.FloatTensor([0]))  # zeros = fake
            d_fake_error.backward()
            d_optimizer.step()
                        # Only optimizes D's parameters; changes based on stored gradients from backward()

        for g_index in range(g_steps):
            # 2. Train G on D's response (but DO NOT train D on these labels)
            G.zero_grad()

            gen_input = torch.cat((inf_inp,torch.randn(8)))
            g_fake_data = G(gen_input)
            dg_fake_decision = D(g_fake_data)
            g_error = criterion(dg_fake_decision,torch.FloatTensor([1]))
                                                # we want to fool, so pretend it's all genuine

            g_error.backward()
            g_optimizer.step()  # Only optimizes G's parameters

    if epoch % 1 == 0:
        dRealError = np.append(dRealError,d_real_error.cpu().detach().numpy())
        dFakeError = np.append(dFakeError,d_fake_error.cpu().detach().numpy())
        gError = np.append(gError,g_error.cpu().detach().numpy())

    if epoch % print_interval == 0:
```

```
        print('%s: D: %s/%s G: %s' % (epoch,
                            d_real_error.data.storage().tolist()[0],
                            d_fake_error.data.storage().tolist()[0],
                            g_error.data.storage().tolist()[0]))
        print('g_fake_data is: ' + str(np.around(g_fake_data[0:10].detach().numpy() * interval + data_min,2
)))
        print('--------------------')

    if (epoch+1) % 10 == 0:
        torch.save(G,'Generator'+str((epoch+1)/10)+'HEL.pkl')
        torch.save(D,'Discriminator'+str((epoch+1)/10)+'HEL.pkl')
        np.save('g_fake_data__'+str((epoch+1)/10)+'.npy',g_fake_data.view(12,10).detach().numpy() *
interval + data_min)
```

2)基于 LIME 的模型解释

模型无关的局部可解释性的解释(LIME)是一种用于神经网络事后解释的方法。LIME 通过从输入和输出的邻域内逐对采样，形成可解释的表示。通过线性回归，可以使用这些样本来训练一个局部可解释模型，显示可解释表示之间的相关性，并符合电力市场中报价策略建模的特性。

LIME 的数学定义如下：

$$\xi(x) = \arg\min_{g\in M}\{L(f,g,\pi_x) + \Omega(g)\} \tag{6-83}$$

式中，ξ 表示待解释函数 f 的最佳解释；M 是一组可解释的函数 g；π_x 是可解释表示 x 的邻域度量；L 是定义在 π_x 上从 f 到 g 的损失函数，用于衡量 f 的可解释性；Ω 用于衡量 g 的复杂性。如果将 g 视为线性模型，则 $\Omega(g)$ 可以定义为线性回归中非零系数的数量。

假设发电机组的报价策略由十个维度组成，由不同复杂的信息决定，如发电机的成本、预期利润、运营风险和拓扑约束。由于电力市场中信息高度不对称，主要考虑将表 6-14 中给出的 8 个变量作为可解释表示。

表 6-14 解释变量

变量	单位	变量	单位
发电机组可变成本	元/(MW・h)	最低允许报价	元/(MW・h)
发电机组固定成本	元/h	邻近线路容量	MW
发电机组容量	MW	其余机组最大出力预期值	MW
最高允许报价	元/(MW・h)		

3. 典型案例

本节以简化的广东现货市场为例，展示如何利用 HEL 进行电力市场的行为建模、市场仿真与模型解释。简化的广东现货市场主要考虑的三个节点，每两个节点之间通过一条支路连接，每条支路的容量分别为：线路 1-2 为 600MW，线路 1-3 为 400MW，线路 2-3 为 500MW。系统中有 6 台由人或计算机代理控制的发电机，其所在位置、容量、固定成本和可变成本如表 6-15 所示。

表 6-15　机组参数

发电机	位置	容量/MW	固定成本/(元/h)	可变成本/(元/(MW·h))
1	节点 2	360	1009	355
2	节点 1	600	8250	301
3	节点 3	1000	37970	256
4	节点 3	390	1123	397
5	节点 2	640	9540	299
6	节点 1	1200	42906	216

发电机根据广东现货市场规则制定报价策略。在广东现货市场规则中，电力批发市场由三个部分组成：长协市场、日前市场和实时市场。长协市场进行政府分配的电力交换交易，在本案例中不予讨论。日前市场和实时市场的报价规则相同，每台发电机可以提出五对价格-电量对，形成其供应曲线，即在五种相应的单位电价下确定五个输出水平。这种五段报价策略在一天内有效，中途不能更改。

广东现货市场规则按安全约束经济调度(security-constrained economic dispatch, SCED)的节点边际价格(locational marginal price, LMP)进行清算，并采用内点法求解。每个混合实验模拟一个 24h 的日前市场。

在各发电机组的代理中，发电机组 2～发电机组 6 采用基于历史数据的代理，其真实数据来自广东现货市场的实际数据。由于数据源单一，相对于生成代理，其网络参数设置较为简单：生成网络 G 和判别网络 D 是双隐藏层全连接网络。两层隐藏层的大小分别为 88 和 52，激活函数为标准的 sigmoid 函数：

$$S(x) = (1 + \exp(-x))^{-1} \tag{6-84}$$

交叉熵被用作 G 和 D 的训练误差，以衡量生成输出与真实数据的距离，定义为

$$H(p,q) = \sum_x -p(x)\log q(x) \tag{6-85}$$

式中，p 和 q 分别是真数据和假数据的概率密度函数；$H(p,q)$ 是 p 和 q 的交叉熵。而判断 GAN 收敛的依据是网络训练是否处于混合策略纳什均衡，即训练误差在多个固定点之间切换。

发电机组 1 基于生成的代理，其训练数据可以分为两部分：第一部分是从多轮混合实验中的人类参与者处累积的；第二部分是从实际记录中获取的相同发电机的历史数据。采用混合数据增强方法，以 3∶1 的比例混合实验训练数据集和历史数据。基于此，发电机 1 的 GAN 结构与其他计算机代理不同，生成网络 G 和判别网络 D 分别具有五层隐藏层，以代表五段报价策略。生成网络的每一层隐藏节点数量分别为 128、256、256、192 和 128；判别网络的每一层隐藏节点数量分别为 128、192、216、128 和 64。此外，除原始噪声输入外，为生成网络添加了一些外生输入，这些输入对应于可解释的表示，以便进一步解释。激活函数和损失函数与发电机组 2～发电机组 6 的 GAN 相同，分别为标准 sigmoid 函数和交叉熵。

使用 12000 个五段策略来训练发电机 1 的 GAN。这些训练策略是基于 120 个人类参与者实验记录和 3000 个历史策略，以 3∶1 的混合比例通过混合方法生成的，即 9000 个样本从实验记录中增强，3000 个样本来自历史数据。此外，由于基本 GAN 通常会遇到模式崩溃问题，可以采用小批量判别方法和自适应 GAN 同时训练 20 个 GAN 以解决该问题。最终的 GAN 输出是从 20 个 GAN 中随机选取的。

考虑到可能的混合纳什均衡收敛，整个训练周期数设置为 10000。选择二元交叉熵(binary cross-entropy, BCE)，适用于真假分类。20 个 GAN 中的一个在 10000 个周期内收敛，BCE 趋近于 0。以 20 个 GAN 中的一个收敛结果为例，如图 6-18 所示。

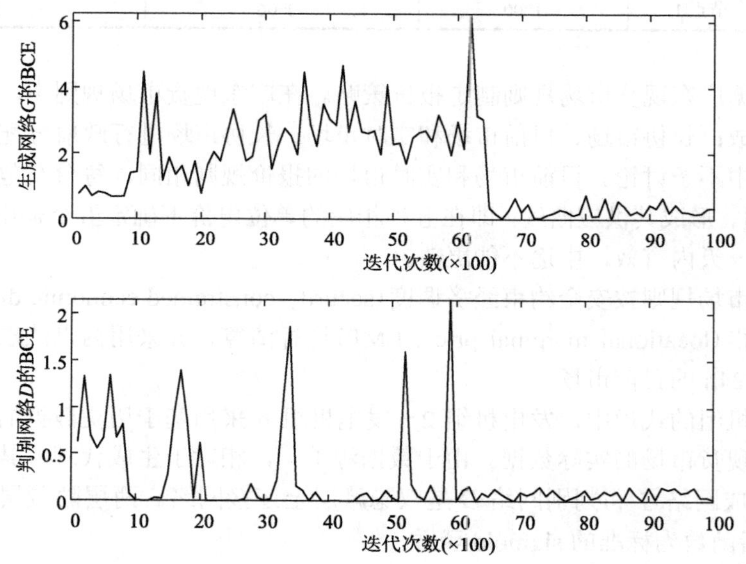

图 6-18　发电机组 1 的 GAN 收敛过程

基于生成模型的发电机组 1 生成的报价策略可以聚类为三种类型，如表 6-16 所示，其中，价格和电量的单位分别为元/(MW・h)和 MW。此外，报价类型 1～报价类型 3 的比例分别为 93.67%、4.5%和 1.82%。

表 6-16　基于 GAN 生成模型的三种报价策略

阶段	报价类型 1		报价类型 2		报价类型 3	
	价格/(元/(MW・h))	电量/MW	价格/(元/(MW・h))	电量/MW	价格/(元/(MW・h))	电量/MW
第一段	100	0	101.4	0	110.7	0.12
第二段	357.73	0.12	361.07	195.35	360.04	0.06
第三段	469.24	0.43	471.22	0	471.21	143.44
第四段	718.52	0.08	671.68	0	905.3	0.01
第五段	987.91	359.37	164.65	164.65	996.57	216.37

对于发电机组 1(燃气发电机)来说,最显著的报价策略(报价类型 1)是将几乎所有的输出都放在高峰价格段。这种现象不仅在实验中出现，而且几乎所有电力市场中的燃气发电机都会这样做。当发电机组 1 采用报价类型 1 的报价策略时，市场清算的 LMP 和每台发电机的输出分别如图 6-19 和图 6-20 所示。

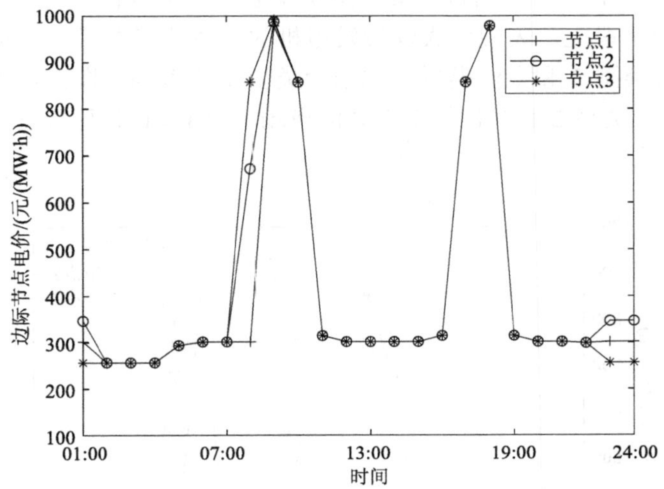

图 6-19　发电机组 1 采用报价类型 1 下三节点的分时电力出清价格

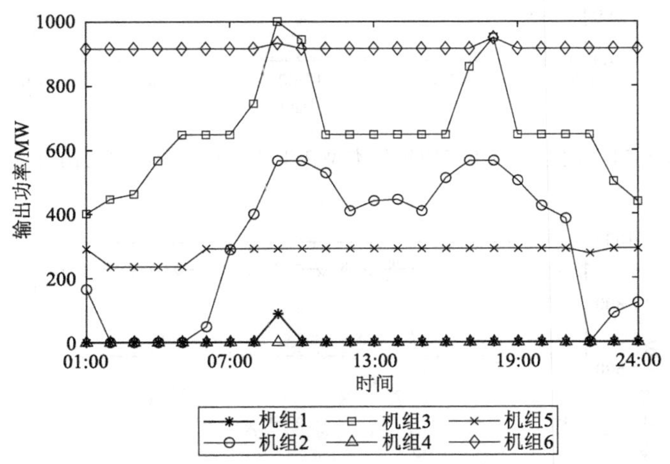

图 6-20　发电机组 1 采用报价类型 1 下各机组的分时发电量

如图 6-20 所示，9:00 和 18:00 出现了两个价格高峰,对应的系统负荷分别达到 2701.24 MW 和 2589.19MW。对照图 6-19 可知，发电机组 1 所在的节点 2 的 LMP 分别为 987.91 元/(MW • h)和 978.68 元/(MW • h)。在图 6-21 中，可以观察到发电机组 1 的两个电价峰值分别出现在 9:00 和 18:00，对照出力数据可知，这两个时段机组发电量分别为 88.3MW 和 20.63MW。除了这两个时间点，发电机组 1 几乎处于停机状态。此外，作为对照组的另一台燃气发电机(发电机组 4)在实验过程中一直处于停机状态，因为它完全采用了高峰价格策略(所有输出都放在 1000 元/(MW・h)的价格段上)。报价类型 1 策略优先于完全高峰价格策略，其最后一个价格段与价格上限之间的差距较小。这一小差距是从人类参与者那里学到的。

报价类型 2 和报价类型 3 的报价策略是从少数人类参与者那里学到的。他们将部分输出放在前面的价格段上，表现为大煤炭发电机的“搭便车”者。事实上，对于该案例的负荷特性，报价类型 2 和报价类型 3 比报价类型 1 更有利可图，可以视为电力市场中的投机者。采用报价类型 2 和报价类型 3 时的市场清算 LMP 和每台发电机的输出分别如图 6-21～图 6-24 所示。

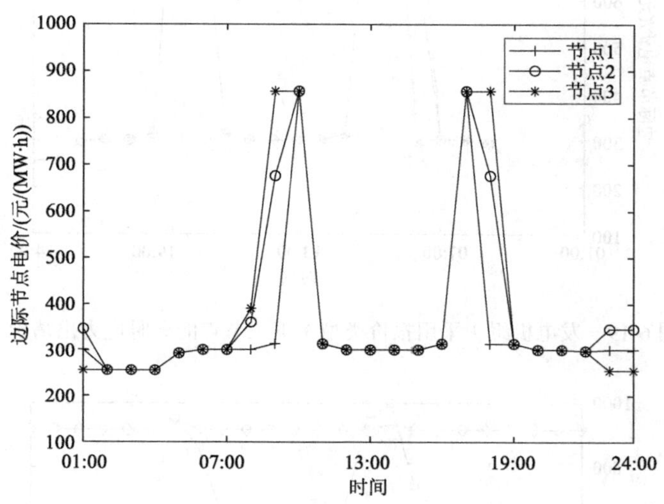

图 6-21　发电机组 1 采用报价类型 2 下三节点的分时电力出清价格

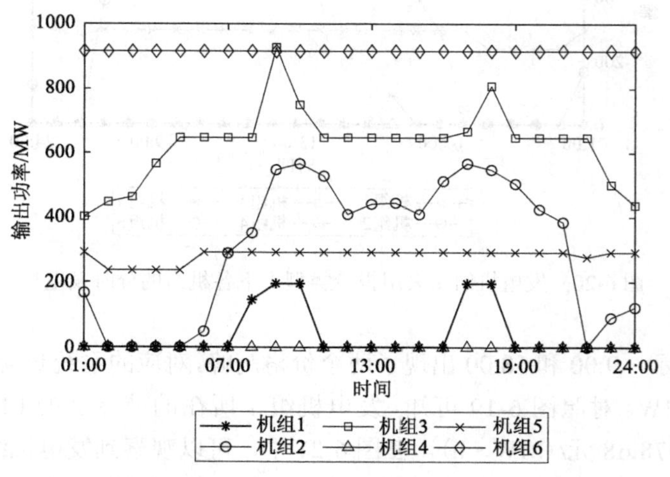

图 6-22　发电机组 1 采用报价类型 2 下各机组的分时发电量

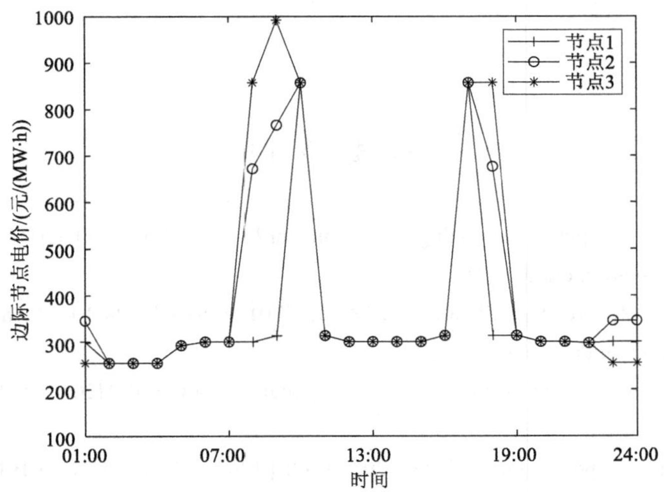

图 6-23　发电机组 1 采用报价类型 3 下三节点的分时电力出清价格

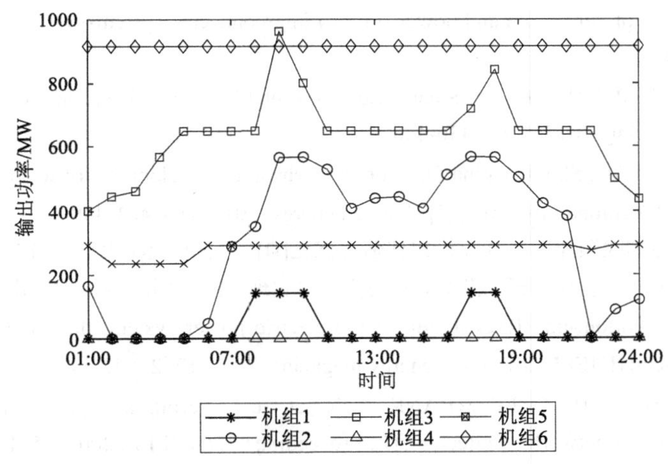

图 6-24　发电机组 1 采用报价类型 3 下各机组的分时发电量

电力市场是一个复杂的系统，涵盖了发电、输电、配电和销售等多个环节。在过去的几十年里，电力市场经历了从垄断经营到市场化改革的过程。许多国家通过引入竞争机制，逐步开放电力市场，提高了资源配置效率。尽管如此，电力市场仍然面临着诸多挑战，例如，高新能源渗透率下如何平衡供需关系，如何在电碳协同市场环境下降低交易成本，如何提高市场透明度等。因此，电力市场的建模范式也迎来了革新的需求。

基于系统动力学的建模方法已难以满足实际需求，而传统的实验仿真方法又往往涉及大量不切实际的假设，也会忽视市场中的非理性行为。人机混合实验作为一种新型的实验仿真技术，通过结合人工智能和人类专家的智慧，为电力市场的研究和优化提供了全新的思路。

参 考 文 献

[1] Economist Special Report. Stabilizing the climate[R/OL].（2021-10-30）[2024-10-10]. https://www.economist.com/special-report/2021-10-30.

[2] Economist Special Report. The climate issue[R/OL].（2019-09-19）[2024-10-10]. https://www.economist.com/leaders/2019/09/19/the-climate-issue.

[3] IPCC Special Report. Global warming of 1.5 ℃ [R/OL].（2018-10-08）[2024-10-10]. https://www.ipcc.ch/sr15/.

[4] IPCC. AR6 synthesis report: climate change 2023[R/OL].（2023-03-20）[2024-10-10]. https://www.ipcc.ch/report/sixth-assessment-report-cycle/.

[5] 余贻鑫. 智能电网基本理念与关键技术[M]. 北京：科学出版社, 2019.

[6] BN COHN. Control of generation and power flow on interconnected systems[M]. New York: John Wiley & Sons, 1966: 1-100.

[7] WU F F, VARAIYA P P, HUI R S Y. Smart grids with intelligent periphery: an architecture for the energy Internet[J]. Engineering, 2015, 1（4）: 436-446.

[8] SUN B, YU Y X, QIN C. Should China focus on the distributed development of wind and solar photovoltaic power generation? A comparative study[J]. Applied energy, 2017, 185: 421-439.

[9] 孙冰. 高比例风能和太阳能发电开发模式评估与优化[D]. 天津：天津大学, 2017.

[10] 丁道齐. 复杂大电网安全性分析：智能电网的概念与实现[M]. 北京：中国电力出版社, 2010: 35-48.

[11] KRISTOV L. The bottom-up （R）evolution of the electric power system: the pathway to the integrated-decentralized system[J]. IEEE power and energy magazine, 2019, 17（2）: 42-49.

[12] CHIANG M, LOW S H, CALDERBANK A R, et al. Layering as optimization decomposition: a mathematical theory of network architectures[J]. Proceedings of the IEEE, 2007, 95（1）: 255-312.

[13] TAFT J D, BECKERD A D. Grid architecture[R]. Washington: Pacific Northwest National Laboratory（PNNL）, 2015.

[14] YU Y X, LIU Y L, QIN C, et al. Theory and method of power system integrated security region irrelevant to operation states: an introduction[J]. Engineering, 2020, 6（7）: 754-777.

[15] LIU Y L, YU Y X, WU F F, et al. A grid as smart as internet[J]. Engineering, 2020, 6（7）: 778-788.

[16] BRONSKI P. The economics of load defection[R]. Rocky Mountain: Rocky Mountain Institute and HOMER Energy, 2015.

[17] 舍恩伯格，库克耶. 大数据时代：生活、工作与思维的大变革[M]. 盛杨燕，周涛，译. 杭州：浙江人民出版社, 2012.

[18] GTM Research. The soft grid 2013-2020: big data & utility analytics for smart grid-research excerpt[R/OL].（2013-01-01）[2024-10-10]. https://www.readkong.com/page/the-soft-grid-2013-2020-big-data-utility-analytics-for-5781202.

[19] Architecture and analytics: keys to smart grid performance[EB/OL].（2011-12-09）[2024-10-10]. https://www. power-grid.com/news/architecture-and-analytics-keys-to-smart-grid-performance/.

[20] VASWANI A, SHAZEER N, PARMAR N, et al. Attention is all you need[C]. 31st conference on neural information processing systems（NIPS 2017）, Long Beach, 2017.

[21] LIU G L, ZHANG S W, ZHAO H, et al. Super-resolution perception for wind power forecasting by enhancing historical data[J]. Frontiers in energy research, 2022, 10: 959333.

[22] PERERA A T D, KAMALARUBAN P. Applications of reinforcement learning in energy systems[J]. Renewable and sustainable energy reviews, 2021, 137: 110618.

[23] LIU Y L, WANG J Y, LIU L Q. Physics-informed reinforcement learning for probabilistic wind power forecasting under extreme events[J]. Applied energy, 2024, 376: 124068.

[24] LIU L Q, LIU Y L. Load image inpainting: an improved U-Net based load missing data recovery method[J]. Applied energy, 2022, 327: 119988.

[25] SCHMIDHUBER J. Deep learning in neural networks: an overview[J]. Neural networks, 2015, 61: 85-117.

[26] ZHANG C Y, BENGIO S, HARDT M, et al. Understanding deep learning（still）requires rethinking generalization[J]. Communications of the ACM, 2021, 64（3）: 107-115.

[27] SRIVASTAVA N, HINTON G, KRIZHEVSKY A, et al. Dropout: a simple way to prevent neural networks from overfitting[J]. Journal of machine learning research, 2014, 15: 1929-1958.

[28] BAI S J, KOLTER J Z, KOLTUN V. An empirical evaluation of generic convolutional and recurrent networks for sequence modeling[J]. arXiv preprint arXiv:1803.01271, 2018.

[29] BIRKL C. Oxford battery degradation dataset 1[D]. Oxford: University of Oxford.

[30] Prognostics center of excellence-data set repository[EB/OL].（2024-01-04）[2024-10-10]. https://www.nasa.gov/intelligent-systems-division/discovery-and-systems-health/pcoe/pcoe- data-set-repository/.

[31] LIU Y L, WANG P. Partial correlation analysis based identification of distribution network topology[J]. CSEE journal of power and energy systems,2023,9(4):1493-1504.

[32] LIU Y L, WANG J Y, WANG P. Hybrid data-driven method for distribution network topology and line parameters joint estimation under small data sets[J]. International journal of electrical power & energy systems, 2023, 145: 108685.

[33] Commission for Energy Regulation (CER). CER smart metering project - electricity customer behaviour trial, 2009-2010[EB/OL]. (2022-04-28)[2024-12-10]. https://www.ucd.ie/issda/data/commissionforenergyregulationcer/.

[34] 石雪靖．快速生成实用动态安全域边界的混合数据驱动方法[D]．天津：天津大学，2020．

[35] LIU Y L, JIA R P. Space division and WGAN-GP based fast generation method of practical dynamic security region boundary[J]. Engineering, 2024, 35: 15-31.

附录　相关代码

1. 在风力发电预测中的应用(5.1.1 节)相关代码

```
import numpy as
import pandas as pd
import tensorflow as tf
from tensorflow.keras.layers import Conv2D, Input,Add, Activation
from tensorflow.keras.models import Model
from tensorflow.keras.optimizers import Adam
from sklearn.preprocessing import MinMaxScaler

def preprocess_data(data):
    # Handle missing values and outliers
    # Assuming data is a DataFrame
    data = data.drop_duplicates().dropna()
    # Normalization
    scaler = MinMaxScaler()
    scaled_data = scaler.fit_transform(data)
    return scaled_data, scaler

def srp_block(input_tensor, filters):
    x = Conv2D(filters, (3, 3), padding='same')(input_tensor)
    x = tf.keras.layers.BatchNormalization()(x)
    x = Activation('relu')(x)
    x = Conv2D(filters, (3, 3), padding='same')(x)
    x = tf.keras.layers.BatchNormalization()(x)
    x = Add()([x, input_tensor])   # Identity mapping
    x = Activation('relu')(x)
    return x

def build_srpwpn(input_shape, num_srp_blocks=16, filters=64):
    inputs = Input(shape=input_shape)

    # Initial feature extraction
    x = Conv2D(filters, (3, 3), padding='same')(inputs)
    x = Activation('relu')(x)
```

```
    # Stacking SRPBs
    for _ in range(num_srp_blocks):
        x = srp_block(x, filters)

    # Final convolution layers to reconstruct the high-frequency data
    x = Conv2D(filters, (3, 3), padding='same')(x)
    x = Activation('relu')(x)
    outputs = Conv2D(1, (3, 3), padding='same')(x)

    model = Model(inputs, outputs)
    model.compile(optimizer=Adam(learning_rate=0.001), loss='mse')
    return model

# Load your data here
# For illustration, we will generate dummy data
data = pd.DataFrame(np.random.rand(1000, 6))  # 1000 samples, 6 features

# Preprocess data
scaled_data, scaler = preprocess_data(data)

# Reshape data to fit model input requirements
# Assuming input shape is (time_steps, features, channels), e.g., (10, 6, 1)
input_shape = (10, 6, 1)
X_train = np.reshape(scaled_data, (-1, 10, 6, 1))

# Build and train the model
model = build_srpwpn(input_shape)
model.summary()
model.fit(X_train, X_train, epochs=50, batch_size=32, validation_split=0.2)

def forecast(model, data, time_steps=10):
    # Preprocess the input data
    data = scaler.transform(data)
    data = np.reshape(data, (-1, time_steps, data.shape[1], 1))

    # Predict using the model
    predictions = model.predict(data)
```

```
    # Inverse scaling to get the original values
    predictions = scaler.inverse_transform(predictions.reshape(-1, data.shape[2]))
    return predictions

# Forecasting with new data
# new_data = pd.DataFrame(np.random.rand(100, 6))  # Generate some new dummy data
# forecasted_wind_power = forecast(model, new_data)
# print(forecasted_wind_power)
```

2. 在光伏发电预测中的应用(5.1.2 节)相关代码

```
import copy
import numpy as np
import pandas as pd
from PV_Data import (Raw_Data, Scaler, Scaler_D_Rad, Scaler_G_Rad, Scaler_Humi,
                     Scaler_Rain, Scaler_Temp, f_n, function, function_pre, input_test)

# 定义预测函数
def f(x):
    y = function.predict(x, verbose=0)
    return y

# 计算梯度
def grad(x, order, dx):
    """
    Return the subgradient of the desired factor

    x : the whole array
    order : index of the desired factor
    dx : step length
    '''
    x[1] = x[1].reshape(iteration, 120)
    x0 = np.concatenate((x[0], x[0]))
    x1_r = copy.deepcopy(x[1])
    x1_r[:, order] += dx
    x1_l = copy.deepcopy(x[1])
    x1_l[:, order] -= dx
    x1 = np.concatenate((x1_r, x1_l))
    y = f([x0, x1.reshape(iteration * 2, 5, 24)])
    gradient = (y[:iteration] - y[iteration:]) / (2 * dx)
    return gradient
```

```
# 计算所有特征的偏导数
def params(x, num, dx):
    """
    Return all subgradients and weights
    x : the whole array
    num : number of features to be considered
    dx : step length
    '''
    dy_dx_all = np.zeros((iteration, 1))    # array of gradients
    for i in range(num):
        dy_dx = grad(x, i, dx)
        dy_dx_all = np.concatenate((dy_dx_all, dy_dx), axis=1)
    return dy_dx_all[:, 1:]

# Adam 优化算法
def Adam(x, Scope=0.1, Ve=1, num=120, dx=0.02, p=0.9, q=0.9):
    """
    Return the point with lowest gradient in list form

    x : the whole array
    num : number of features to be considered
    dx : step length
    p : momentum control
    q : learning rate control
    '''
    v = np.zeros((iteration, num))
    r = np.zeros((iteration, num))
    xlist = [np.zeros((iteration, num)), np.ones((iteration, num))]
    x_new = copy.deepcopy(x)

    F = np.concatenate((
        Scaler_Temp.inverse_transform(x_new[1][:, 0, :].reshape(iteration, 24)),
        Scaler_Humi.inverse_transform(x_new[1][:, 1, :].reshape(iteration, 24)),
        Scaler_G_Rad.inverse_transform(x_new[1][:, 2, :].reshape(iteration, 24)),
        Scaler_D_Rad.inverse_transform(x_new[1][:, 3, :].reshape(iteration, 24)),
        Scaler_Rain.inverse_transform(x_new[1][:, 4, :].reshape(iteration, 24))),
        axis=1).reshape(iteration * num, 1)
```

```
x[1] = x[1].reshape(iteration, num)
for t in range(1, 51):
    w = params(x, num, dx)
    v = p * v + (1 - p) * w
    r = q * r + (1 - q) * (w ** 2)
    _v = v / (1 - (p ** t))
    _r = np.sqrt(r / (1 - (q ** t)))
    x[1] += Ve * (dx * _v) / (_r + 0.01)

    F_ = np.concatenate((
        Scaler_Temp.inverse_transform(x[1][:, :24]),
        Scaler_Humi.inverse_transform(x[1][:, 24:48]),
        Scaler_G_Rad.inverse_transform(x[1][:, 48:72]),
        Scaler_D_Rad.inverse_transform(x[1][:, 72:96]),
        Scaler_Rain.inverse_transform(x[1][:, 96:])),
        axis=1).reshape(iteration * num, 1)

    temp = np.min(np.concatenate(((1 + Scope) * F, F_), axis=1), axis=1).reshape(iteration * num, 1)
    X = np.max(np.concatenate(((1 - Scope) * F, temp), axis=1), axis=1).reshape(iteration, num)

    x[1] = np.concatenate((
        Scaler_Temp.transform(X[:, :24].reshape(iteration * 24, 1)).reshape(iteration, 24),
        Scaler_Humi.transform(X[:, 24:48].reshape(iteration * 24, 1)).reshape(iteration, 24),
        Scaler_G_Rad.transform(X[:, 48:72].reshape(iteration * 24, 1)).reshape(iteration, 24),
        Scaler_D_Rad.transform(X[:, 72:96].reshape(iteration * 24, 1)).reshape(iteration, 24),
        Scaler_Rain.transform(X[:, 96:].reshape(iteration * 24, 1)).reshape(iteration, 24)),
        axis=1)

    x_copy = copy.deepcopy(x[1])
    xlist.append(x_copy)
    if np.array_equal(xlist[-1], xlist[-2]):
        break

x = [x[0], x[1].reshape(iteration, 5, 24)]
y = function_pre.predict(x, verbose=0)
return x, y

iteration = 7 * 288
```

```
ve = 1
flag = 'max'
scope = 0.1
XX = copy.deepcopy(input_test)
xx, y_list = Adam(XX, Scope=scope, Ve=ve)
print(flag, scope)

time_op = Raw_Data[-iteration:, 0]
op = np.concatenate((time_op.reshape(2016, 1), y_list), axis=1).T
op = pd.DataFrame(index=['Time', 'Attack'], data=op)
op = pd.DataFrame(op.values.T, index=op.columns, columns=op.index)
op.to_csv(f"./outputs/{f_n}/power/attack_{scope}_{flag}.csv", sep=',', index=False, header=True)

# 反向缩放输出数据
for j in range(5):
    xx[1][:, j, :] = Scaler[j].inverse_transform(xx[1][:, j, :])

for i in range(iteration):
    feat = xx[1][i, :, :]
    if i != (iteration - 1):
        time = Raw_Data[-(iteration - i + 23):-(iteration - i - 1), 0]
    else:
        time = Raw_Data[-(iteration - i + 23):, 0]
    test = np.concatenate((time.reshape(1, 24), feat), axis=0)
    test = pd.DataFrame(index=['Time', 'TEMP', 'HUMIDITY', 'G_RAD', 'D_RAD', 'RAINFALL'], 
data=test)
    test = pd.DataFrame(test.values.T, index=test.columns, columns=test.index)
    test.to_csv(f"./outputs/{f_n}/weather/attack/weather_attack_{scope}_{flag}_{i}.csv", sep=',', index=
False, header=True)
```

3. 用户负荷画像修复(5.2.1 节)相关代码

```
import torch.nn as nn
import torch
class ChannelAttention(nn.Module):
    def __init__(self, in_planes, ratio=16):
        super(ChannelAttention, self).__init__()
        self.avg_pool = nn.AdaptiveAvgPool2d(1)
        self.max_pool = nn.AdaptiveMaxPool2d(1)
        self.fc1   = nn.Conv2d(in_planes, in_planes, 1, bias=False)
        self.relu1 = nn.ReLU()
```

```
            self.fc2     = nn.Conv2d(in_planes, in_planes, 1, bias=False)
            self.sigmoid = nn.Sigmoid()

        def forward(self, x):
            avg_out = self.fc2(self.relu1(self.fc1(self.avg_pool(x))))
            max_out = self.fc2(self.relu1(self.fc1(self.max_pool(x))))
            out = avg_out + max_out
            return self.sigmoid(out)

class SpatialAttention(nn.Module):
        def __init__(self, kernel_size=7):
            super(SpatialAttention, self).__init__()
            assert kernel_size in (3, 7), 'kernel size must be 3 or 7'
            padding = 3 if kernel_size == 7 else 1
            self.conv1 = nn.Conv2d(2, 1, kernel_size, padding=padding, bias=False)
            self.sigmoid = nn.Sigmoid()

        def forward(self, x):
            avg_out = torch.mean(x, dim=1, keepdim=True)
            max_out, _ = torch.max(x, dim=1, keepdim=True)
            x = torch.cat([avg_out, max_out], dim=1)
            x = self.conv1(x)
            return self.sigmoid(x)

class CBMA(nn.Module):
        def __init__(self, inplants, kernal_size=3):
            super(CBMA,self).__init__()
            self.ca = ChannelAttention(inplants)
            self.sa = SpatialAttention(kernal_size)
        def forward(self, input):
            out = self.ca(input)*input
            out = self.sa(out)*out
            return out

# 瓶颈残差
class resblock3x3_256(nn.Module):
        def __init__(self, inchannel):
            super(resblock3x3_256, self).__init__()
            self.layer1 = nn.Conv2d(in_channels=inchannel, out_channels=64, kernel_size=(1, 1), stride=1,
```

```
padding=0, padding_mode='reflect')
            self.fc1 = nn.LeakyReLU(0.2)
            self.layer2 = nn.Conv2d(in_channels=64, out_channels=64, kernel_size=(3, 3), stride=1,
padding=1, padding_mode='reflect')
            self.fc2 = nn.LeakyReLU(0.2)
            self.layer3 = nn.Conv2d(in_channels=64, out_channels=inchannel, kernel_size=(1, 1), stride=1,
padding=0, padding_mode='reflect')
            self.fc3 = nn.LeakyReLU(0.2)
        def forward(self, x):
            out = self.fc1(self.layer1(x))
            out = self.fc2(self.layer2(out))
            out = self.fc3(self.layer3(out))
            out = out + x
            return out

    class resblock3x3_512(nn.Module):
        def __init__(self, inchannel):
            super(resblock3x3_512, self).__init__()
            self.layer1 = nn.Conv2d(in_channels=inchannel, out_channels=128, kernel_size=(1, 1), stride=1,
padding=0, padding_mode='reflect')
            self.fc1 = nn.LeakyReLU(0.2)
            self.layer2 = nn.Conv2d(in_channels=128, out_channels=128, kernel_size=(3, 3), stride=1,
padding=1, padding_mode='reflect')
            self.fc2 = nn.LeakyReLU(0.2)
            self.layer3 = nn.Conv2d(in_channels=128, out_channels=inchannel, kernel_size=(1, 1), stride=1,
padding=0, padding_mode='reflect')
            self.fc3 = nn.LeakyReLU(0.2)
        def forward(self, x):
            out = self.fc1(self.layer1(x))
            out = self.fc2(self.layer2(out))
            out = self.fc3(self.layer3(out))
            out = out + x
            return out

    class resnet(nn.Module):
        def __init__(self, inchannel=1, ):
            super(resnet, self).__init__()
            self.layer1 = nn.Conv2d(in_channels=inchannel, out_channels=512, kernel_size=(3, 3), stride=1,
padding=1, padding_mode='reflect')
```

```
        self.layer2 = nn.Conv2d(in_channels=512, out_channels=1, kernel_size=(1, 1), stride=1)
        self.blocks = self._make_blocks(9, 512)

    def _make_blocks(self, num, inchannel):
        blocks = []
        for i in range(num):
            blocks.append(resblock3x3_512(inchannel))
        blocks = nn.Sequential(*blocks)
        return blocks

    def forward(self, x):
        x = 2*x -1
        out = self.layer1(x)
        out = self.blocks(out)
        out = self.layer2(out)
        out = (out+1)/2
        return out

class unet(nn.Module):
    def __init__(self, inchannel=1):
        super(unet, self).__init__()
        self.layer1 = nn.Sequential(
            nn.Conv2d(in_channels=inchannel, out_channels=64, kernel_size=(3, 3), stride=1,
padding=1, padding_mode='reflect'),
            nn.LeakyReLU(0.2)
        )
        self.downlayer1 = nn.Sequential(
            nn.Conv2d(in_channels=64, out_channels=256, kernel_size=(3, 3), stride=2, padding=1,
padding_mode='reflect'),
            nn.LeakyReLU(0.2),
            resblock3x3_256(256)
        )
        self.downlayer2 = nn.Sequential(
            nn.Conv2d(in_channels=256, out_channels=512, kernel_size=(3, 3), stride=2, padding=1,
padding_mode='reflect'),
            nn.LeakyReLU(0.2),
            resblock3x3_512(512)
        )
        self.uplayer1 = nn.Sequential(
```

```
            nn.UpsamplingNearest2d(scale_factor=2),
            nn.Conv2d(in_channels=512, out_channels=256, kernel_size=(3, 3), stride=1, padding=1, padding_mode='reflect'),
            nn.LeakyReLU(0.2)
        )
        self.concat1 = nn.Sequential(
            CBMA(512),
            nn.Conv2d(in_channels=512, out_channels=256, kernel_size=(3, 3), stride=1, padding=1, padding_mode='reflect'),
            nn.LeakyReLU(0.2)
        )
        self.uplayer2 = nn.Sequential(
            nn.UpsamplingNearest2d(scale_factor=2),
            nn.Conv2d(in_channels=256, out_channels=64, kernel_size=(3, 3), stride=1, padding=1, padding_mode='reflect'),
            nn.LeakyReLU(0.2)
        )
        self.concat2 = nn.Sequential(
            CBMA(128),
            nn.Conv2d(in_channels=128, out_channels=64, kernel_size=(3, 3), stride=1, padding=1, padding_mode='reflect'), nn.LeakyReLU(0.2)
        )
        self.flayer = nn.Sequential(
            nn.Conv2d(in_channels=64, out_channels=1, kernel_size=(3, 3), stride=1, padding=1, padding_mode='reflect'),
            nn.ReLU()
        )
        # self.inner = self._make_blocks(8, 512)  ##
        self.inner = self._make_blocks(16, 512)  ##

    def _make_blocks(self, num, inchannel):
        blocks = []
        for i in range(num):
            blocks.append(resblock3x3_512(inchannel))
        blocks = nn.Sequential(*blocks)
        return blocks

    def forward(self, x):
        x = self.layer1(x)
```

```
        down1 = self.downlayer1(x)
        down2 = self.downlayer2(down1)
        inner = self.inner(down2)
        up1 = self.uplayer1(inner)
        con1 = self.concat1(torch.cat([up1, down1], dim=1))
        up2 = self.uplayer2(con1)
        con2 = self.concat2(torch.cat([up2, x], dim=1))
        out = self.flayer(con2)
        return out
```

4. 非侵入式负荷监测(5.2.3 节)相关代码

```
import tensorflow as tf
from tensorflow.keras import layers, models
from tensorflow.keras.layers import Layer
import numpy as np

class TCNBlock(Layer):
    def __init__(self, filters, kernel_size, dilation_rate):
        super(TCNBlock, self).__init__()
        self.conv = layers.Conv1D(filters, kernel_size, dilation_rate=dilation_rate, padding='causal')
        self.batch_norm = layers.BatchNormalization()
        self.activation = layers.ReLU()
        self.dropout = layers.Dropout(0.2)

    def call(self, inputs, training=None):
        x = self.conv(inputs)
        x = self.batch_norm(x, training=training)
        x = self.activation(x)
        return self.dropout(x, training=training)

class AttentionLayer(Layer):
    def __init__(self):
        super(AttentionLayer, self).__init__()

    def build(self, input_shape):
        self.W = self.add_weight(name='attention_weight', shape=(input_shape[-1], input_shape[-1]), initializer='random_normal', trainable=True)
        self.b = self.add_weight(name='attention_bias', shape=(input_shape[-1],), initializer='random_normal', trainable=True)
        self.u = self.add_weight(name='context_vector', shape=(input_shape[-1],), initializer='random_
```

```
normal', trainable=True)

    def call(self, inputs):
        score = tf.nn.tanh(tf.tensordot(inputs, self.W, axes=1) + self.b)
        attention_weights = tf.nn.softmax(tf.tensordot(score, self.u, axes=1), axis=1)
        attention_weights = tf.expand_dims(attention_weights, axis=-1)
        context_vector = attention_weights * inputs
        return tf.reduce_sum(context_vector, axis=1)

def build_tcn_attention_model(input_shape, num_classes):
    inputs = layers.Input(shape=input_shape)
    x = TCNBlock(filters=64, kernel_size=3, dilation_rate=1)(inputs)
    x = TCNBlock(filters=64, kernel_size=3, dilation_rate=2)(x)
    x = TCNBlock(filters=64, kernel_size=3, dilation_rate=4)(x)
    x = AttentionLayer()(x)
    outputs = layers.Dense(num_classes, activation='softmax')(x)

    model = models.Model(inputs=inputs, outputs=outputs)
    model.compile(optimizer='adam', loss='categorical_crossentropy', metrics=['accuracy'])
    return model

# Example data
X_train = np.random.randn(100, 200, 1)  # 100 samples, 200 time steps, 1 feature
y_train = np.random.randint(0, 2, size=(100, 1))
y_train = tf.keras.utils.to_categorical(y_train, num_classes=2)
input_shape = X_train.shape[1:]  # (200, 1)
num_classes = 2
model = build_tcn_attention_model(input_shape, num_classes)
model.summary()
model.fit(X_train, y_train, epochs=10, batch_size=16)
import tensorflow as tf
from tensorflow.keras import layers, models
from tensorflow.keras.layers import Layer
import numpy as np

class TCNBlock(Layer):
    def __init__(self, filters, kernel_size, dilation_rate):
        super(TCNBlock, self).__init__()
        self.conv = layers.Conv1D(filters, kernel_size, dilation_rate=dilation_rate, padding='causal')
```

```
        self.batch_norm = layers.BatchNormalization()
        self.activation = layers.ReLU()
        self.dropout = layers.Dropout(0.2)

    def call(self, inputs, training=None):
        x = self.conv(inputs)
        x = self.batch_norm(x, training=training)
        x = self.activation(x)
        return self.dropout(x, training=training)

class AttentionLayer(Layer):
    def __init__(self):
        super(AttentionLayer, self).__init__()

    def build(self, input_shape):
        self.W = self.add_weight(name='attention_weight', shape=(input_shape[-1], input_shape[-1]),
initializer='random_normal', trainable=True)
        self.b = self.add_weight(name='attention_bias', shape=(input_shape[-1],), initializer='random_
normal', trainable=True)
        self.u = self.add_weight(name='context_vector', shape=(input_shape[-1],), initializer='random_
normal', trainable=True)

    def call(self, inputs):
        score = tf.nn.tanh(tf.tensordot(inputs, self.W, axes=1) + self.b)
        attention_weights = tf.nn.softmax(tf.tensordot(score, self.u, axes=1), axis=1)
        attention_weights = tf.expand_dims(attention_weights, axis=-1)
        context_vector = attention_weights * inputs
        return tf.reduce_sum(context_vector, axis=1)

def build_tcn_attention_model(input_shape, num_classes):
    inputs = layers.Input(shape=input_shape)
    x = TCNBlock(filters=64, kernel_size=3, dilation_rate=1)(inputs)
    x = TCNBlock(filters=64, kernel_size=3, dilation_rate=2)(x)
    x = TCNBlock(filters=64, kernel_size=3, dilation_rate=4)(x)
    x = AttentionLayer()(x)
    outputs = layers.Dense(num_classes, activation='softmax')(x)

    model = models.Model(inputs=inputs, outputs=outputs)
    model.compile(optimizer='adam', loss='categorical_crossentropy', metrics=['accuracy'])
```

```
        return model

    # Example data
    X_train = np.random.randn(100, 200, 1)   # 100 samples, 200 time steps, 1 feature
    y_train = np.random.randint(0, 2, size=(100, 1))
    y_train = tf.keras.utils.to_categorical(y_train, num_classes=2)
    input_shape = X_train.shape[1:]   # (200, 1)
    num_classes = 2
    model = build_tcn_attention_model(input_shape, num_classes)
    model.summary()
    model.fit(X_train, y_train, epochs=10, batch_size=16)
    import tensorflow as tf
    from tensorflow.keras import layers, models
    from tensorflow.keras.layers import Layer
    import numpy as np

    class TCNBlock(Layer):
        def __init__(self, filters, kernel_size, dilation_rate):
            super(TCNBlock, self).__init__()
            self.conv = layers.Conv1D(filters, kernel_size, dilation_rate=dilation_rate, padding='causal')
            self.batch_norm = layers.BatchNormalization()
            self.activation = layers.ReLU()
            self.dropout = layers.Dropout(0.2)

        def call(self, inputs, training=None):
            x = self.conv(inputs)
            x = self.batch_norm(x, training=training)
            x = self.activation(x)
            return self.dropout(x, training=training)

    class AttentionLayer(Layer):
        def __init__(self):
            super(AttentionLayer, self).__init__()

        def build(self, input_shape):
            self.W = self.add_weight(name='attention_weight', shape=(input_shape[-1], input_shape[-1]),
initializer='random_normal', trainable=True)
            self.b = self.add_weight(name='attention_bias', shape=(input_shape[-1],), initializer='random_
normal', trainable=True)
```

```
        self.u = self.add_weight(name='context_vector', shape=(input_shape[-1],), initializer='random_
normal', trainable=True)

    def call(self, inputs):
        score = tf.nn.tanh(tf.tensordot(inputs, self.W, axes=1) + self.b)
        attention_weights = tf.nn.softmax(tf.tensordot(score, self.u, axes=1), axis=1)
        attention_weights = tf.expand_dims(attention_weights, axis=-1)
        context_vector = attention_weights * inputs
        return tf.reduce_sum(context_vector, axis=1)

def build_tcn_attention_model(input_shape, num_classes):
    inputs = layers.Input(shape=input_shape)
    x = TCNBlock(filters=64, kernel_size=3, dilation_rate=1)(inputs)
    x = TCNBlock(filters=64, kernel_size=3, dilation_rate=2)(x)
    x = TCNBlock(filters=64, kernel_size=3, dilation_rate=4)(x)
    x = AttentionLayer()(x)
    outputs = layers.Dense(num_classes, activation='softmax')(x)

    model = models.Model(inputs=inputs, outputs=outputs)
    model.compile(optimizer='adam', loss='categorical_crossentropy', metrics=['accuracy'])
    return model

# Example data
X_train = np.random.randn(100, 200, 1)    # 100 samples, 200 time steps, 1 feature
y_train = np.random.randint(0, 2, size=(100, 1))
y_train = tf.keras.utils.to_categorical(y_train, num_classes=2)
input_shape = X_train.shape[1:]   # (200, 1)
num_classes = 2
model = build_tcn_attention_model(input_shape, num_classes)
model.summary()
model.fit(X_train, y_train, epochs=10, batch_size=16)
```

5. 电动汽车特性分析中的应用(5.3 节)相关代码

```
%建立 TCN 网络及其初始化
tcn = Sequential()
input_layer = Input(batch_shape=(batch_size, timesteps, input_dim))
tcn.add(input_layer)
tcn.add(TCN(nb_filters=128, #在卷积层中使用的过滤器数，可以是列表
        kernel_size=2, #在每个卷积层中使用的内核大小
        nb_stacks=1,    #要使用的残差块的堆栈数
```

```
            dilations=[2 ** i for i in range(4)], #扩张列表，示例为[1，2，4，8，16]
            padding='causal',
            use_skip_connections=True, #是否要添加从输入到每个残差块的跳过连接
            dropout_rate=0.1, #在 0 到 1 之间浮动，要下降的输入单位的分数
            return_sequences=False,#是返回输出序列中的最后一个输出还是完整序列
            activation='relu', #残差块中使用的激活函数 o = Activation(x + F(x))
            kernel_initializer='he_normal', #内核权重矩阵(Conv1D)的初始化程序
            use_batch_norm=True, #是否在残差层中使用批处理规范化
            use_layer_norm=False, #是否在残差层中使用层归一化
            name='tcn' #使用多个 TCN 时，要使用唯一的名称
            ))
tcn.add(tf.keras.layers.Dense(64))
tcn.add(tf.keras.layers.LeakyReLU(alpha=0.3))
tcn.add(tf.keras.layers.Dense(16))
tcn.add(tf.keras.layers.LeakyReLU(alpha=0.3))
tcn.add(tf.keras.layers.Dense(1))
tcn.add(tf.keras.layers.LeakyReLU(alpha=0.3))
%设置网络训练参数
tcn.compile('adam', loss='mse', metrics=['mse'])
history=tcn.fit(X_train, Y_train, batch_size=16, epochs=50, validation_split=0.2)
```